Heidelberger Taschenbücher Band 65

Horst Schubert

Kategorien I

Springer-Verlag Berlin · Heidelberg · New York 1970

Professor Dr. H. Schubert
Mathematisches Institut der Universität Düsseldorf

ISBN-13:978-3-540-04865-7   e-ISBN-13:978-3-642-95155-8
DOI: 10.1007/978-3-642-95155-8

Vorwort

Dieses Buch entstand aus Aufzeichnungen, die ich für die Hörer einer Vorlesung im Jahre 1967/68 in Kiel angefertigt hatte. Angesichts der rasch wachsenden Anwendung der kategoriellen Sprache setzt es sich das Ziel, in den zentralen Teil der Theorie einzuführen und dem weiter Interessierten Zugang zur Literatur zu verschaffen.

An Vorkenntnissen sind in der Sache nur die einfachsten Grundbegriffe der Mengenlehre und der Algebra erforderlich. Moduln treten zwar von Anfang an in den Beispielen auf, sie werden aber in 15.1 definiert. Ein Teil der Beispiele entstammt der Topologie. Selbstverständlich wird das Verständnis der Begriffsbildungen wesentlich erleichtert, wenn man mit den Beispielen aus Algebra oder Topologie vertraut ist.

Im Mittelpunkt steht der Begriff des darstellbaren Funktors mit seinen Abwandlungen: Limites und adjungierte Funktorpaare. Es handelt sich um die Charakterisierung spezieller Objekte durch universelle Abbildungseigenschaften, die für Spezialfälle schon lange und im Werk von Bourbaki, bei anderer Sprache, systematisch benutzt wird. Das Yoneda-Lemma wird möglichst früh bereitgestellt. Dagegen wird die Behandlung adjungierter Funktorpaare aufgeschoben, bis sie zusammenhängend möglich ist und auch die Kansche Konstruktion sofort angeschlossen werden kann. Filtrierende Colimites werden gebührend berücksichtigt. Additive Kategorien und Funktorkategorien sind von Anfang an in die Betrachtung einbezogen. Dabei wird die benutzte Mengenlehre dort referiert, wo sich ihr Gebrauch aufdrängt. Nach dem gegenwärtigen Stand scheinen Universa am handlichsten, und ich vertraue darauf, daß bei einer möglichen Revision der Grundlagen die Substanz der Theorie erhalten bleibt.

Auswahl des Stoffes fordert immer eine Entscheidung, und angesichts der umfangreichen Literatur läßt sich leicht vieles aufzählen, dessen Behandlung ebenfalls wünschenswert gewesen wäre. Einführung in Anwendungen enthalten nur die Kapitel 18 und 20. Auf Homologische Algebra, den eigentlichen Ursprung der Theorie, konnte schon aus Gründen des Umfangs nicht eingegangen werden, und damit wurde auch auf Tripel und auf derivierte Kategorien verzichtet. Die Darstellung führt jedoch an diese Dinge und an andere heran. Ich hoffe, den Stoff unabhängig von speziellen Interessen ausgewählt und damit das Kernstück der Theorie erfaßt zu haben, das sich wohl nicht mehr allzusehr in Fluß befindet.

Bei den behandelten Gegenständen wird eine gewisse Vollständigkeit angestrebt, die es vielleicht auch gestattet, das Buch zum Nach-

V

schlagen und als Referenz zu benutzen. Die Sätze wurden so formuliert, daß sie nach Möglichkeit unabhängig lesbar sind. Hinsichtlich der Terminologie habe ich der verworrenen Lage in der Literatur durch Hinweise im Text und im Register Rechnung getragen. Aufgaben sind als solche nicht ausdrücklich gekennzeichnet. Jedoch wird der daran Interessierte in den Bemerkungen und Beispielen genügend Stoff vorfinden.

Da dieses Buch ein Lehrbuch sein will, habe ich mich nicht gescheut, gelegentlich Spezialfälle zu erörtern, die sich später allgemeineren Sachverhalten unterordnen. Besonders deutlich wird das bei den algebraischen Strukturen, für die zunächst in Kapitel 11 eine elementare und für Anwendungen, etwa in der Topologie, bequeme Darstellung gegeben wurde.

Auf Zitate der Originalarbeiten glaubte ich im Text verzichten zu können. Dem Lernenden ist damit wenig geholfen, und das Literaturverzeichnis gibt über die benutzten Quellen Auskunft.

Bei der Erstellung des Manuskriptes wurde mir mannigfache Hilfe zuteil. Besonderen Dank schulde ich Herrn Dr. J. Gamst für Hinweise, zahlreiche Diskussionen und Durchsicht des Manuskriptes. Herr Th. Thode trug zur Gestaltung von Abschnitt 9.2 und Kapitel 19 bei. Außerdem verwandte er viel Mühe auf die Vervielfältigung der ursprünglichen Vorlesungsnotizen. Frau K. Mayer-Lindenberg danke ich für die geduldige Reinschrift verschiedener Versionen des Manuskriptes.

Düsseldorf, November 1969   H. Schubert

VI

Inhaltsverzeichnis

Kategorien II

Inhaltsübersicht

16. Adjungierte Funktoren
17. Adjungierte Funktorpaare zwischen Funktorkategorien
18. Grundzüge der Universellen Algebra
19. Kalkül von Brüchen
20. Grothendieck-Topologien

Literatur

Sachverzeichnis zu Teil I und II

1. Kategorien

Jede axiomatische Theorie ist am Anfang arm an Sätzen und reich an Definitionen, die durch Beispiele erhellt werden müssen. Man beachte aber, daß jedes Beispiel eine Behauptung ist, deren Verifizierung im allgemeinen dem Leser überlassen bleibt. Es ist nicht erforderlich, daß dem Leser alle Beispiele bekannt sind.

1.1 Definition für Kategorien

1.1.1 Definition. Eine *Kategorie* $\mathscr{C}$ besteht aus

(i) einer Klasse $|\mathscr{C}|$ von *Objekten* $A, B, C, \ldots$;

(ii) einer Klasse paarweise disjunkter Mengen $[A, B]_\mathscr{C}$, wobei jedem geordneten Paar (A, B) von Objekten aus $\mathscr{C}$ eine solche (möglicherweise leere) Menge zugeordnet ist. Die Elemente von $[A, B]_\mathscr{C}$ heißen *Morphismen* von A nach B;

(iii) einer Komposition von Morphismen, d. h. einer Abbildung

$$[B, C]_\mathscr{C} \times [A, B]_\mathscr{C} \to [A, C]_\mathscr{C}$$

für jedes geordnete Tripel (A, B, C) von Objekten. Für $g \in [B, C]_\mathscr{C}$, $f \in [A, B]_\mathscr{C}$ wird das Bild des Paares (g, f) mit gf (lies g nach f), gelegentlich auch mit $g \circ f$ bezeichnet.

Diese Daten sind folgenden Axiomen unterworfen:

(1) *Assoziativität* der Komposition. Sind hg und gf erklärt, so gilt stets

$$(hg)f = h(gf).$$

Man kann daher auf Klammern verzichten.

(2) *Identitäten.* Für jedes Objekt B gibt es einen *identischen* Morphismus $1_B \in [B, B]_\mathscr{C}$, für den

$$1_B f = f, \qquad g 1_B = g$$

stets gilt, wenn die beiden linken Seiten erklärt sind.

Bemerkungen

1.1.2 Auf die Verwendung der Bezeichnungen Klasse, Menge gehen wir später (3.3) genauer ein. Hier genügt der Hinweis, daß jede Menge auch eine Klasse ist, aber nicht umgekehrt.

1.1.3 Statt $[A, B]_{\mathscr{C}}$ schreiben wir einfach $[A, B]$, wenn aus dem Zusammenhang klar ist, welche Kategorie gemeint ist. Andere Bezeichnungen in der Literatur: (A, B), $\mathscr{C}(A, B)$, Hom (A, B), hom (A, B), Mor (A, B), B^A.

1.1.4 Für $f \in [A, B]$ schreibt man meist $f\colon A \to B$ oder $A \xrightarrow{f} B$. Dabei nennen wir A die *Quelle* (*domain, source*) und B das *Ziel* (*range, codomain, target*) von f.

1.1.5 Die Reihenfolge der Morphismen bei Komposition in (iii) ist fast durchweg üblich, bei einigen Autoren jedoch entgegengesetzt.

1.1.6 Der identische Morphismus 1_A ist durch das Objekt A eindeutig bestimmt. Sind 1_A und $1'_A$ identische Morphismen für A, so ist wegen (2) $1_A = 1_A 1'_A = 1'_A$. Umgekehrt wird A durch 1_A bestimmt, weil die Morphismenmengen paarweise disjunkt sind.

1.1.7 Man kann Kategorien wegen 1.1.6 so definieren, daß man auf Objekte verzichtet und die identischen Morphismen an ihrer Stelle benutzt.

1.1.8 Die Klasse aller Morphismen von $\mathscr{C}$ bezeichnen wir mit

$$
(3) \qquad \operatorname{Mor} \mathscr{C} = \bigcup_{(A,\, B)\, \in\, |\mathscr{C}|\, \times\, |\mathscr{C}|} [A, B]_{\mathscr{C}}.
$$

1.2 Beispiele

Wo hierbei Morphismen Abbildungen sind, ist ihre Komposition wie üblich erklärt.

1.2.1 Objekte sind die Mengen (eines festen Universums, 3.3), Morphismen die Abbildungen zwischen ihnen. Diese Kategorie bezeichnen wir stets mit *Ens*.

1.2.2 Objekte sind die abelschen Gruppen, Morphismen die Homomorphismen zwischen ihnen. Bezeichnung stets *Ab*.

1.2.3 Objekte sind die Linksmoduln über einem Ring R, Morphismen die Homomorphismen; Bezeichnung $_R Mod$, entsprechend Mod_R für Rechtsmoduln. 1.2.2 ist der Spezialfall $R = \mathbf{Z}$, wobei Links- und Rechtsmodul zusammenfallen. Weiterer Spezialfall: Vektorräume über einem Körper. Allgemein gilt für jede algebraische Struktur: Ihre Modelle und die Homomorphismen zwischen ihnen bilden eine Kategorie. Wir bezeichnen solche Kategorien einfach durch den Namen der Modelle, z. B. Kategorie der (multiplikativen) Gruppen. Bei Ringen verlangen wir stets, daß sie ein 1-Element besitzen und daß die Homomorphismen 1-Elemente respektieren (also 1 in 1 überführen). Wir lassen aber den Ring 0 mit nur einem Element zu.

1.2.4 Kategorie *Top* der topologischen Räume: Objekte sind die topologischen Räume, Morphismen die stetigen Abbildungen.

1.2.5 Objekte sind nicht-leere topologische Räume mit ausgezeichnetem Grundpunkt; Morphismen sind stetige Abbildungen, welche die Grundpunkte respektieren. Entsprechend: Kategorie der punktierten Mengen.

1.2.6 Objekte sind topologische Räume, Morphismen sind die Homotopieklassen stetiger Abbildungen. Entsprechend auch mit punktierten Räumen, wobei alle Homotopien die Grundpunkte respektieren.

1.2.7 Kategorie der Mengenkorrespondenzen: Objekte sind Mengen, die Morphismen von A nach B sind die Teilmengen von $A \times B$. Komposition ist diejenige von Paarmengen: Für $f \subset A \times B$, $g \subset B \times C$ ist

$$gf = \{(a, c) \mid \text{Es gibt } b \in B \text{ mit } (a, b) \in f, (b, c) \in g\}.$$

Entsprechend mit Gruppen: Korrespondenzen von A nach B sind Untergruppen des direkten Produktes $A \times B$.

1.2.8 Es gibt zahlreiche weitere Beispiele. Wir erwähnen topologische Gruppen, Lie-Gruppen, topologische Vektorräume über einem topologischen Körper, insbesondere lokalkonvexe reelle bzw. komplexe Vektorräume.

1.2.9 Es ist die leere Kategorie $\emptyset$ zugelassen. Sie enthält kein Objekt, also auch keinen Morphismus.

1.3 Isomorphismen

1.3.1 Definition. Ein Morphismus $f\colon A \to B$ heißt *Isomorphismus*, wenn es $g\colon B \to A$ gibt mit $gf = 1_A$, $fg = 1_B$. Aus $gf = 1_A$, $fg' = 1_B$ folgt $g = g'$. g ist daher durch f eindeutig bestimmt und heißt zu f *invers*; Schreibweise $g = f^{-1}$. A, B heißen isomorph, wenn es einen Isomorphismus $f\colon A \to B$ gibt.

Die Morphismen in $[A, A]$ heißen *Endomorphismen* von A. Ein isomorpher Endomorphismus heißt *Automorphismus*.

1.3.2 Komposita und Inverse von Isomorphismen sind Isomorphismen; die Automorphismen eines Objektes bilden eine Gruppe.

1.4 Weitere Beispiele

1.4.1 Die Endomorphismen eines Objektes bilden vermöge ihrer Komposition eine Halbgruppe mit 1. Umgekehrt läßt sich jede Halbgruppe mit 1 als Kategorie mit nur einem Objekt auffassen (vgl. 1.1.7). Eine Gruppe läßt sich als Kategorie mit nur einem Objekt auffassen, in der jeder Morphismus ein Automorphismus ist. Halbgruppen und Gruppen sind also spezielle Kategorien.

1.4.2 Eine Kategorie, die nur identische Morphismen besitzt, heißt *diskret*. Jede Klasse kann als diskrete Kategorie aufgefaßt werden.

1.4.3 Eine Kategorie, bei der alle Mengen $[A, B]$ höchstens ein Element enthalten, heißt *vorgeordnete Klasse*. Man schreibt $A \leq B$ für $[A, B] \neq \emptyset$.

Enthält sogar $[A, B] \cup [B, A]$ stets höchstens ein Element, so liegt eine (schwache) *Ordnung* vor.

Enthält $[A, B] \cup [B, A]$ stets genau ein Element, so ist die Ordnung *streng* (strikt, linear).

1.5 Additive Kategorien

1.5.1 Eine Kategorie heißt *semiadditiv*, wenn für jede Menge $[A, B]$ eine kommutative, assoziative Addition mit 0-Element (additive Halbgruppe) so erklärt ist, daß die Komposition von Morphismen beiderseits distributiv und mit den 0-Elementen verträglich ist:

$$(4) \qquad (g_1 + g_2)f = g_1 f + g_2 f; \qquad g(f_1 + f_2) = gf_1 + gf_2,$$

$$(5) \qquad g0 = 0; \qquad 0f = 0.$$

Ist hierbei $[A, B]$ stets sogar eine Gruppe, so heißt die Kategorie *additiv* (auch präadditiv). Dabei folgt (5) aus (4).

1.5.2 Mit der üblichen Addition von Homomorphismen sind Ab, $_R Mod$, Mod_R (1.2.3) additive Kategorien. In einer additiven Kategorie ist $[A, A]$ stets ein Ring und $[A, B]$ bzw. $[B, A]$ ein Rechts- bzw. Linksmodul über $[A, A]$. „Rechts" und „links" sind durch die Festsetzung der Reihenfolge bei Komposition festgelegt (vgl. 1.1.5).

1.5.3 Ein Ring (stets mit 1) ist als additive Kategorie mit nur einem Objekt aufzufassen.

1.6 Unterkategorien

1.6.1 Unterkategorien sind in naheliegender Weise definiert: Eine *Unterkategorie* $\mathscr{D}$ einer Kategorie $\mathscr{C}$ besteht aus Objekten und Morphismen von $\mathscr{C}$, so daß mit der von $\mathscr{C}$ herrührenden Komposition wieder eine Kategorie vorliegt. Dabei wird verlangt: Gehört das Objekt A zu $\mathscr{D}$, so auch der in $\mathscr{C}$ vorliegende identische Morphismus 1_A.

Die Unterkategorie $\mathscr{D}$ heißt *voll*, wenn für je zwei Objekte A, B in $\mathscr{D}$ alle $\mathscr{C}$-Morphismen von A nach B auch zu $\mathscr{D}$ gehören, wenn also $[A, B]_{\mathscr{D}} = [A, B]_{\mathscr{C}}$ ist.

Beispiele

1.6.2 Die endlichen Mengen bilden eine volle Unterkategorie von *Ens*.

1.6.3 Die kommutativen Gruppen bilden eine volle Unterkategorie der Kategorie aller Gruppen. Entsprechend Unterkategorie der freien Gruppen usw. Entsprechend auch Unterkategorie der freien abelschen Gruppen oder etwa der Torsionsgruppen in Ab.

4

1.6.4 Für die Kategorie *Top* von 1.2.4 erhält man volle Unterkategorien durch Beschränkung der Objekte auf Räume mit zusätzlichen Eigenschaften, etwa Hausdorffsch, regulär, vollständig regulär, kompakt usw.

1.6.5 Die Kategorie *Ens* ist eine nicht volle Unterkategorie der Kategorie der Mengenkorrespondenzen von 1.2.7.

1.6.6 Jede Kategorie $\mathscr{C}$ umfaßt eine diskrete Unterkategorie, die alle Objekte von $\mathscr{C}$ enthält.

1.6.7 Man erhält eine Unterkategorie von $\mathscr{C}$, wenn man ein einzelnes Objekt A aus $\mathscr{C}$ nimmt und als Morphismen

(a) nur 1_A,

(b) alle Automorphismen von A,

(c) alle Endomorphismen von A.

1.6.8 Es sei $f: A \to B$ ein Morphismus in $\mathscr{C}$ mit $A \neq B$. Dann sind A und B die Objekte, 1_A, 1_B und f die Morphismen einer Unterkategorie von $\mathscr{C}$.

2. Funktoren

2.1 Kovariante Funktoren

2.1.1 Definition. Es seien $\mathscr{C}$ und $\mathscr{D}$ Kategorien. Ein *Funktor* $T:$ $\mathscr{C} \to \mathscr{D}$, genauer: *kovarianter Funktor*, ist eine Abbildung für Objekte und Morphismen: Jedem Objekt $A \in |\mathscr{C}|$ ist ein Objekt $T(A) \in |\mathscr{D}|$, jedem Morphismus $f: A \to B$ ein Morphismus $T(f): T(A) \to T(B)$ so zugeordnet, daß stets gilt:

$$(1) \qquad\qquad T(1_A) = 1_{T(A)}$$

$$(2) \qquad T(gf) = T(g)\,T(f), \text{ wenn } gf \text{ in } \mathscr{C} \text{ erklärt ist.}$$

Ein Funktor respektiert also Identitäten und die Komposition von Morphismen. Hieraus folgt, daß er auch Isomorphismen respektiert. Sind $\mathscr{C}$, $\mathscr{D}$ semiadditiv, so heißt $T: \mathscr{C} \to \mathscr{D}$ *additiv*, wenn zusätzlich gilt:

$$(3) \qquad\qquad T(f_1 + f_2) = T(f_1) + T(f_2) \qquad \text{und}$$

$$(4) \qquad\qquad\qquad T(0) = 0$$

für alle 0-Morphismen. Sind $\mathscr{C}$ und $\mathscr{D}$ additiv, so folgt (4) aus (3).

Beispiele

2.1.2 Sind $\mathscr{C}$, $\mathscr{D}$ Gruppen (oder Halbgruppen), so sind die Funktoren $T: \mathscr{C} \to \mathscr{D}$ gerade die Homomorphismen. Sind $\mathscr{C}$, $\mathscr{D}$ Ringe, so sind die additiven Funktoren gerade die Ringhomomorphismen (die die Einselemente respektieren).

2.1.3 Die Zuordnungen „Gruppe $\mapsto$ abelsch gemachte Gruppe, Homomorphismus $\mapsto$ induzierter Homomorphismus" bilden einen Funktor von der Kategorie der Gruppen in sich (bzw. in die Unterkategorie der abelschen Gruppen).

2.1.4 Die Zuordnungen „topologischer Raum $\mapsto$ n-te singuläre Homologiegruppe, stetige Abbildung $\mapsto$ induzierter Homomorphismus" bilden einen Funktor. Entsprechend topologischer Raum mit Grundpunkt $\mapsto$ n-te Homotopiegruppe (vgl. 1.2.5). Entsprechend für die Kategorien 1.2.6.

2.1.5 Sei $\mathscr{C} = {}_R Mod$ und X ein fester R-Rechtsmodul. Setze $T(A) =$ $= X \underset{R}{\otimes} A$, $T(f) = \mathrm{id}_X \underset{R}{\otimes} f$ (id_X identische Abbildung von X).

2.2 Standardbeispiele

2.2.1 Der *identische Funktor* $\mathrm{Id}_{\mathscr{C}}$: $\mathscr{C} \to \mathscr{C}$ ($\mathscr{C}$ beliebige Kategorie bildet Objekte und Morphismen identisch auf sich ab.

2.2.2 Die Inklusion einer Unterkategorie $\mathscr{D}$ von $\mathscr{C}$ in $\mathscr{C}$; Bezeichnung $\subset$: $\mathscr{D} \to \mathscr{C}$ oder $\mathscr{D} \subset \mathscr{C}$.

2.2.3 *Konstante Funktoren*. Seien $\mathscr{C}$, $\mathscr{D}$ wieder beliebig und $X \in |\mathscr{D}|$. Für alle Objekte $A \in |\mathscr{C}|$ und Morphismen f in $\mathscr{C}$ setze man $T(A) = X$ und $T(f) = 1_X$.

2.2.4 *Vergiß-Funktoren*. Die Objekte von $\mathscr{C}$ seien Mengen mit einer bestimmten Struktur (etwa Gruppen, topologische Räume usw.), die Morphismen strukturverträgliche Mengenabbildungen (Homomorphismen, stetige Abbildungen usw.). Der Vergiß-Funktor V: $\mathscr{C} \to Ens$ ordnet jedem Objekt die zugrundeliegende Menge, jedem Morphismus die entsprechende Mengenabbildung zu. Andere Vergiß-Funktoren vergessen nur einen Teil der Struktur, z. B. V: ${}_R Mod \to Ab$ vermöge Modul $\mapsto$ zugrundeliegende additive Gruppe, oder auch Gruppe $\mapsto$ punktierte Menge (Einselement als Grundpunkt).

2.2.5 Die *kovarianten* Hom-*Funktoren* H^A: $\mathscr{C} \to Ens$. Sei A ein festes Objekt aus $\mathscr{C}$, $H^A(X) = [A, X]_{\mathscr{C}}$, und für f: $X \to Y$ sei $H^A(f)$ diejenige Abbildung $[A, X] \to [A, Y]$, die $u \in [A, X]$ in fu abbildet. Man setzt

$$[A, f] = H^A(f) \quad \text{und} \quad [A, ?] = H^A(?).$$

Ist $\mathscr{C}$ additiv, so wird $[A, ?]$ im allgemeinen als Funktor $\mathscr{C} \to Ab$ betrachtet. Dieser Funktor ist additiv.

2.2.6 *Komposition von Funktoren*. Sind T: $\mathscr{C} \to \mathscr{D}$ und U: $\mathscr{D} \to \mathscr{E}$ Funktoren, so ist UT (U nach T) der durch $A \mapsto U(T(A))$, $f \mapsto U(T(f))$ definierte Funktor. Statt UT schreibt man auch $U \circ T$.

2.2.7 **Bemerkung.** Ein Funktor T: $\mathscr{C} \to \mathscr{D}$ definiert vermöge $f \mapsto T(f)$ eine Abbildung der Morphismenmengen

$$(5) \qquad T_{A,B}\colon [A, B]_{\mathscr{C}} \to [T(A), T(B)]_{\mathscr{D}},$$

die zusammen eine Abbildung für die Morphismenklassen ergeben:

(6) $$T\colon \operatorname{Mor}\mathscr{C} \to \operatorname{Mor}\mathscr{D}.$$

Ein Funktor kann als Abbildung T der Morphismenklassen aufgefaßt werden, die entsprechend (1), (2) den folgenden beiden Bedingungen genügt:

(1') T bildet identische Morphismen in identische ab.

(2') Ist gf in $\mathscr{C}$ erklärt, so auch $T(g)\,T(f)$ in $\mathscr{D}$, und es gilt

$$T(gf) = T(g)\,T(f).$$

(1') und 1.1.6 legen fest, wie T auf Objekten wirkt. Die Komposition von Funktoren ist dann einfach die Komposition von Abbildungen.

2.2.8 Ist $\mathscr{C}$ die leere Kategorie, so gibt es genau einen Funktor $\mathscr{C} \to \mathscr{D}$, den „leeren Funktor". Man beachte die Analogie zu den Abbildungen der leeren Menge in *Ens*.

2.2.9 Definition. Ein Funktor $T\colon \mathscr{C} \to \mathscr{D}$ heißt *Isomorphismus*, wenn es einen Funktor $S\colon \mathscr{D} \to \mathscr{C}$ gibt mit $ST = \operatorname{Id}_{\mathscr{C}}$, $TS = \operatorname{Id}_{\mathscr{D}}$. T ist genau dann isomorph, wenn (6) eine Bijektion ist. Dies folgt leicht aus (1'), (2').

2.3 Kontravariante Funktoren

2.3.1 Definition. Ein *kontravarianter Funktor* $T\colon \mathscr{C} \to \mathscr{D}$ ordnet jedem Objekt $A \in |\mathscr{C}|$ ein Objekt $T(A) \in |\mathscr{D}|$ zu und jedem Morphismus $f\colon A \to B$ in $\mathscr{C}$ einen Morphismus $T(f)\colon T(B) \to T(A)$, so daß stets gilt:

(1) $$T(1_A) = 1_{T(A)},$$

(2*) $\quad T(gf) = T(f)\,T(g)$, wenn gf in $\mathscr{C}$ erklärt ist.

Sind $\mathscr{C}$, $\mathscr{D}$ semiadditiv, so heißt T additiv, wenn außerdem wieder 2.1 (3) und (4) gelten.

Ein kontravarianter Funktor kehrt also die Morphismenrichtungen um. Dabei respektiert er Identitäten und Komposition, folglich auch Isomorphismen. 2.2.7 gilt mit den notwendigen Vertauschungen, insbesondere

(5*) $$T_{A,B}\colon [A,B]_{\mathscr{C}} \to [T(B), T(A)]_{\mathscr{D}}.$$

Beispiele

2.3.2 Die *kontravarianten* Hom-*Funktoren* $H_A\colon \mathscr{C} \to Ens$. Sei A ein festes Objekt aus $\mathscr{C}$, $H_A(X) = [X, A]_{\mathscr{C}}$, und für $f\colon X \to Y$ sei $H_A(f)$ die durch $u \mapsto uf$ beschriebene Abbildung $H_A(Y) \to H_A(X)$. Man setzt

$$[f, A] = H_A(f) \qquad \text{und} \qquad [?, A] = H_A(?).$$

Ist $\mathscr{C}$ additiv, so wird H_A im allgemeinen als kontravarianter Funktor $\mathscr{C} \to Ab$ betrachtet. Klassischer Spezialfall ist $\mathscr{C} = {}_R Mod$ oder $\mathscr{C} = Mod_R$.

2.3.3 Jeder konstante Funktor ist auch kontravariant.

2.3.4 Potenzmenge $\mathfrak{P}\colon Ens \to Ens$. Dieser kontravariante Funktor ordnet jeder Menge A ihre Potenzmenge $\mathfrak{P}A$ (Menge der Teilmengen von A) zu, der Mengenabbildung $f\colon A \to B$ die durch $X \mapsto f^{-1}(X)$ beschriebene Abbildung $\mathfrak{P}B \to \mathfrak{P}A$. Die Mengen $\mathfrak{P}A$ haben eine algebraische Struktur (Boolesche Algebra), die von Durchschnitt, Vereinigung und Komplement für Teilmengen herrührt. $\mathfrak{P}(f)$ respektiert diese Struktur.

2.3.5 Es sei K ein Körper, also Mod_K die Kategorie der Vektorräume über K. Die Zuordnungen Vektorraum $\mapsto$ dualer Raum, lineare Abbildung $\mapsto$ transponierte Abbildung bilden einen kontravarianten Funktor $D\colon Mod_K \to Mod_K$. Er hat übrigens die Form $[?, K]$, nur ist die Zielkategorie weder Ens noch Ab. Entsprechend erhält man kontravariante Funktoren $D\colon {}_R Mod \to Mod_R$ und $D\colon Mod_R \to {}_R Mod$ für Moduln über einem Ring R. Sie fallen zusammen, wenn R kommutativ ist.

2.3.6 Die Zuordnungen „topologischer Raum $\mapsto$ n-te singuläre Kohomologiegruppe, stetige Abbildung $\mapsto$ induzierter Homomorphismus" ergeben ein weiteres klassisches Beispiel. Es ist der Ursprung für die Verwendung der Vorsilbe „co" in der Theorie der Kategorien, worauf wir noch eingehen.

2.3.7 Komposition von kontravarianten Funktoren untereinander und von ko- und kontravarianten Funktoren ist entsprechend 2.2.7 als Komposition von Abbildungen erklärt. Ordnet man kovarianten Funktoren die Varianz $+1$, kontravarianten die Varianz -1 zu, so ist die Varianz eines Kompositums das Produkt der Varianzen der beteiligten Funktoren.

2.4 Duale Kategorien

2.4.1 Jeder Kategorie $\mathscr{C}$ wird folgendermaßen eine duale Kategorie $\mathscr{C}^0$ (andere übliche Bezeichnungen $\mathscr{C}^*$, $\mathscr{C}^{op}$) zugeordnet: Die Objekte von $\mathscr{C}^0$ sind diejenigen von $\mathscr{C}$, es ist $[B, A]_{\mathscr{C}^0} = [A, B]_{\mathscr{C}}$, und die Komposition fg in $\mathscr{C}^0$ ist definiert als gf in $\mathscr{C}$ (Umkehrung aller Pfeile). Man beachte die Umkehrung auch für $[A, A]_{\mathscr{C}}$. Offenbar ist $\mathscr{C}^{00} = \mathscr{C}$. Für jede Kategorie $\mathscr{C}$ hat man den kontravarianten Funktor $\mathrm{Op}\colon \mathscr{C} \to \mathscr{C}^0$, der Objekte identisch auf sich abbildet und auf den Morphismen richtungsumkehrend wirkt. Dabei gilt $\mathrm{Op}\,\mathrm{Op} = \mathrm{Id}$ (vgl. 2.2.1).

2.4.2 Ist $\mathscr{C}$ eine Halbgruppe bzw. eine Gruppe, ein Ring, so ist $\mathscr{C}^0$ die Gegenhalbgruppe bzw. die Gegengruppe, der Gegenring. Ist $\mathscr{C}$ eine abelsche Gruppe oder ein kommutativer Ring, so lassen sich $\mathscr{C}$ und $\mathscr{C}^0$ nicht unterscheiden. Ebenso fällt jede diskrete Kategorie mit ihrer dualen zusammen.

2.4.3 Ist $\mathscr{C}$ eine geordnete Menge, so ist $\mathscr{C}^o$ die Gegenordnung derselben Menge ($\leq$ wird durch $\geq$ ersetzt). Entsprechend bei Vorordnungen.

2.4.4 Vereinbarung. Um Verwechslungen zu vermeiden, setzen wir

$$A^o = \mathrm{Op}\,(A), \qquad f^o = \mathrm{Op}\,(f).$$

Wir schreiben also A^o bzw. f^o, wenn wir Objekte A bzw. Morphismen f in $\mathscr{C}$ als solche in $\mathscr{C}^o$ auffassen. Damit gilt

(7) $$f\colon\; A \to B \Leftrightarrow f^o\colon\; B^o \to A^o; \qquad (gf)^o = f^o g^o.$$

Man beachte: Es ist $|\mathscr{C}^o| = |\mathscr{C}|$, $\mathrm{Mor}\,\mathscr{C}^o = \mathrm{Mor}\,\mathscr{C}$, $\mathrm{Op}\colon\; \mathrm{Mor}\,\mathscr{C} \to \mathrm{Mor}\,\mathscr{C}^o$ die identische Abbildung, die Morphismenkomposition ist jedoch eine andere. (Es gibt Ausnahmen, vgl. 2.4.2.)

2.4.5 Die Einführung dualer Kategorien gestattet es, kontravariante Funktoren auf kovariante zurückzuführen. Dies ist auf zwei Weisen möglich: Ist $T\colon\; \mathscr{C} \to \mathscr{D}$ kontravariant, so sind $T\mathrm{Op}\colon\; \mathscr{C}^o \to \mathscr{D}$ und $\mathrm{Op}T\colon\; \mathscr{C} \to \mathscr{D}^o$ kovariant und umgekehrt.

Vereinbarung. Verwandlung eines kontravarianten Funktors T in einen kovarianten bedeutet stets, daß von T zu $T\mathrm{Op}$ übergegangen wird. Wir sagen geradezu: Die kontravarianten Funktoren $\mathscr{C} \to \mathscr{D}$ *sind* die kovarianten $\mathscr{C}^o \to \mathscr{D}$. „Funktor" ohne Zusatz bedeutet wie bisher stets kovarianter Funktor.

2.4.6 Duale Kategorien führen auf ein *Dualitätsprinzip*, das wir später genauer an Beispielen erläutern. Hier sei nur so viel gesagt: Duale Begriffe entsprechen sich in dualen Kategorien, besser: sie vertauschen sich bei Op. Mit dieser Vertauschung entsteht aus jedem Satz ein dualer („Umkehrung aller Pfeile"). Bezeichnungen „Ding", „Coding" weisen auf duale Begriffspaare hin. Vgl. auch später 3.6.6.

2.4.7 Ist $\mathscr{C}$ Unterkategorie von $\mathscr{D}$, so ist $\mathscr{C}^o$ Unterkategorie von $\mathscr{D}^o$. $\mathscr{C}^o$ ist genau dann voll in $\mathscr{D}^o$, wenn $\mathscr{C}$ voll in $\mathscr{D}$ ist.

2.5 Bifunktoren

Die Beispiele 2.2.5 und 2.3.2 lassen das Bedürfnis entstehen, Funktoren in mehreren Variablen zu definieren, insbesondere einen Funktor $[?, ??]_{\mathscr{C}}$ in zwei Variablen.

2.5.1 Das *Produkt* $\mathscr{C} \times \mathscr{D}$ der Kategorien $\mathscr{C}$ und $\mathscr{D}$ besitzt als Objekte die geordneten Paare (C, D) von Objekten $C \in |\mathscr{C}|$, $D \in |\mathscr{D}|$, die Morphismenmengen sind durch

(1) $$[(C, D), (C', D')]_{\mathscr{C} \times \mathscr{D}} = [C, C']_{\mathscr{C}} \times [D, D']_{\mathscr{D}}$$

definiert, und die Komposition von Morphismen erfolgt „komponentenweise":

(2) $$(f', g')(f, g) = (f'f, g'g).$$

Man bestätigt $1_{(C, D)} = (1_C, 1_D)$ und die Assoziativität der Komposition. Man bestätigt ferner $(\mathscr{C} \times \mathscr{D})^o = \mathscr{C}^o \times \mathscr{D}^o$.

2.5.2 Ein (zweifach kovarianter) *Bifunktor* ist ein Funktor, dessen Quelle das Produkt zweier Kategorien ist. Bei einem Bifunktor T: $\mathscr{C} \times \mathscr{D} \to \mathscr{E}$ bezeichnet $T(C, D)$ bzw. $T(f, g)$ das Bild von (C, D) bzw. (f, g) in $\mathscr{E}$. Sind $f'f$ in $\mathscr{C}$ und $g'g$ in $\mathscr{D}$ erklärt, so gilt

$$(3) \qquad T(f'f, g'g) = T(f', g')\, T(f, g).$$

2.5.3 Beispiele. Das Tensorprodukt von Moduln ist ein Bifunktor $Mod_R \times {}_R Mod \to Ab$ bzw. ${}_R Mod \times {}_R Mod \to {}_R Mod$ bei kommutativem Ring R.

Sind R: $\mathscr{C} \to \mathscr{A}$ und S: $\mathscr{D} \to \mathscr{B}$ Funktoren, so ergibt $(f, g) \mapsto$ $\mapsto (R(f), S(g))$ den Bifunktor $R \times S$: $\mathscr{C} \times \mathscr{D} \to \mathscr{A} \times \mathscr{B}$.

2.5.4 Ist T: $\mathscr{C}^o \times \mathscr{D} \to \mathscr{E}$ ein Bifunktor, so ist jedem geordneten Paar (C, D) von Objekten $C \in |\mathscr{C}|$, $D \in |\mathscr{D}|$ ein Objekt $T(C^o, D)$ in $\mathscr{E}$ zugeordnet, jedem geordneten Paar (f, g) von Morphismen f: $C \to C'$ in $\mathscr{C}$ und g: $D \to D'$ in $\mathscr{D}$ ein Morphismus $T(f^o, g)$: $T(C'^o, D) \to T(C^o, D')$. Setzt man $S(C, D) = T(C^o, D)$, $S(f, g) = T(f^o, g)$, so bezeichnet man S als Funktor mit zwei Argumenten, der im ersten Argument kontravariant, im zweiten kovariant ist, kurz als *kontra-ko-varianten Funktor*.

Man beachte: S ist im allgemeinen kein Funktor mit Quelle $\mathscr{C} \times \mathscr{D}$, sondern eine andere Bezeichnungsweise für den Bifunktor T mit Quelle $\mathscr{C}^o \times \mathscr{D}$. Sind $f'f$ in $\mathscr{C}$ und $g'g$ in $\mathscr{D}$ erklärt, so ist

$$(3^*) \qquad S(f'f, g'g) = S(f, g')\, S(f', g).$$

2.5.5 *Standardbeispiel* Hom-*Funktor.* Für eine beliebige Kategorie $\mathscr{C}$ ist er ein Bifunktor $\mathscr{C}^o \times \mathscr{C} \to Ens$, der gemäß 2.5.4 als kontra-kovarianter Funktor notiert wird. Als Bifunktor wird er wie folgt definiert: Für Objekte durch $(A^o, B) \to [A, B]_{\mathscr{C}}$, für Morphismen (f^o, g) mit f: $A \to A'$, g: $B \to B'$ durch

$$(4) \qquad u \mapsto guf \quad \text{für} \quad u \in [A', B]_{\mathscr{C}};$$

Bezeichnung

$$(5) \qquad [f, g]_{\mathscr{C}}\colon [A', B]_{\mathscr{C}} \to [A, B']_{\mathscr{C}}.$$

Setzt man hierin $f = 1_A$ bzw. $g = 1_B$, so erhält man

$$(6) \qquad [1_A, g] = [A, g]\colon [A, B] \to [A, B'],$$

$$(7) \qquad [f, 1_B] = [f, B]\colon [A', B] \to [A, B],$$

wobei $[A, g]$, $[f, B]$ in den Beispielen 2.2.5 und 2.3.2 definiert sind. Man verifiziert die Funktoreigenschaften: $[1_A, 1_B]$ bildet $[A, B]$ identisch ab. Sind $f'f$ und $g'g$ in $\mathscr{C}$ erklärt, so folgt aus (4)

$$(8) \qquad [f'f, g'g] = [f, g']\,[f', g].$$

10

Insbesondere ist

$$(9) \qquad [f, g] = [f, 1_{B'}] \, [1_{A'}, g] = [1_A, g] \, [f, 1_B],$$

d. h. wegen (6), (7), daß für $f\colon A \to A'$ und $g\colon B \to B'$ das folgende Diagramm kommutativ ist:

$$
(10) \qquad
\begin{array}{ccc}
[A', B] & \xrightarrow{\;[A', g]\;} & [A', B'] \\[2pt]
\Big\downarrow {\scriptstyle [f,\, B]} & & \Big\downarrow {\scriptstyle [f,\, B']} \\[2pt]
[A, B] & \xrightarrow[\;[A,\, g]\;]{} & [A, B']
\end{array}
$$

2.5.6 Für einen Bifunktor $T\colon \mathscr{C} \times \mathscr{D} \to \mathscr{E}$, für den $\mathscr{C} \times \mathscr{D}$ nicht leer ist, setzt man in Analogie zu (6), (7) allgemein

$$(11) \qquad T(C, g) = T(1_C, g); \qquad T(f, D) = T(f, 1_D).$$

Damit ergibt sich wegen (2) unmittelbar: Fixiert man in einem Bifunktor mit nicht-leerer Quelle ein Argument durch ein Objekt, so entsteht ein Funktor im anderen Argument. Genauer: Jedes Objekt $C \in |\mathscr{C}|$ bzw. $D \in |\mathscr{D}|$ definiert einen *partiellen Funktor*

$$T(C, ?)\colon \mathscr{D} \to \mathscr{E} \qquad \text{bzw.} \qquad T(?, D)\colon \mathscr{C} \to \mathscr{E}.$$

Entsprechendes gilt für einen kontra-ko-varianten Funktor S, $S(?, D)$ ist dann ein kontravarianter Funktor. Die kovarianten Hom-Funktoren 2.2.5 und die kontravarianten Hom-Funktoren 2.3.2 sind also partielle Funktoren des kontra-ko-varianten Hom-Funktors 2.5.5. Die Vereinbarungen 2.4.5 und 2.5.4 erweisen sich als konsistent. Mit ihnen notieren wir den Hom-Funktor folgendermaßen als Bifunktor:

$$(12) \qquad [\mathrm{Op}?, ??]_{\mathscr{C}}\colon \mathscr{C}^{\mathrm{o}} \times \mathscr{C} \to Ens.$$

2.5.7 Erstes Bifunktorkriterium. *Es seien $\mathscr{C}$, $\mathscr{D}$, $\mathscr{E}$ nicht-leere Kategorien. Für jedes $A \in |\mathscr{C}|$ sei ein Funktor $P_A\colon \mathscr{D} \to \mathscr{E}$ gegeben, für jedes $X \in |\mathscr{D}|$ ein Funktor $Q_X\colon \mathscr{C} \to \mathscr{E}$. Ist*

(i) $P_A(X) = Q_X(A)$ für alle $A \in |\mathscr{C}|$, $X \in |\mathscr{D}|$ und ist

$$
(ii) \qquad
\begin{array}{ccc}
P_A(X) = Q_X(A) & \xrightarrow{\;Q_X(f)\;} & Q_X(B) = P_B(X) \\[2pt]
\Big\downarrow {\scriptstyle P_A(u)} & & \Big\downarrow {\scriptstyle P_B(u)} \\[2pt]
P_A(Y) = Q_Y(A) & \xrightarrow{\;Q_Y(f)\;} & Q_Y(B) = P_B(Y)
\end{array}
$$

kommutativ für jedes Paar (f, u) von Morphismen $f\colon A \to B$ aus $\mathscr{C}$, $u\colon X \to Y$ aus $\mathscr{D}$, so wird durch $T(A, X) = P_A(X)$, $T(f, u) = Q_Y(f)\,P_A(u)$ ein Bifunktor $T\colon \mathscr{C} \times \mathscr{D} \to \mathscr{E}$ definiert.

Beweis. Aus den Voraussetzungen folgt sofort $T(1_A, 1_X) = 1_{T(A,X)}$. Die Funktoreigenschaft (3) ergibt sich aus (ii), wenn man vier solche Rechtecke aneinandersetzt.

2.5.8 Nach 2.5.4 dürfte klar sein, was ein ko-kontra-varianter Funktor ist. Bifunktor und ko-ko-varianter Funktor sind synonym. Ein kontra-kontra-varianter Funktor ist ein kontravarianter Bifunktor (beachte 2.4.5). Es dürfte auch klar sein, wie Produkte von endlich vielen Kategorien, Multifunktoren, Funktoren mit mehreren Argumenten, teils kontravariant, teils kovariant zu definieren sind. Keinen dieser Fälle werden wir zunächst benötigen, jedoch die aus 2.4.4 folgende Beziehung zwischen den kontra-ko-varianten Hom-Funktoren dualer Kategorien

$$(13) \qquad\qquad [?, \, ??]_{\mathscr{C}} = [\mathrm{Op}??, \, \mathrm{Op}?]_{\mathscr{C}^{\mathrm{o}}}.$$

2.5.9 Sind $\mathscr{C}$ und $\mathscr{D}$ additive Kategorien, so ist im allgemeinen $\mathscr{C} \times \mathscr{D}$ nicht additiv. Sind $\mathscr{C}$, $\mathscr{D}$, $\mathscr{E}$ additiv, so heißt der Bifunktor $T \colon \mathscr{C} \times \mathscr{D} \to \mathscr{E}$ *biadditiv*, wenn alle seine partiellen Funktoren additiv sind. Ist $\mathscr{C}$ additiv, so auch $\mathscr{C}^{\mathrm{o}}$, und es wird der Hom-Funktor im allgemeinen als biadditiver kontra-ko-varianter Funktor aufgefaßt. $\mathscr{C} = {}_R Mod$ ist der klassische Fall.

2.6 Natürliche Transformationen

2.6.1 Definition. Es seien S, $T \colon \mathscr{C} \to \mathscr{D}$ Funktoren. Eine *natürliche Transformation* $\eta \colon S \to T$ ordnet jedem Objekt $A \in |\mathscr{C}|$ einen Morphismus $\eta_A \colon S(A) \to T(A)$ in $\mathscr{D}$ zu, und zwar so, daß für jeden Morphismus $f \colon A \to B$ das folgende Diagramm kommutativ ist

$$(1) \qquad \begin{array}{ccc} S(A) & \xrightarrow{\;\eta_A\;} & T(A) \\ {\scriptstyle S(f)}\big\downarrow & & \big\downarrow{\scriptstyle T(f)} \\ S(B) & \xrightarrow{\;\eta_B\;} & T(B) \end{array}$$

also $T(f)\eta_A = \eta_B S(f)$ für $f \colon A \to B$ beliebig in $\mathscr{C}$. Eine natürliche Transformation $\eta \colon S \to T$ für kontravariante Funktoren S, $T \colon \mathscr{C} \to \mathscr{D}$ ist eine natürliche Transformation der kovarianten Funktoren $S\mathrm{Op}$, $T\mathrm{Op} \colon \mathscr{C}^{\mathrm{o}} \to \mathscr{D}$.

Ist $\mathscr{C}$ leer, so gibt es nur den leeren Funktor $\mathscr{C} \to \mathscr{D}$ und für diesen nur die triviale, leere natürliche Transformation.

Beispiele

2.6.2 Sei $T \colon \mathscr{C} \times \mathscr{D} \to \mathscr{E}$ ein Bifunktor. Für $f \colon A \to B$ in $\mathscr{C}$ und $u \colon X \to Y$ in $\mathscr{D}$ gilt wegen 2.5(3)

$$(2) \qquad T(f, u) = T(f, 1_Y)\, T(1_A, u) = T(1_B, u)\, T(f, 1_X);$$

oder mit 2.5.7(ii):

$$
\begin{array}{ccc}
T(A, X) & \xrightarrow{\ T(A,\,u)\ } & T(A, Y) \\[2pt]
\big\downarrow{\scriptstyle T(f,\,X)} \quad {\scriptstyle T(f,\,u)}\searrow & & \big\downarrow{\scriptstyle T(f,\,Y)} \\[2pt]
T(B, X) & \xrightarrow{\ T(B,\,u)\ } & T(B, Y)
\end{array}
\tag{3}
$$

Vergleich mit (1) zeigt: $f\colon A \to B$ in $\mathscr{C}$ bzw. $u\colon X \to Y$ in $\mathscr{D}$ bewirken natürliche Transformationen der partiellen Funktoren

$$
T(f, ?)\colon \ T(A, ?) \to T(B, ?); \qquad T(?, u)\colon \ T(?, X) \to T(?, Y),
$$

wobei hier in $T(f, ?)$, $T(?, u)$ nur die Wirkung auf allen Objekten $X \in |\mathscr{D}|$ bzw. $A \in |\mathscr{C}|$ benutzt wird.

Insbesondere bewirkt $f\colon A \to B$ in $\mathscr{C}$ für die partiellen Hom-Funktoren die natürlichen Transformationen [vgl. auch (3) mit 2.5(10)]

$$
\begin{aligned}
H^f &= [f, ?]\colon [B, ?] \to [A, ?], & \text{also} && H^f\colon H^B \to H^A \\[4pt]
H_f &= [?, f]\colon [?, A] \to [?, B], & \text{also} && H_f\colon H_A \to H_B
\end{aligned}
\tag{4}
$$

2.6.3 Für die Kategorie der Gruppen gibt es eine natürliche Transformation des identischen Funktors in den Funktor „Abelschmachen" (Beispiel 2.1.3). Sie ordnet jeder Gruppe G die „natürliche" Projektion $G \to G/G'$ zu (G' Kommutatorgruppe von G).

2.6.4 Beispiel 2.3.5 ergibt einen kovarianten Funktor $DD\colon Mod_K \to \ \to Mod_K$ (Vektorraum $\mapsto$ bidualer, lineare Abbildung $\mapsto$ doppelt transponierte). Es gibt eine natürliche Transformation $\eta\colon \mathrm{Id} \to DD$, die jeden Vektorraum in seinen bidualen einbettet. η_A ist ein Isomorphismus für alle endlich-dimensionalen $A \in |Mod_K|$.

Das Bestreben, präzise zu formulieren, worin die „Natürlichkeit" etwa der Abbildungen in den letzten beiden Beispielen besteht, war einer der Beweggründe zur Entwicklung der Begriffe „Kategorie", „Funktor", „natürliche Transformation" durch EILENBERG und MAC-LANE (1945).

2.6.5 Ein weiteres klassisches Beispiel ist die natürliche Transformation, die jedem topologischen Raum mit Grundpunkt die „natürliche" Abbildung der Fundamentalgruppe in die erste singuläre Homologiegruppe zuordnet.

2.6.6 Bemerkung. Die Kommutativität des Diagrammes (1) ist vermöge 2.2 (5) äquivalent zu der von

$$
\begin{array}{ccccc}
[A, B]_{\mathscr{C}} & \xrightarrow{\ T_{A,B}\ } & [T(A), T(B)]_{\mathscr{D}} & \qquad f & \mapsto \ T(f) \\[4pt]
\big\downarrow{\scriptstyle S_{A,B}} & & \big\downarrow{\scriptstyle [\eta_A,\,T(B)]} & \big\downarrow & \big\downarrow \\[4pt]
[S(A), S(B)]_{\mathscr{D}} & \xrightarrow{\ [S(A),\,\eta_B]\ } & [S(A), T(B)]_{\mathscr{D}} & \quad S(f) & \mapsto \ \eta_B S(f) \\[4pt]
& & & & = T(f)\,\eta_A
\end{array}
\tag{5}
$$

2.6.7 Für jeden Funktor $T: \mathscr{C} \to \mathscr{D}$ besteht die identische natürliche Transformation $1_T: T \to T$, die $C \in |\mathscr{C}|$ $1_{T(C)}$ zuordnet. Sind $\eta: S \to T$ und $\xi: T \to U$ natürliche Transformationen, so wird durch $A \mapsto \xi_A \eta_A$ die natürliche Transformation $\xi\eta: S \to U$ definiert. Ist η_A isomorph für jedes $A \in |\mathscr{C}|$, so heißt $\eta: S \to T$ *natürliche Isomorphie* (herkömmlich: natürliche Äquivalenz; für Kategorien hat jedoch „Äquivalenz" einen anderen Sinn). In diesem Falle ist durch $A \mapsto \eta_A^{-1}$ eine natürliche Transformation $\eta^{-1}: T \to S$ definiert, so daß $\eta^{-1}\eta = 1_S$ und $\eta\eta^{-1} = 1_T$ ist. Die Funktoren S, T heißen zueinander isomorph, wenn es eine Isomorphie $\eta: S \to T$ gibt.

2.6.8 Seien S und T Bifunktoren $\mathscr{C} \times \mathscr{D} \to \mathscr{E}$. Ist $\eta: S \to T$ eine natürliche Transformation, so gilt für $f: A \to B$ aus $\mathscr{C}$ und $u: X \to Y$ aus $\mathscr{D}$ insbesondere, daß

$$
(6) \quad
\begin{array}{ccc}
S(A, X) \xrightarrow{\eta_{A,X}} T(A, X) & \qquad & S(B, X) \xrightarrow{\eta_{B,X}} T(B, X) \\
\big\downarrow {\scriptstyle S(f,X)} \quad \big\downarrow {\scriptstyle T(f,X)} & & \big\downarrow {\scriptstyle S(B,u)} \quad \big\downarrow {\scriptstyle T(B,u)} \\
S(B, X) \xrightarrow{\eta_{B,X}} T(B, X) & & S(B, Y) \xrightarrow{\eta_{B,X}} T(B, Y)
\end{array}
$$

kommutativ sind. Umgekehrt seien Morphismen $\eta_{A,X}: S(A,X) \to T(A,X)$ in $\mathscr{E}$ für jedes Paar $(A, X) \in |\mathscr{C} \times \mathscr{D}|$ gegeben, so daß (6) durchweg kommutativ ist. Setzt man die beiden Diagramme (6) untereinander, so zeigt Vergleich mit (3), daß $(A, X) \mapsto \eta_{A,X}$ eine natürliche Transformation $\eta: S \to T$ ist. Es genügt also nachzuprüfen, daß $(A, X) \mapsto \eta_{A,X}$ natürliche Transformationen für die partiellen Funktoren liefert.

2.6.9 Ein Funktor $T: \mathscr{C} \to \mathscr{D}$ mit nicht-leerem $\mathscr{C}$ ergibt durch Komposition mit dem Hom-Funktor von $\mathscr{D}$ den kontra-ko-varianten Funktor $[T(?), T(??)]_{\mathscr{D}}$ und gemäß 2.2.7 eine natürliche Transformation $[?, ??]_{\mathscr{C}} \to [T(?), T(??)]_{\mathscr{D}}$ vermöge $f \mapsto T(f)$, wie man leicht bestätigt.

2.6.10 Zweites Bifunktorkriterium. *Es seien $\mathscr{C}$, $\mathscr{D}$, $\mathscr{E}$ nicht-leere Kategorien. Jedem $A \in |\mathscr{C}|$ sei ein Funktor $P_A: \mathscr{D} \to \mathscr{E}$ zugeordnet, jedem $f: A \to B$ in $\mathscr{C}$ eine natürliche Transformation $P_f: P_A \to P_B$. Dabei gelte stets*

$$
(7) \qquad P_{1_C} = 1_{P_C}, \qquad P_{gf} = P_g P_f, \quad \textit{wenn } gf \textit{ in } \mathscr{C} \textit{ erklärt ist.}
$$

Dann ist durch $T(A, X) = P_A(X)$ und $T(f, u) = P_f(Y) P_A(u)$ für $f: A \to B$ in $\mathscr{C}$, $u: X \to Y$ in $\mathscr{D}$ ein Bifunktor $T: \mathscr{C} \times \mathscr{D} \to \mathscr{E}$ definiert.

Beweis. Die Voraussetzung (7) besagt, daß für jedes $X \in |\mathscr{D}|$ durch $A \mapsto P_A(X)$, $f \mapsto P_f(X)$ ein Funktor $Q_X: \mathscr{C} \to \mathscr{E}$ definiert ist. Weil P_f eine natürliche Transformation ist, sind die Voraussetzungen von 2.5.7 erfüllt.

3. Kategorien von Kategorien und von Funktoren

3.1 Vorbemerkungen

Die Komposition von Funktoren 2.2.6 legt es nahe, Kategorien zu betrachten, deren Objekte Kategorien und deren Morphismen Funktoren sind. 2.6.7 führt auf Kategorien, deren Objekte Funktoren $\mathscr{C} \to \mathscr{D}$ und deren Morphismen natürliche Transformationen sind. Damit wird eine Präzisierung der Definition erforderlich, welche Antinomien ausschließt wie ,,Menge aller Mengen'' oder ,,Menge aller Mengen, die sich nicht selbst als Element enthalten''. Hierzu bestehen drei Möglichkeiten:

3.1.1 Man legt die Mengenlehre von v. Neumann-Bernays-Gödel zugrunde. Bei ihr ist der Grundbegriff ,,Klasse''. Mengen sind solche Klassen, die Elemente von Klassen sind. Daneben gibt es Klassen, ,,Unmengen'', die nicht Element einer Klasse sind. Es existiert die universelle Klasse, die alle Mengen als Elemente besitzt. Für Einzelheiten verweisen wir etwa auf den Anhang in J. L. Kelley: General Topology und auf J. Schmidt: Mengenlehre I.

3.1.2 Man gründet die Mathematik nicht auf eine axiomatische Mengenlehre, sondern nach Lawvere auf eine axiomatische Theorie der ,,Kategorie der Kategorien'', welche eine Mengenlehre als Theorie der diskreten Kategorien umfaßt.

3.1.3 Man erweitert die (übliche) Mengenlehre von Zermelo-Fraenkel nach einem Vorschlag von Grothendieck durch Einführung von Universen. Das ist bei Brinkmann-Puppe [6] näher ausgeführt und kommt darauf hinaus, daß unzugängliche Kardinalzahlen (Tarski) zugelassen werden. Wir begnügen uns mit einigen Hinweisen, die (hoffentlich) für das Verständnis des Folgenden ausreichen.

Bei 3.1.1 hat man neben gewöhnlichen Kategorien im Sinne unserer Definition 1.1.1 noch ,,große'' Kategorien, bei denen von $[A, B]_{\mathscr{C}}$ jeweils nur verlangt wird, daß eine Klasse vorliegt. Bei 3.1.2 hat man neben Kategorien, die Elemente der universellen Kategorie sind, noch ,,große'' Kategorien, die nicht Elemente, aber Unterkategorien der universellen Kategorie sind. 3.1.3 gestattet es, große Kategorien auf gewöhnliche zurückzuführen. Dabei gibt es nur Mengen, unter ihnen aber spezielle, die Universen, wobei ein Universum die universelle Klasse eines Modells der Mengenlehre 3.1.1 ist. Große Kategorien eines Universums sind gewöhnliche eines höheren Universums. Zum Verständnis des Folgenden bemerken wir noch, daß bei einer axiomatischen Mengenlehre ,,Urelemente'' entbehrlich sind, daher Elemente von Mengen bzw. Klassen stets selbst Mengen sind.

3.2 Universen

3.2.1 Ein *Universum* $\mathfrak{U}$ ist eine Menge (von Mengen), die folgenden
Bedingungen genügt:

(1) $A \in \mathfrak{U} \Rightarrow A \subset \mathfrak{U}$,

(2) $A \in \mathfrak{U}$ und $B \in \mathfrak{U} \Rightarrow \{A, B\} \in \mathfrak{U}$ (Menge mit den Elementen A, B),

(3) $A \in \mathfrak{U} \Rightarrow \mathfrak{P}(A) \in \mathfrak{U}$ (Potenzmenge),

(4) Ist $J \in \mathfrak{U}$ und $f: J \to \mathfrak{U}$ eine Abbildung, so ist $\bigcup_{j \in J} f(j) \in \mathfrak{U}$.

Also: Ist für eine Familie von Mengen, die Elemente von $\mathfrak{U}$ sind,
die Indexmenge auch Element von $\mathfrak{U}$, so ist die Vereinigung der Familie
ebenfalls Element von $\mathfrak{U}$.

3.2.2 Aus diesen Bedingungen läßt sich folgern: Für $A \in \mathfrak{U}$ ist jede
Teilmenge von A auch Element von $\mathfrak{U}$. Für je zwei Mengen A und B,
die Elemente von $\mathfrak{U}$ sind, sind auch $A \times B$ und B^A (die Menge aller
Abbildungen von A in B) Elemente von $\mathfrak{U}$, und die Produktmenge
$\prod_{j \in J} A_j$ ist Element von $\mathfrak{U}$, wenn J und alle A_j Elemente von $\mathfrak{U}$ sind.
Kurz: Verwendet man bei den üblichen Mengenbildungen der Mengen-
lehre nur Elemente von $\mathfrak{U}$, so entstehen Elemente von $\mathfrak{U}$.

3.2.3 Es wird als ein Axiom gefordert: Jede Menge ist Element eines
Universums. Damit ist insbesondere jedes Universum Element eines
höheren.

3.3 Vereinbarungen

Wir benutzen Universen, wählen aber eine Sprache, die es gestattet,
weitgehend die Sprache von 3.1.1 zu verwenden. Ein Universum $\mathfrak{U}$, das
die Menge N der natürlichen Zahlen (und damit Z, Q, R, C) als Element
enthält, sei fortan fest gewählt. Falls ein Wechsel des Universums
erforderlich ist, werden wir das anzeigen.

3.3.1 *Mengen* (genauer $\mathfrak{U}$-Mengen) sind die Elemente von $\mathfrak{U}$.

3.3.2 *Klassen* (genauer $\mathfrak{U}$-Klassen) sind die Teilmengen von $\mathfrak{U}$. Man
beachte, daß Mengen auch Klassen sind, aber nicht umgekehrt.

3.3.3 Gruppen, Ringe, Moduln, topologische Räume usw. (genauer
$\mathfrak{U}$-Gruppen, ... usw.) sollen als Trägermengen stets $\mathfrak{U}$-Mengen haben.

3.3.4 Mit den Vereinbarungen 3.3.1, 3.3.2, 3.3.3 sind die bisherigen
Beispiele zu präzisieren. Kategorie „der" Mengen, Gruppen, Moduln, ...,
usw. ist stets bezüglich $\mathfrak{U}$ zu verstehen. Hierbei dürfen Gruppenhomo-
morphismen nicht einfach als Abbildungen der Mengen angesehen

werden, die den Gruppen zugrunde liegen. Es müssen vielmehr diese
Mengenabbildungen so indiziert werden (vgl. unten Beweis von 3.5.1),
daß gleiche Mengenabbildungen bei unterschiedlichen Gruppenstrukturen verschiedene Morphismen sind. Entsprechend bei Moduln, ...,
usw.

3.3.5 Für die *Definition der Kategorie* (genauer $\mathfrak{U}$-Kategorie) ist eine
über 3.3.2 und 3.3.4 hinausgehende Präzisierung erforderlich, die auf
eine Elimination der Objekte hinausläuft. Eine Kategorie $\mathscr{C}$ ist hinfort
der Inbegriff ihrer Morphismenklasse Mor $\mathscr{C}$ und des Kompositionsgesetzes ihrer Morphismen. Wir bemerken dazu, daß durch das Kompositionsgesetz insbesondere die Klasse der identischen Morphismen von
$\mathscr{C}$, 1-Mor $\mathscr{C}$, und die Partition von Mor $\mathscr{C}$ in die Mengen $[A, B]_{\mathscr{C}}$ festgelegt sind. Die Objekte haben lediglich die Rolle von Indizes. Ersetzen
der Objektklasse $|\mathscr{C}|$ durch eine isomorphe (d. h. gleichmächtige) ändert
nichts an der Kategorie. Damit entfällt die Forderung, daß $|\mathscr{C}|$ eine
$\mathfrak{U}$-Klasse ist. $|\mathscr{C}|$ braucht nicht in $\mathfrak{U}$ enthalten zu sein. Jedoch ist $|\mathscr{C}|$
einer $\mathfrak{U}$-Klasse isomorph, nämlich 1-Mor $\mathscr{C}$. Hiernach ist es eigentlich
überflüssig, noch Objekte neben ihren 1-Morphismen beizubehalten.
Wir tun dies dennoch, weil sonst unhandliche Formulierungen entstehen.
Eine Menge, Gruppe, ..., usw. ist etwas anderes als ihre identische
Abbildung.

3.3.6 Eine *Kategorie* $\mathscr{C}$ heißt *klein*, genauer: $\mathfrak{U}$-*klein*, wenn 1-Mor $\mathscr{C}$
eine $\mathfrak{U}$-Menge ist. Gleichwertig damit ist, daß Mor $\mathscr{C}$ eine $\mathfrak{U}$-Menge ist.
Ohne Einschränkung der Allgemeinheit kann dabei angenommen
werden, daß auch die Objekte eine $\mathfrak{U}$-Menge bilden, was wir ohne
besonderen Hinweis benutzen werden. Entsprechend bei Objektklassen
beliebiger $\mathfrak{U}$-Kategorien.

3.3.7 Im Sinne der vorangehenden Vereinbarungen denken wir uns
fortan 1 und 2 präzisiert. Dazu muß jedoch noch bestätigt werden, daß
das Produkt zweier Kategorien $\mathscr{C}$ und $\mathscr{D}$ eine Kategorie ist. 2.5(1) beschreibt in der Tat $\mathfrak{U}$-Mengen. Diese sind paarweise disjunkt, weil $\{[C, C']_{\mathscr{C}}\}$
und $\{[D, D']_{\mathscr{D}}\}$ Klassen paarweise disjunkter Mengen sind. Da die Mengen 2.5 (1) sämtlich Elemente von $\mathfrak{U}$ sind, bilden sie eine $\mathfrak{U}$-Klasse. Ihre
Vereinigung Mor $(\mathscr{C} \times \mathscr{D})$ ist dann ebenfalls eine $\mathfrak{U}$-Klasse (vgl. 3.2 (1)).
1-Mor $(\mathscr{C} \times \mathscr{D})$ ist eine Teilklasse.

3.4 Funktorkategorien

3.4.1 Hilfssatz. *Ist $\mathscr{C}$ eine kleine Kategorie, so ist neben* Mor $\mathscr{C} =$
$\bigcup [A, B]_{\mathscr{C}}$ *und* 1-Mor $\mathscr{C} = \{1_A | A \in |\mathscr{C}|\}$ *auch* $\prod [A, B]_{\mathscr{C}}$ *eine Menge.
Vereinigung und Produkt sind hierbei über alle Paare* $(A, B) \in |\mathscr{C}| \times |\mathscr{C}|$
zu erstrecken.

Da $|\mathscr{C}|$ durch 1-Mor $\mathscr{C}$ ersetzt werden kann, folgt das unmittelbar
aus 3.2.2. Ebenso folgt:

3.4.2 Satz. *Sind $\mathscr{C}$ und $\mathscr{D}$ kleine Kategorien, so ist auch $\mathscr{C} \times \mathscr{D}$ klein.*

3.4.3 Satz. *Es sei $\mathscr{C}$ eine kleine, $\mathscr{D}$ eine beliebige Kategorie. Die Funktoren $\mathscr{C} \to \mathscr{D}$ sind die Objekte, ihre natürlichen Transformationen die Morphismen einer Kategorie, wobei die Morphismenkomposition diejenige der natürlichen Transformationen ist. Diese Kategorie bezeichnen wir mit $[\mathscr{C}, \mathscr{D}]$. Sind $\mathscr{C}$ und $\mathscr{D}$ klein, so ist $[\mathscr{C}, \mathscr{D}]$ ebenfalls klein.*

Beweis. Ist $\mathscr{C}$ leer, so besitzt $[\mathscr{C}, \mathscr{D}]$ genau ein Objekt mit seinem identischen Morphismus. Ist $\mathscr{D}$ leer, nicht aber $\mathscr{C}$, so ist $[\mathscr{C}, \mathscr{D}]$ leer. Es seien nun $\mathscr{C}$ und $\mathscr{D}$ nicht leer und $S, T\colon \mathscr{C} \to \mathscr{D}$ Funktoren. Weil $\mathscr{C}$ klein ist, sind auch $M_S = \bigcup [S(A), S(B)]_{\mathscr{D}}$, $M_T = \bigcup [T(A), T(B)]_{\mathscr{D}}$ und $N = \prod [S(A), T(A)]_{\mathscr{D}}$ Mengen. S definiert eine Abbildung $\beta_S\colon$ Mor $\mathscr{C} \to M_S$, nämlich $f \mapsto S(f)$, und ist durch $\beta_S \in [\text{Mor}\,\mathscr{C}, M_S]$ vollständig festgelegt, β_T ist entsprechend erklärt. Eine natürliche Transformation $\eta\colon S \to T$ ist durch ein geeignetes Element von N gegeben. Die natürlichen Transformationen $S \to T$ könnten daher als Teilmenge von N aufgefaßt werden. Es kann aber $\eta\colon S \to T$ gleichzeitig natürliche Transformation eines anderen Funktorpaares sein. Wir fassen daher die natürlichen Transformationen als Tripel $(\beta_S, \beta_T, \eta) \in$ $\in [\text{Mor}\,\mathscr{C}, M_S] \times [\text{Mor}\,\mathscr{C}, M_T] \times N$ auf. Damit ist 1.1.1 (ii) für $[\mathscr{C}, \mathscr{D}]$ erfüllt. 1.1.1 (iii) folgt aus 2.6.7 unmittelbar. Ist auch $\mathscr{D}$ klein, so bilden die Funktoren $\mathscr{C} \to \mathscr{D}$ nach 2.2.7 und 3.2.2 eine Teilmenge von $[\text{Mor}\,\mathscr{C}, \text{Mor}\,\mathscr{D}]_{Ens}$, womit die letzte Behauptung folgt.

3.4.4 Satz. *Es seien $\mathscr{C}$, $\mathscr{D}$, $\mathscr{E}$ Kategorien, $\mathscr{C}$ und $\mathscr{D}$ klein. Dann besteht eine im folgenden beschriebene Isomorphie*

$$(1) \qquad \Phi\colon\ [\mathscr{C}, [\mathscr{D}, \mathscr{E}]] \overset{\approx}{\to} [\mathscr{C} \times \mathscr{D}, \mathscr{E}].$$

Beweis. Wir überlassen dem Leser die Diskussion der trivialen Fälle, bei denen $\mathscr{C}$, $\mathscr{D}$ oder $\mathscr{E}$ leer ist. Seien nun $\mathscr{C}$, $\mathscr{D}$ und $\mathscr{E}$ nicht leer. Wegen 3.4.2 und 3.4.3 sind die angegebenen Kategorien vorhanden. Das 2. Bifunktorkriterium 2.6.10 ordnet jedem Funktor $S\colon \mathscr{C} \to [\mathscr{D}, \mathscr{E}]$ einen Bifunktor $R\colon \mathscr{C} \times \mathscr{D} \to \mathscr{E}$ so zu, daß für $A \in |\mathscr{C}|$ und $f \in \text{Mor}\,\mathscr{C}$ gilt $S(A) = R(A, ?)$, $S(f) = R(f, ?)$. Damit ist Φ für Objekte definiert, und es ist Φ eine Bijektion für die Objektklassen wegen 2.6.10 und 2.6.2. Sei auch $S'\colon \mathscr{C} \to [\mathscr{D}, \mathscr{E}]$ ein Funktor, ferner $R' = \Phi(S')$ und $\eta\colon S \to S'$ eine natürliche Transformation. Für $A \in |\mathscr{C}|$ ist $\eta_A\colon$ $S(A) \to S'(A)$ eine natürliche Transformation von Funktoren $\mathscr{D} \to \mathscr{E}$, nämlich $\eta_A\colon R(A, ?) \to R'(A, ?)$. Für $X \in |\mathscr{D}|$ ist damit $\eta_{A, X}\colon$ $R(A, X) \to R'(A, X)$ definiert. Wir behaupten, daß dadurch eine Bifunktortransformation definiert ist. Für $u\colon X \to Y$ in $\mathscr{D}$ ist

$$(2) \qquad \begin{array}{ccc} R(A, X) & \xrightarrow{\ \eta_{A, X}\ } & R'(A, X) \\ {\scriptstyle R(A, u)}\big\downarrow & & \big\downarrow{\scriptstyle R'(A, u)} \\ R(A, Y) & \xrightarrow{\ \eta_{A, Y}\ } & R'(A, Y) \end{array}$$

kommutativ, weil η_A eine natürliche Transformation ist. Für $f\colon A \to B$ in $\mathscr{C}$ ist

$$(3) \qquad
\begin{array}{ccc}
S(A) \xrightarrow{\;\eta_A\;} S'(A) & \quad & R(A,\ ?) \xrightarrow{\;\eta_A\;} R'(A,\ ?) \\
\Big\downarrow{\scriptstyle S(f)} \qquad \Big\downarrow{\scriptstyle S'(f)} = & & \Big\downarrow{\scriptstyle R(f,\ ?)} \qquad \Big\downarrow{\scriptstyle R'(f,\ ?)} \\
S(B) \xrightarrow{\;\eta_B\;} S'(B) & & R(B,\ ?) \xrightarrow{\;\eta_B\;} R'(B,\ ?)
\end{array}$$

kommutativ, speziell für $\ ? = X$. Wegen 2.6.8 ist $(A, X) \to \eta_{A,X}$ eine Bifunktortransformation $\Phi(\eta)$. Ist umgekehrt durch $(A, X) \mapsto \eta_{A,X}$ eine natürliche Transformation $R \to R'$ gegeben, so erhält man aus (2) natürliche Transformationen $\eta_A\colon S(A) \to S'(A)$ und danach $\eta\colon S \to S'$ aus (3). Damit ergibt Φ eine Bijektion $\Phi_{S,S'}\colon [S, S'] \to [\Phi(S), \Phi(S')]$. Zusammen mit dem oben Bewiesenen folgt, daß Φ eine Bijektion der Morphismenklassen ist. Aus der Definition von $\Phi(\eta)$ folgt unmittelbar, daß Φ ein Funktor ist.

3.4.5 Durch $(A, X) \mapsto (X, A)$, $(f, u) \mapsto (u, f)$ wird offenbar eine Isomorphie

$$(4) \qquad \tau\colon \mathscr{C} \times \mathscr{D} \xrightarrow{\;\approx\;} \mathscr{D} \times \mathscr{C}$$

für beliebige Kategorien definiert. Sie bewirkt für kleine Kategorien $\mathscr{C}, \mathscr{D}$ vermöge $R \mapsto R\tau$ für $R\colon \mathscr{D} \times \mathscr{C} \to \mathscr{E}$ die Isomorphie

$$(5) \qquad [\tau, \mathscr{E}]\colon [\mathscr{D} \times \mathscr{C}, \mathscr{E}] \xrightarrow{\;\approx\;} [\mathscr{C} \times \mathscr{D}, \mathscr{E}].$$

Damit erhält man aus 3.4.4 noch

$$(6) \qquad [\mathscr{C}, [\mathscr{D}, \mathscr{E}]] \cong\ ]\mathscr{D}, [\mathscr{C}, \mathscr{E}]].$$

3.5 Die Kategorie der kleinen Kategorien

3.5.1 Satz. *Die kleinen Kategorien bilden die Objekte, die Funktoren die Morphismen einer Kategorie, wobei die Komposition der Morphismen diejenige der Funktoren ist. Diese Kategorie heißt die Kategorie der kleinen Kategorien und wird mit cat bezeichnet.*

Beweis. Eine kleine Kategorie ist vollständig beschrieben durch Angabe ihrer Morphismenmenge Mor $\mathscr{C}$ und die Komposition ihrer Morphismen. Der Graph dieser Komposition, d. h. die Menge der Morphismentripel (u, v, w) mit $w = vu$, ist eine Teilmenge von Mor $\mathscr{C} \times$ Mor $\mathscr{C} \times$ Mor $\mathscr{C}$, also ein Element $\alpha_\mathscr{C}$ von $P_\mathscr{C} = \mathfrak{P}(\text{Mor } \mathscr{C} \times \text{Mor } \mathscr{C} \times \text{Mor } \mathscr{C})$. Sind $\mathscr{C}$, $\mathscr{D}$ klein, so fassen wir einen Funktor $T\colon \mathscr{C} \to \mathscr{D}$ als Tripel $(\alpha_\mathscr{C}, \alpha_\mathscr{D}, T) \in$ $\in P_\mathscr{C} \times P_\mathscr{D} \times [\text{Mor } \mathscr{C}, \text{Mor } \mathscr{D}]_{Ens}$ auf. Damit folgt die Behauptung wie in 3.4.3.

3.5.2 Sind $\mathscr{C}$, $\mathscr{D}$ kleine Kategorien, so ist $[\mathscr{C}, \mathscr{D}]_{cat}$ gerade die Menge der Objekte für die Funktorkategorie $[\mathscr{C}, \mathscr{D}]$. Daher rührt die Bezeichnung. Die Definition der Isomorphismen in *cat* stimmt mit 2.2.9 überein. Für den identischen Funktor $\text{Id}_\mathscr{C}$ schreiben wir auch $1_\mathscr{C}$.

3.6 Große Kategorien

3.6.1 Vereinbarung. Ein Vergleich von 2.6.10 mit 3.4.4 zeigt, daß die Beschränkung auf kleine Kategorien in 3.4 und 3.5 unbefriedigend ist. (Dennoch ist sie für manche Zwecke nützlich.) Wir vereinbaren daher: Zu dem Universum $\mathfrak{U}$ werde ein Universum $\mathfrak{B}$ fest gewählt, das $\mathfrak{U}$ als Element enthält. Damit ist jede $\mathfrak{U}$-Kategorie eine kleine $\mathfrak{B}$-Kategorie, und die Resultate über kleine $\mathfrak{B}$-Kategorien ergeben Resultate für beliebige $\mathfrak{U}$-Kategorien.

3.6.2 Mit $\mathscr{ENS}$ bezeichnen wir die Kategorie der $\mathfrak{B}$-Mengen und ihrer Abbildungen, während *Ens* wie bisher die Kategorie der $\mathfrak{U}$-Mengen ist. *Ens* ist volle Unterkategorie von $\mathscr{ENS}$: Durch Vergrößerung des Universums entstehen keine neuen Abbildungen zwischen den bisher vorhandenen Mengen. Entsprechendes gilt auch für andere Kategorien: Für jede mathematische Struktur, deren Modelle Mengen mit Struktur dieser Art sind (Gruppen, Moduln, topologische Räume usw.) geht die Kategorie, die aus den $\mathfrak{U}$-Modellen der Struktur und den strukturverträglichen Abbildungen zwischen ihnen besteht, in eine volle Unterkategorie der entsprechenden $\mathfrak{B}$-Kategorie über. Insbesondere gilt das für die $\mathfrak{U}$-Kategorie *Ab* der additiven Gruppen und ihrer Homomorphismen. Die entsprechende $\mathfrak{B}$-Kategorie bezeichnen wir mit $\mathscr{AB}$.

3.6.3 Wir erhalten aus 3.4.3 für je zwei $\mathfrak{U}$-Kategorien $\mathscr{C}$, $\mathscr{D}$ eine kleine $\mathfrak{B}$-Kategorie $[\mathscr{C}, \mathscr{D}]$ und damit aus 3.4.4 den

Bifunktorsatz. *Sind $\mathscr{C}$, $\mathscr{D}$, $\mathscr{E}$ Kategorien, so besteht eine in 3.4.4 beschriebene Isomorphie*

$$(1) \qquad\qquad \Phi\colon\ [\mathscr{C}, [\mathscr{D}, \mathscr{E}]] \overset{\approx}{\to} [\mathscr{C} \times \mathscr{D}, \mathscr{E}]$$

und 3.4.5 gilt entsprechend.

3.6.4 Wir haben soeben bei (1) nicht ausdrücklich auf $\mathfrak{U}$ und $\mathfrak{B}$ Bezug genommen. In der Tat ist dies hierbei unerheblich. Aus der Mengenlehre mit Universen ergibt sich: Zu je endlich vielen Kategorien (in irgendwelchen Universen) gibt es stets ein Universum, das diese Kategorien enthält.

Für die Funktorkategorie $[\mathscr{C}, \mathscr{D}]$ ist auch die Bezeichnung $\mathscr{D}^{\mathscr{C}}$ üblich. (1) nimmt damit die Form eines Exponentialgesetzes an.

3.6.5 Satz. *Die $\mathfrak{U}$-Kategorien bilden die Objekte, die Funktoren die Morphismen einer Kategorie Cat, wobei die Komposition der Morphismen die der Funktoren ist.*

Nach 3.6.1 und 3.6.2 ist *Cat* eine volle Unterkategorie der Kategorie $\mathscr{CAT}$ der kleinen $\mathfrak{B}$-Kategorien.

3.6.6 *Cat* besitzt einen Dualitätsfunktor $J\colon Cat \to Cat$, der durch $\mathscr{C} \mapsto \mathscr{C}^{\circ}$, $T \mapsto \mathrm{Op}T\mathrm{Op}$ erklärt ist. Man beachte: Für $T\colon \mathscr{C} \to \mathscr{D}$ ist auch $\mathrm{Op}T\mathrm{Op}\colon \mathscr{C}^{\circ} \to \mathscr{D}^{\circ}$ kovariant. Man verwechsle J nicht mit Op: $Cat \to Cat^{\circ}$. Offenbar gilt $JJ = \mathrm{Id}_{Cat}$.

Vermöge J ergibt sich eine Erweiterung des in 2.4.6 skizzierten Dualitätsprinzips. Begriffe und Sätze gelten als dual, wenn sie auseinander durch Anwendung von J entstehen („Dualisierung aller beteiligten Kategorien"). Beispiele werden sich später ergeben.

3.6.7 Vereinbarung. Kategorien seien weiterhin $\mathfrak{U}$-Kategorien („legitime Kategorien"), es sei denn, daß es sich um Kategorien der Gestalt $[\mathscr{C}, \mathscr{D}]$, $[\mathscr{C}, [\mathscr{D}, \mathscr{E}]]$ usw. oder um Cat, $\mathscr{ENS}$, $\mathscr{AB}$ handelt, wo der andere Sachverhalt jeweils aus der Bezeichnung ersichtlich ist, oder daß ausdrücklich etwas anderes gesagt wird.

Anmerkungen

3.6.8 $(\mathscr{C}, \mathscr{D}) \mapsto \mathscr{C} \times \mathscr{D}$, $(S, T) \mapsto S \times T$ für $S \colon \mathscr{C} \to \mathscr{C}'$. $T \colon \mathscr{D} \to \mathscr{D}'$ ergibt einen Funktor $X \colon cat \times cat \to cat$ bzw. $Cat \times Cat \to Cat$. Entsprechend $(\mathscr{C}, \mathscr{D}) \mapsto \mathscr{D} \times \mathscr{C}$, $(S, T) \mapsto T \times S$. Damit wird τ in 3.4.5 eine Isomorphie von Bifunktoren.

3.6.9 Der Hom-Funktor von cat bzw. Cat läßt sich in einen Bifunktor $cat^{\mathrm{o}} \times cat \to cat$ bzw. $Cat^{\mathrm{o}} \times Cat \to \mathscr{CAT}$ verwandeln, wobei $\mathscr{CAT}$ die Kategorie der kleinen $\mathfrak{B}$-Kategorien ist. Dabei gilt $(\mathscr{C}, \mathscr{D}) \mapsto [\mathscr{C}, \mathscr{D}]$. Entsprechend erhält man Trifunktoren $Cat^{\mathrm{o}} \times Cat^{\mathrm{o}} \times Cat \to \mathscr{CAT}$ durch $(\mathscr{C}, \mathscr{D}, \mathscr{E}) \mapsto \big[\mathscr{C}, [\mathscr{D}, \mathscr{E}]\big]$ und $(\mathscr{C}, \mathscr{D}, \mathscr{E}) \mapsto [\mathscr{C} \times \mathscr{D}, \mathscr{E}]$. Damit wird Φ in 3.6.3 ein Isomorphismus von Trifunktoren (vgl. später 16.1.3).

3.7 Der Wertfunktor

3.7.1 Zur Funktorkategorie $[\mathscr{C}, \mathscr{D}]$ gehört der Bifunktor

$$W \colon [\mathscr{C}, \mathscr{D}] \times \mathscr{C} \to \mathscr{D},$$

der für Objekte durch $(T, A) \mapsto T(A)$, für Morphismen durch die Diagonale des kommutativen Diagramms

(1)
$$\begin{array}{ccc} T(A) & \xrightarrow{\;\eta_A\;} & T'(A) \\ {\scriptstyle T(f)}\Big\downarrow & \searrow & \Big\downarrow{\scriptstyle T'(f)} \\ T(B) & \xrightarrow{\;\eta_B\;} & T'(B) \end{array}$$

beschrieben wird. Speziell ist

(2)
$$W(\eta, A) = \eta_A; \quad W(T, f) = T(f).$$

Daß W in der Tat Bifunktor ist, folgt unmittelbar aus 2.6.10. W ist Objekt von $[[\mathscr{C}, \mathscr{D}] \times \mathscr{C}, \mathscr{D}]$.

3.7.2 Satz. *Mit dem Isomorphismus Φ von 3.6.3 gilt*

$$W = \Phi(1_{[\mathscr{C}, \mathscr{D}]}).$$

Beweis. Für den Bifunktor $R = \Phi(1_{[\mathscr{C}, \mathscr{D}]})$ gilt nach 3.6.3 und 3.4.4

$$R(T, ?) = 1_{[\mathscr{C}, \mathscr{D}]}(T) = T\colon \mathscr{C} \to \mathscr{D},$$

$$R(\eta, ?) = 1_{[\mathscr{C}, \mathscr{D}]}(\eta) = \eta.$$

Vergleich mit (2) und (1) zeigt $R = W$.

3.8 Der additive Fall

Das Vorangehende überträgt sich auf additive Kategorien und Funktoren.

3.8.1 Sind $\mathscr{C}, \mathscr{D}$ additiv, so kann man die Kategorie $Add\,(\mathscr{C}, \mathscr{D})$ der additiven Funktoren $\mathscr{C} \to \mathscr{D}$ betrachten. Sie ist eine (im allgemeinen nicht volle) Unterkategorie von $[\mathscr{C}, \mathscr{D}]$. Beide Kategorien können wieder als additive Kategorien aufgefaßt werden, die Addition für natürliche Transformationen $\xi, \eta\colon S \to T$ wird vermöge $(\xi + \eta)_A = \xi_A + \eta_A$ erklärt.

Sind $\mathscr{C}, \mathscr{D}, \mathscr{E}$ additiv, so liefert der Beweis von 3.4.4 und 3.6.3 einen Isomorphismus von $Add\,(\mathscr{C}, Add\,(\mathscr{D}, \mathscr{E}))$ mit der Kategorie der biadditiven Funktoren $\mathscr{C} \times \mathscr{D} \to \mathscr{E}$. Er entsteht durch „Einschränkung" von Φ, man entnimmt das der Reihe nach aus 2.5.7, 2.6.10 und 3.4.4, wo in jeweils nur verschiedenen Formulierungen ein Bifunktor aus seinen partiellen Funktoren konstruiert wird.

3.8.2 Entsprechend 3.5 kann man die Kategorie der kleinen additiven Kategorien mit additiven Funktoren betrachten, ebenso das Analogon von 3.6.5. Man erhält dabei nicht Unterkategorien von *cat* bzw. *Cat*. Verschiedene additive Kategorien können in dieselbe Kategorie übergehen, wenn auf die additive Struktur in den Morphismenmengen verzichtet wird. Daher müssen bei der Übertragung des Beweises von 3.5.1 die Mengen $P_{\mathscr{C}}$ durch andere ersetzt werden.

3.8.3 Sind $\mathscr{C}$ und $\mathscr{D}$ additiv, so erhält man entsprechend 3.7 den biadditiven Wertfunktor

$$W\colon \quad Add\,(\mathscr{C}, \mathscr{D}) \times \mathscr{C} \to \mathscr{D}.$$

Hierbei gilt das Analogon von 3.7.2.

4. Darstellbare Funktoren

4.1 Einbettungen

4.1.1 Definition. Ein Funktor $T\colon \mathscr{C} \to \mathscr{D}$ heißt *treu*, wenn die durch ihn bewirkten Abbildungen (vgl. 2.2.7)

(1) $$T_{A,B}\colon \quad [A, B]_{\mathscr{C}} \to [T(A), T(B)]_{\mathscr{D}}$$

für jedes Paar $(A, B) \in |\mathscr{C}| \times |\mathscr{C}|$ injektiv sind.

Er heißt *voll,* wenn (1) stets surjektiv ist, und *völlig treu,* wenn (1) stets bijektiv ist.

4.1.2 Man beachte, daß ein treuer oder völlig treuer Funktor verschiedene Objekte in dasselbe Objekt abbilden kann. Die durch $A \mapsto T(A)$ bzw. $f \mapsto T(f)$ definierten Abbildungen $|\mathscr{C}| \to |\mathscr{D}|$ bzw. $\operatorname{Mor} \mathscr{C} \to \operatorname{Mor} \mathscr{D}$ brauchen also nicht injektiv zu sein. Für einen treuen Funktor ist $|\mathscr{C}| \to |\mathscr{D}|$ genau dann injektiv, wenn $\operatorname{Mor} \mathscr{C} \to \operatorname{Mor} \mathscr{D}$ es ist.

4.1.3 Ein Funktor $T: \mathscr{C} \to \mathscr{D}$ heißt *Einbettung,* wenn

$$T: \quad \operatorname{Mor} \mathscr{C} \to \operatorname{Mor} \mathscr{D}$$

injektiv ist. Bei einer Einbettung $T: \mathscr{C} \to \mathscr{D}$ bilden die Objekte $T(A)$ und Morphismen $T(f)$ eine Unterkategorie von $\mathscr{D}$, bei einer vollen Einbettung eine volle Unterkategorie.

4.1.4 Im allgemeinen bilden die Objekte $T(A)$ und Morphismen $T(f)$ keine Unterkategorie. Gegenbeispiel:

$$\mathscr{C}: \quad A \xrightarrow{f} B, \quad C \xrightarrow{g} D;$$

$$\mathscr{D}: \quad X \xrightarrow{u} Y, \quad Y \xrightarrow{v} Z, \quad X \xrightarrow{w} Z \quad \text{mit} \quad w = vu.$$

$\mathscr{C}$ besitzt vier identische Morphismen und zwei weitere f und g. $\mathscr{D}$ besitzt drei identische Morphismen und drei weitere u, v, w mit $vu = w$. Mit $T(f) = u$, $T(g) = v$ ist $T: \mathscr{C} \to \mathscr{D}$ definiert. Das Kompositum $T(g)\,T(f)$ ist nicht Bild bei T. T ist treu, aber keine Einbettung.

Ist jedoch $T: \mathscr{C} \to \mathscr{D}$ voll oder injektiv für Objekte, so bilden die Objekte $T(A)$ und die Morphismen $T(f)$ eine Unterkategorie von $\mathscr{D}$.

4.1.5 Satz. *Es sei $T: \mathscr{C} \to \mathscr{D}$ ein völlig treuer Funktor. Für $f: A \to B$ in $\mathscr{C}$ ist $T(f)$ genau dann isomorph, wenn f es ist.*

Beweis. Sei $T(f): T(A) \to T(B)$ isomorph mit Inversem u. Weil T völlig treu ist, gibt es genau einen Morphismus $g: B \to A$ mit $T(g) = u$. Es folgt $T(gf) = uT(f) = 1_{T(A)}$ und hieraus $gf = 1_A$, wieder weil T völlig treu ist. Entsprechend folgt $fg = 1_B$, und es ist f isomorph mit Inversem g. Die Umkehrung gilt für beliebige Funktoren (2.1.1).

4.2 Yoneda-Lemma

Sei $\mathscr{C}$ eine nicht-leere Kategorie. Für $A \in |\mathscr{C}|$ betrachten wir den Funktor $H^A = [A, ?]_{\mathscr{C}}$ und einen weiteren Funktor $T: \mathscr{C} \to Ens$. Sei $\eta: H^A \to T$ eine natürliche Transformation. Wir betrachten sie an der „Stelle" A, also $\eta_A: [A, A] \to T(A)$. $\eta_A(1_A)$ ist ein wohlbestimmtes Element in $T(A)$.

4.2.1 Lemma. *Die durch $\eta \mapsto \eta_A(1_A)$ definierte Yoneda-Abbildung $Y: [H^A, T]_{[\mathscr{C}, Ens]} \to T(A)$ ist bijektiv.*

Beweis. Sei zunächst $\eta\colon H^A \to T$ gegeben und $\eta_A(1_A) = x \in T(A)$. Für $f\colon A \to B$, B, f beliebig, ist

$$
(1) \qquad
\begin{array}{ccc}
[A, A] & \xrightarrow{\ \eta_A\ } & T(A) \\
{\scriptstyle [A,f]} \downarrow & & \downarrow {\scriptstyle T(f)} \\
[A, B] & \xrightarrow{\ \eta_B\ } & T(B)
\end{array}
\qquad
\begin{array}{ccc}
1_A & \longmapsto & x \\
\downarrow & & \downarrow \\
f & \longmapsto & T(f)(x)
\end{array}
$$

kommutativ, also

$$
(2) \qquad \eta_B(f) = T(f)(x) = T(f)(\eta_A(1_A)) .
$$

η_B wird demnach durch $f \mapsto T(f)(x)$ beschrieben, und es ist η durch $x = \eta_A(1_A)$ völlig bestimmt. Daher ist Y injektiv.

Sei nun $x \in T(A)$ gegeben. Man definiere η_B durch (2) für alle $B \in |\mathscr{C}|$. Es muß gezeigt werden: Für $g\colon B \to C$ beliebig, ist

$$
(3) \qquad
\begin{array}{ccc}
[A, B] & \xrightarrow{\ \eta_B\ } & T(B) \\
{\scriptstyle [A,g]} \downarrow & & \downarrow {\scriptstyle T(g)} \\
[A, C] & \xrightarrow{\ \eta_C\ } & T(C)
\end{array}
$$

kommutativ. Für $f \in [A, B]$ ist aber

$$
\eta_C[A, g](f) = \eta_C(gf) = T(gf)(x) = T(g)\,T(f)(x) = T(g)\,\eta_B(f) .
$$

Damit folgt die Behauptung.

4.2.2 Satz. *Für $A \in |\mathscr{C}|$, $f \in \mathrm{Mor}\,\mathscr{C}$ definiert $A \mapsto H^A$, $f \mapsto H^f$ eine volle Einbettung, die Yoneda-Einbettung $H^*\colon \mathscr{C}^0 \to [\mathscr{C}, Ens]$.*

Beweis. Es kann $\mathscr{C} \neq \emptyset$ angenommen werden. Sind A und B verschiedene Objekte, so sind die Funktoren H^A und H^B verschieden wegen $[A, A] \cap [B, A] = \emptyset$. Für $f \in [C, A]$ ist $H^f = [f, ??]$ eine natürliche Transformation $H^A \to H^C$ (vgl. 2.6 (4)). Nach 4.2.1 ist $Y(H^f) = H^f_A(1_A) = [f, A](1_A)$. Nun wird aber $[f, A]\colon [A, A] \to [C, A]$ durch $u \mapsto uf$ beschrieben. Mit $u = 1_A$ ergibt sich

$$
(4) \qquad Y(H^f) = f .
$$

Damit folgt aus 4.2.1, daß der Funktor H^* völlig treu ist.

Ersetzt man $\mathscr{C}$ durch $\mathscr{C}^0$, so erhält man wegen $\mathscr{C}^{00} = \mathscr{C}$ die durch $A \mapsto H_A$, $f \mapsto H_f$ beschriebene Yoneda-Einbettung $H_*\colon \mathscr{C} \to [\mathscr{C}^0, Ens]$. *Jede (kleine) Kategorie $\mathscr{C}$ kann als volle Unterkategorie der Funktorkategorie $[\mathscr{C}^0, Ens]$ aufgefaßt werden.*

4.2.3 Zum Hom-Funktor der Kategorie $[\mathscr{C}, Ens]$ gehört ein Bifunktor $[\mathscr{C}, Ens]^0 \times [\mathscr{C}, Ens] \to \mathscr{ENS}$. Zusammen mit der von 4.2.2 herrührenden Einbettung $\mathrm{Op}\,H^*\,\mathrm{Op}\colon \mathscr{C} \to [\mathscr{C}, Ens]^0$ ergibt sich der Bifunktor $[H^?, ??]_{[\mathscr{C},\,Ens]}\colon \mathscr{C} \times [\mathscr{C}, Ens] \to \mathscr{ENS}$. Daneben betrachten wir den Wertfunktor W mit der Vertauschung τ (3.7 und 3.4.5) $W\tau\colon \mathscr{C} \times [\mathscr{C}, Ens] \to Ens$.

4.2.4 Theorem. *Die Yoneda-Abbildung $Y(\eta) = \eta_A(1_A)$ für $\eta\colon H^A \to T$ ist ein Bifunktorisomorphismus*

$$(5) \qquad\qquad Y\colon\ [H^?, ?\,?]_{[\mathscr{C},\,Ens]} \overset{\approx}{\to} W\tau(?,?\,?).$$

Dabei ist $Ens \subset \mathscr{ENS}$ benutzt.

Beweis. Für $\mathscr{C} = \emptyset$ steht in (5) beiderseits der leere Funktor. Sei nun $\mathscr{C} \neq \emptyset$. Nach 4.2.1 ist Y eine Bijektion an jeder Stelle $(A, T)\,\epsilon$ $\epsilon\ |\mathscr{C} \times [\mathscr{C}, Ens]\,|$. Es muß gezeigt werden, daß Y eine natürliche Transformation ist. Wegen 2.6.8 genügt es, das für die partiellen Funktoren einzusehen. Ist $\xi\colon T \to R$ eine natürliche Transformation, so ist

$$(6)\qquad
\begin{array}{ccc}
[H^A, T] & \xrightarrow{\ [H^A,\,\xi]\ } & [H^A, R] \\
\downarrow{\scriptstyle Y} & & \downarrow{\scriptstyle Y} \\
T(A) & \xrightarrow{\ \xi_A\ } & R(A)
\end{array}
\qquad
\begin{array}{ccc}
\eta & \mapsto & \xi\eta \\
\downarrow & & \downarrow \\
\eta_A(1_A) & \mapsto & \xi_A\big(\eta_A(1_A)\big) \\
& & = (\xi\eta)_A(1_A)
\end{array}$$

kommutativ. Für $f\colon A \to B$ in $\mathscr{C}$ ist

$$(7)\qquad
\begin{array}{ccc}
[H^A, T] & \xrightarrow{\ [H^f,\,T]\ } & [H^B, T] \\
\downarrow{\scriptstyle Y} & & \downarrow{\scriptstyle Y} \\
T(A) & \xrightarrow{\ T(f)\ } & T(B)
\end{array}
\qquad
\begin{array}{ccc}
\eta & \mapsto & \eta H^f \\
\downarrow & & \downarrow \\
\eta_A(1_A) & \mapsto & T(f)\big(\eta_A(1_A)\big)
\end{array}$$

kommutativ: $Y(\eta H^f) = (\eta H^f)_B(1_B) = \eta_B(H^f_B(1_B)) = \eta_B\big(Y(H^f)\big) =$ $= \eta_B(f)$ nach (4) und Definition von Y. Hieraus und aus (2) folgt $Y(\eta H^f) = T(f)\big(\eta_A(1_A)\big)$ und damit die Behauptung.

4.3 Der additive Fall

Ist $\mathscr{C}$ eine additive Kategorie, so wird H^A als additiver Funktor $\mathscr{C} \to Ab$ aufgefaßt. Ist $T\colon \mathscr{C} \to Ab$ additiv, so gilt 4.2.1 mit $Add(\mathscr{C}, Ab)$ statt $[\mathscr{C}, Ens]$, denn aus der Additivität von T und 4.2 (2) folgt $\eta_B(f_1 + f_2) = \eta_B(f_1) + \eta_B(f_2)$. Ferner ist hier für zwei natürliche Transformationen $\eta, \xi\colon H^A \to T$ die Summe $\eta + \xi$ durch $(\eta + \xi)_B =$ $= \eta_B + \xi_B$ für alle $B\,\epsilon\,|\mathscr{C}|$ erklärt, wobei $\eta_B + \xi_B$ die Summe zweier Homomorphismen zwischen additiven Gruppen ist. Berücksichtigt man, daß in 4.2 (2) $T(f)$ ebenfalls homomorph ist, so ergibt sich

4.3.1 Lemma. *Es sei $\mathscr{C}$ eine additive Kategorie, $T\colon \mathscr{C} \to Ab$ ein additiver Funktor. Die durch $\eta \mapsto \eta_A(1_A)$ definierte Yoneda-Abbildung $Y\colon [H^A, T]_{Add(\mathscr{C}, Ab)} \to T(A)$ ist ein Isomorphismus additiver Gruppen.*

Zusatz. Anwendung des Vergiß-Funktors $V\colon Ab \to Ens$ liefert: *Ist T additiv, so gibt es nur additive natürliche Transformationen von H^A nach T.*

Das gilt übrigens nicht für beliebige Paare additiver Ab-wertiger Funktoren.

4.3.2 Satz. *Ist $\mathscr{C}$ additiv, so ist $H^*\colon \mathscr{C}^0 \to Add\,(\mathscr{C}, Ab)$ eine volle additive Einbettung, ebenso $H_*\colon \mathscr{C} \to Add\,(\mathscr{C}^0, Ab)$.*

4.3.3 Satz. *Ist $\mathscr{C}$ additiv und nicht-leer, so ergibt die Yoneda-Abbildung $Y(\eta) = \eta_A(1_A)$ für $\eta\colon H^A \to T$ einen Isomorphismus*

$$Y\colon \quad [H^?, ??]_{Add(\mathscr{C}, Ab)} \overset{\cong}{\Longrightarrow} W\,\tau\,(?, ??)$$

der biadditiven Funktoren $\mathscr{C} \times Add\,(\mathscr{C}, Ab) \to \mathscr{A}\mathscr{B}$ mit $Ab \subset \mathscr{A}\mathscr{B}$.

Die Beweise für 4.3.2 und 4.3.3 ergeben sich unmittelbar aus denen für 4.2.2 und 4.2.4.

4.4 Darstellbare Funktoren

4.4.1 Definition. Ein Funktor $T\colon \mathscr{C} \to Ens$ heißt *darstellbar*, wenn er zu einem Funktor H^A für geeignetes $A \in |\mathscr{C}|$ isomorph ist. A heißt dann *darstellendes Objekt* für T. Eine *Darstellung* von T ist ein Isomorphismus $\varrho\colon H^A \to T$.

Wegen 4.2.1 ist eine Darstellung von T durch Angabe von A und $\varrho_A(1_A) \in T(A)$ vollständig bestimmt. Man beschreibt daher Darstellungen durch Angabe des Paares $(A, \varrho_A(1_A))$ und nennt $\varrho_A(1_A)$ das *universelle Element* der Darstellung. Man sagt: T wird durch $(A, \varrho_A(1_A))$ dargestellt. Die Darstellung ergibt sich hierbei vermöge 4.2 (2).

4.4.2 Aus 4.2 (2) folgt: Sind A und $x \in T(A)$ vorgegeben, so ist die durch (A, x) bestimmte natürliche Transformation $H^A \to T$ genau dann isomorph, wenn es zu jedem $y \in T(B)$, B beliebig, genau ein $f\colon A \to B$ gibt mit $T(f)(x) = y$.

4.4.3 Beispiele. Es sei $\mathscr{C}$ die Kategorie *Top* der topologischen Räume und $T\colon \mathscr{C} \to Ens$ der Vergiß-Funktor. Jeder einpunktige topologische Raum ist darstellendes Objekt für T. Ist $\mathscr{C}$ die Kategorie der (multiplikativen) Gruppen und T wieder vergeßlich, so ist jede freie zyklische Gruppe darstellendes Objekt. Man bemerkt, daß ein darstellbarer Funktor T nicht-isomorphe Objekte in dieselbe Menge überführen kann. Die Angabe eines darstellenden Objektes A kann auch nicht durch die Angabe von $T(A)$ ersetzt werden: Eine abzählbare Menge kann mit verschiedenen Gruppenstrukturen versehen werden.

4.4.4 Satz. (a) *Sind $S, T\colon \mathscr{C} \to Ens$ zueinander isomorph, so ist S genau dann darstellbar, wenn T es ist. Genauer: Ein Isomorphismus $\xi\colon T \to S$ ergibt eine Bijektion der Darstellungen vermöge $\varrho \mapsto \xi\varrho$.*
(b) *H^A und H^B sind genau dann zueinander isomorph, wenn A und B es sind. Genauer: $u \mapsto H^u$ ergibt eine Bijektion zwischen den Isomorphismen $A \to B$ und den Isomorphismen $H^B \to H^A$.*
(c) *Wird T durch $(A, \varrho_A(1_A))$ und $(B, \sigma_B(1_B))$ dargestellt, so gibt es genau einen Morphismus $u\colon A \to B$ mit $T(u)\big(\varrho_A(1_A)\big) = \sigma_B(1_B)$, und u ist isomorph.*

Beweis. (a) und (b) ergeben sich unmittelbar aus 4.2.2. Bei (c) folgt die Eindeutigkeit von u aus 4.2 (2): Es muß $u = \varrho_B^{-1}\sigma_B(1_B)$ sein;

$\varrho^{-1}\sigma\colon H^B \to H^A$ ist ein Isomorphismus mit $Y(\varrho^{-1}\sigma) = u$, wegen 4.2.2 ist u isomorph. Übrigens ist $u^{-1} = \sigma_A^{-1}\varrho_A(1_A)$.

4.4.5 Satz. *Sei $T\colon \mathscr{C} \to Ens$ darstellbar, A darstellendes Objekt für T und $S\colon \mathscr{C} \to Ens$ ein weiterer Funktor. Es existiert eine Bijektion zwischen der Menge der natürlichen Transformationen $T \to S$ und der Menge $S(A)$. Wird T durch $\big(A, \varrho_A(1_A)\big)$ dargestellt, so ergibt $\eta \mapsto \eta_A\big(\varrho_A(1_A)\big)$ eine solche Bijektion.*

Das ist nur eine andere Fassung von 4.2.1. Wir zitieren auch diese Fassung als Yoneda-Lemma. Sie enthält insbesondere eine Aussage über die natürlichen Transformationen eines darstellbaren Funktors in sich.

Man diskutiere 4.4.3.

4.4.6 Der kontravariante Fall ergibt sich dadurch, daß $\mathscr{C}$ durch die duale Kategorie $\mathscr{C}^o$ ersetzt wird. Man erhält wegen 2.5 (13): Ein kontravarianter Funktor $T\colon \mathscr{C} \to Ens$ ist darstellbar, wenn er zu einem Funktor H_A isomorph ist. Eine Darstellung ist durch Angabe von $\big(A, \varrho_A(1_A)\big)$ wieder völlig bestimmt. 4.4.4 und 4.4.5 übertragen sich sinngemäß, in 4.4.5 ist lediglich „Funktor" durch „kontravarianter Funktor" zu ersetzen. Es gilt 4.2 (2) für $f\colon B \to A$, ebenso 4.4.2.

4.4.7 Beispiel. Der kontravariante Funktor „Potenzmenge" $\mathfrak{P}$ in 2.3.4 ist darstellbar. Eine Menge mit zwei Elementen ist darstellendes Objekt, jede der beiden ein-elementigen Teilmengen ist universelles Element einer Darstellung. Was sind die natürlichen Transformationen von $\mathfrak{P}$ in sich?

4.4.8 Der additive Fall. Ist $\mathscr{C}$ additiv, so ist $H^A\colon \mathscr{C} \to Ab$ stets additiv, entsprechend H_A. Das Vorangehende überträgt sich ohne weiteres mit Ab statt Ens. Die so darstellbaren Funktoren sind stets additiv.

Man betrachtet aber auch Funktoren $T\colon \mathscr{C} \to Ens$. Ein solcher Funktor heißt darstellbar, wenn er isomorph zu einem Funktor VH^A ist. Hierbei ist V der Vergiß-Funktor. Entsprechend im kontravarianten Fall.

4.4.9 Beispiel. Es sei $\mathscr{C} = Ab$ und M eine feste Menge. Für $A \in |Ab|$ sei $T(A)$ die Menge der Abbildungen von M in die Menge $V(A)$, $T(A) = [M, V(A)]_{Ens}$. Für $f \in \operatorname{Mor} Ab$ sei $T(f) = [M, V(f)]_{Ens}$. Es ist also $T = H^M V$. Dieser Funktor wird dargestellt durch die freie additive Gruppe F mit Basis M und die Inklusion $M \subset V(F)$. Entsprechend mit $_R Mod$ bzw. Mod_R. Dieses Beispiel ist geradezu die Definition von „frei" über M. Es überträgt sich auf andere, auch nicht-additive Kategorien, z. B. Kategorie der Gruppen.

4.4.10 Theorem. *Es sei $\mathscr{C}$ eine additive Kategorie. Der additive Funktor $T\colon \mathscr{C} \to Ab$ ist genau dann darstellbar, wenn $VT\colon \mathscr{C} \to Ens$ es ist ($V\colon Ab \to Ens$ Vergiß-Funktor).*

Beweis. Sei $(A, \varrho_A(1_A))$ eine Darstellung von VT. $\varrho_A(1_A)$ ist Element der Gruppe $T(A)$ und definiert nach 4.3.1 eine natürliche Transformation $\bar{\varrho}\colon H^A \to T$. Hierbei ist $V(\overline{\varrho_B}) = \varrho_B$ für alle $B \in |\mathscr{C}|$. Damit ist $\overline{\varrho_B}$ stets ein bijektiver Homomorphismus in Ab. Also ist $\bar{\varrho}$ eine Isomorphie. Die Umkehrung ist evident.

4.5 Partiell darstellbare Bifunktoren

4.5.1 Satz. *Es sei $R\colon \mathscr{C} \times \mathscr{D} \to Ens$ ein Bifunktor. Für jedes $A \in |\mathscr{C}|$ liege eine Darstellung $\varrho_A\colon H^{G(A)} \to R_A$ des Partialfunktors $R_A(?) =$ $= R(A, ?)\colon \mathscr{D} \to Ens$ vor. Die Zuordnung $A \mapsto G(A)$ setzt sich zu einem kontravarianten Funktor $G\colon \mathscr{C} \to \mathscr{D}$ so fort, daß $(A, X) \mapsto \varrho_{A,X}$ eine Isomorphie $\varrho\colon [G(?), ??]_{\mathscr{D}} \to R(?, ??)$ von Bifunktoren ist, und hierdurch ist G eindeutig bestimmt.*

Beweis. Für $f\colon A \to B$ in $\mathscr{C}$ ist $\varrho_B^{-1} R_f \varrho_A\colon H^{G(A)} \to H^{G(B)}$ eine natürliche Transformation nach 2.6.2, wobei wir R_f statt $R(f, ?)$ geschrieben haben. Nach 4.2.2 gibt es genau einen Morphismus $u\colon G(B) \to G(A)$ in $\mathscr{D}$ mit $H^u = \varrho_B^{-1} R_f \varrho_A$. Man setze $G(f) = u$. Damit liegt G als kontravarianter Funktor vor, wie wieder 4.2.2 zeigt. Vermöge 2.6.8 bestätigt man, daß $\varrho = \{\varrho_{A,X}\}$ eine Bifunktortransformation ist. Mit ϱ_A ist jedes $\varrho_{A,X}\colon [G(A), X] \to R(A, X)$ isomorph und damit ϱ. Es ist G eindeutig bestimmt, weil nach 2.6.8 jedenfalls $\varrho_B H^{G(f)} = R_f \varrho_A$ gelten muß.

4.5.2 Ist im Vorangehenden R ein kontra-ko-varianter Funktor, so ist G kovariant. Damit erhält man aus 4.4.9 einen Funktor $F\colon$ $Ens \to Ab$, der jeder Menge M die freie additive Gruppe mit Basis M zuordnet. Ferner ergibt sich eine Isomorphie von kontra-ko-varianten Funktoren

$$\psi\colon \ [F(?), ??]_{Ab} \overset{\approx}{\to} [?, V(??)]_{Ens},$$

wobei der Hom-Funktor von Ab hier das Ziel Ens hat.

Entsprechendes gilt für $_R Mod$ und die Kategorie der Gruppen. Wir gehen auf solche „adjungierte Situationen" in 16.4 genauer ein, bei denen für Funktoren $T\colon \mathscr{C} \to \mathscr{D}$, $S\colon \mathscr{D} \to \mathscr{C}$ ein Isomorphismus $\psi\colon$ $[S(?), ??]_{\mathscr{C}} \overset{\approx}{\to} [?, T(??)]_{\mathscr{D}}$ kontra-ko-varianter Funktoren vorliegt.

4.5.3 Es seien $\mathscr{C}$ und $\mathscr{D}$ beliebige nicht-leere Kategorien. 4.5.1 legt es nahe, jedem Funktor $T\colon \mathscr{C} \to \mathscr{D}$ den kontra-ko-varianten Funktor $\Phi(T) = [T(?), ??]_{\mathscr{D}}$ zuzuordnen. Ist $\eta\colon T \to S$ eine natürliche Transformation, so entsteht mit $(A, X) \mapsto [\eta_A, X]$ eine natürliche Transformation $\Phi(\eta)\colon \Phi(S) \to \Phi(T)$, wie man vermöge 2.6.8 leicht bestätigt. Damit liegt ein kontravarianter Funktor

$$\Phi\colon \ [\mathscr{C}, \mathscr{D}] \to [\mathscr{C}^\circ \times \mathscr{D}, Ens]$$

vor, wobei rechts die Vereinbarung 2.5.4 benutzt ist. Mit der Vereinbarung 2.4.5 gilt:

4.5.4 Satz. ΦOp *ist eine volle Einbettung* $[\mathscr{C},\ \mathscr{D}]^\circ \to [\mathscr{C}^\circ \times \mathscr{D},\ Ens]$.
Beweis. (a) Φ ist injektiv für Objekte. Sind $S,\ T:\mathscr{C} \to \mathscr{D}$ verschieden, so gibt es $f:\ A \to B$ in $\mathscr{C}$ mit $S(f) \neq T(f)$. Ist $S(B) \neq T(B)$, so gilt $\Phi(S) \neq \Phi(T)$ wegen $[S(B), T(B)] \cap [T(B), T(B)] = \emptyset$. Ist $S(B) = = T(B)$, so folgt $\Phi(S) \neq \Phi(T)$ aus $[S(f), T(B)]\ (1_{T(B)} = S(f) \neq \neq [T(f), T(B)]\ (1_{T(B)})$.
(b) Φ ist treu. Sind ξ, η verschiedene natürliche Transformationen $T \to S$, so gibt es $A \in |\mathscr{C}|$ mit $\xi_A \neq \eta_A$, und es ist

$$[\xi_A, S(A)] \neq [\eta_A, S(A)].$$

(c) Φ ist voll. Eine natürliche Transformation $\alpha = \{\alpha_{A,X}\}: \Phi(S) \to \Phi(T)$ ergibt für jedes $A \in |\mathscr{C}|$ eine natürliche Transformation

$$\alpha_A = \{\alpha_{A,X}\}_{X \in |\mathscr{D}|}:\ [S(A), ??] \to [T(A), ??].$$

Nach 4.2.2 gibt es genau einen Morphismus $\eta_A:\ T(A) \to S(A)$ mit $\alpha_A = [\eta_A, ??]$. Ist $\eta = \{\eta_A\}$ als natürliche Transformation $T \to S$ erkannt, so folgt aus $\Phi(\eta)_{A,X} = [\eta_A, X] = \alpha_{A,X}$ die Behauptung. Für jedes $X \in |\mathscr{D}|$ ist nun $\{[\eta_A, X]\} = \{\alpha_{A,X}\}$ eine natürliche Transformation $[S(?), X] \to [T(?), X]$. Damit ergibt sich die restliche Behauptung aus dem folgenden Lemma.

4.5.5 Lemma. *Es seien* $S,\ T:\mathscr{C} \to \mathscr{D}$ *Funktoren. Für jedes* $A \in |\mathscr{C}|$ *liege ein Morphismus* $\eta_A: T(A) \to S(A)$ *vor. Ist* $\{[\eta_A, X]\}$ *eine natürliche Transformation für jedes* $X \in |\mathscr{D}|$, *so ist* $\{\eta_A\}$ *eine natürliche Transformation.*

Beweis. Sei $f: A \to B$ ein beliebiger Morphismus in $\mathscr{C}$. Für $X = S(B)$ ist dann

$$
\begin{array}{ccc}
[S(B), S(B)] & \xrightarrow{\ [\eta_B, S(B)]\ } & [T(B), S(B)] \\
\Big\downarrow {\scriptstyle [S(f), S(B)]} & & \Big\downarrow {\scriptstyle [T(f), S(B)]} \\
[S(A), S(B)] & \xrightarrow{\ [\eta_A, S(B)]\ } & [T(A), S(B)]
\end{array}
$$

kommutativ. Für $1_{S(B)} \in [S(B), S(B)]$ erhält man $\eta_B T(f) = S(f)\eta_A$ und damit die Behauptung.

4.5.6 Bemerkung. Es ist $[\mathscr{C}, \mathscr{D}]^\circ$ isomorph zu $[\mathscr{C}^\circ, \mathscr{D}^\circ]$ vermöge $T^\circ \mapsto \mathrm{Op}\, T\, \mathrm{Op}$ für Funktoren und $\{\eta_A\}^\circ \mapsto \{\eta_A^0\}$ für natürliche Transformationen $\eta = \{\eta_A\}$ als Morphismen von $[\mathscr{C}, \mathscr{D}]$. Es kann also $[\mathscr{C}^\circ, \mathscr{D}^\circ]$ als duale Kategorie von $[\mathscr{C}, \mathscr{D}]$ angesehen werden. Damit erhält man aus 4.5.3, 4.5.4 eine volle Einbettung

$$[\mathscr{C}, \mathscr{D}] \to [\mathscr{C} \times \mathscr{D}^\circ,\ Ens],$$

wenn noch $\mathscr{C}^\circ$ und $\mathscr{D}^\circ$ durch ihre Dualen ersetzt werden. Mit der Vertauschung τ von 3.4.5 ergibt sich die volle Einbettung

$$[\mathscr{C}, \mathscr{D}] \to [\mathscr{D}^\circ \times \mathscr{C},\ Ens].$$

Man überzeuge sich, daß sie mit $T \mapsto [??, T(?)]_{\mathscr{D}}$ und $\eta \mapsto \{[X, \eta_A]\}$ identisch ist.

4.5.7 Der additive Fall. Sind $\mathscr{C}$ und $\mathscr{D}$ additive Kategorien und ist $R:$ $\mathscr{C} \times \mathscr{D} \to Ab$ ein biadditiver Funktor, so ergibt sich entsprechend 4.5.1 ein additiver kontravarianter Funktor $G: \mathscr{C} \to \mathscr{D}$. Das folgt aus $R_{f+g} = R_f + R_g$ (vgl. 3.8.1) mit 4.3.2. Entsprechend 4.5.4 erhält man eine volle Einbettung $Add\,(\mathscr{C}, \mathscr{D})^0 \to Biadd\,(\mathscr{C}^0 \times \mathscr{D}, Ab)$ und entsprechend 4.5.6 die volle Einbettung $Add\,(\mathscr{C}, \mathscr{D}) \to Biadd\,(\mathscr{D}^0 \times \mathscr{C}, Ab)$, wobei $Biadd$ Kategorien biadditiver Funktoren bezeichnet.

5. Einige spezielle Objekte und Morphismen

5.1 Monomorphismen

5.1.1 Ein Morphismus m der Kategorie $\mathscr{C}$ heißt *monomorph*, wenn für alle Morphismenpaare (f, g) von $\mathscr{C}$ gilt

$$(1) \qquad\qquad mf = mg \Rightarrow f = g\,.$$

$mf = mg$ kann selbstverständlich nur gelten, wenn mf und mg erklärt sind und f und g dieselbe Quelle haben. Ein Monomorphismus ist ein „am Ende kürzbarer" Morphismus.

5.1.2 Für $\mathscr{C} = Ens$ ist monomorph dasselbe wie injektiv. Für $\mathscr{C} = Ab$, $_R Mod$, für die Kategorie der Gruppen, der topologischen Räume ist monomorph gleichwertig damit, daß die zugrunde liegende Mengenabbildung injektiv ist. Es gilt jedoch nicht immer, daß ein Vergiß-Funktor $\mathscr{C} \to Ens$ (wenn er existiert) Monomorphismen in injektive Abbildungen verwandelt. Triviale Gegenbeispiele entstehen so:

Es sei $f: A \to B$ ein beliebiger Morphismus aus $\mathscr{C}$ mit $A \neq B$. Die Unterkategorie $\mathscr{D}$ von $\mathscr{C}$ bestehe aus den Objekten A, B und den Morphismen $1_A, 1_B, f$. In $\mathscr{D}$ ist f monomorph.

5.1.3 Ist $m: A \to B$ in $\mathscr{C}$ monomorph, so auch in jeder Unterkategorie von $\mathscr{C}$, die m enthält.

5.1.4 Gleichwertig sind:

(a) $m: A \to B$ ist monomorph in $\mathscr{C}$.

(b) Für *alle* $X \in |\mathscr{C}|$ ist $[X, m]: [X, A] \to [X, B]$ injektiv.

5.1.5 (a) Ist f isomorph, so ist f auch monomorph.

(b) Sind f und g monomorph, gf vorhanden, so ist gf monomorph.

(c) Ist gf monomorph, so ist f monomorph.

5.1.3, 5.1.4, 5.1.5 folgen unmittelbar aus der Definition. Bei 5.1.5 (c) kann man nicht auf g monomorph schließen: Ist $f: A \to B$ eine Inklusion nicht-leerer Mengen, so gibt es stets g mit $gf = 1_A$.

5.1° Epimorphismen

5.1.1° Ein Morphismus h in $\mathscr{C}$ heißt epimorph, wenn h^0 in $\mathscr{C}^0$ monomorph ist, wenn also in $\mathscr{C}$ gilt

$$(1^0) \qquad\qquad fh = gh \Rightarrow f = g.$$

Ein Epimorphismus ist „am Anfang kürzbar".

5.1.2° Für $\mathscr{C} = Ens$ ist epimorph gleichwertig mit surjektiv, ebenso für $\mathscr{C} = Ab, {}_R Mod$. Dies gilt auch für die Kategorie der Gruppen (EILENBERG-MOORE), was nicht evident ist. In der Kategorie der Hausdorffschen Räume ist $f\colon A \to B$ schon dann epimorph, wenn $f(A)$ dicht in B ist. In der Kategorie der Ringe ist $\mathbf{Z} \subset \mathbf{Q}$ ein Epimorphismus.

5.1.3° Ist $h\colon A \to B$ in $\mathscr{C}$ epimorph, so auch in jeder Unterkategorie von $\mathscr{C}$, die h enthält.

5.1.4° Gleichwertig sind:

(a) $h\colon A \to B$ ist epimorph in $\mathscr{C}$.

(b) Für *alle* $X \in |\mathscr{C}|$ ist $[h, X]\colon [B, X] \to [A, X]$ *injektiv*.

5.1.5° (a) Ist f isomorph, so ist f auch epimorph.

(b) Sind f, g epimorph, gf vorhanden, so ist gf epimorph.

(c) Ist gf epimorph, so ist g epimorph.

5.2 Retraktionen und Coretraktionen

5.2.1 $r\colon A \to B$ in $\mathscr{C}$ heißt *Retraktion*, wenn es ein $s\colon B \to A$ gibt mit $rs = 1_B$. $s\colon B \to A$ heißt *Coretraktion* (oder *Schnitt*), wenn es ein $r\colon A \to B$ mit $rs = 1_B$ gibt.

Aus $rs = 1_B$ folgt also: r ist Retraktion, s ist Coretraktion. Man beachte jedoch: Ist r Retraktion, so gibt es im allgemeinen verschiedene s mit $rs = 1_B$, entsprechend für Coretraktionen, wie man sich leicht für Ens überlegt.

5.2.2 Jede Retraktion ist epimorph, jede Coretraktion ist monomorph. Es gilt im allgemeinen keine Umkehrung.

Beweis. 5.1.5° und 5.1.5. Daß keine Umkehrung gilt, stellt man leicht in Ab fest. In Ens ist $\emptyset \subset A$ für $A \neq \emptyset$ ein Monomorphismus, der keine Coretraktion ist.

5.2.3 Ist r Retraktion bzw. Coretraktion in $\mathscr{C}$, so auch in jeder Oberkategorie von $\mathscr{C}$. Allgemeiner gilt: Jeder Funktor respektiert Retraktionen und Coretraktionen.

5.2.4 Gleichwertig sind:

(a) $r\colon A \to B$ ist Retraktion in $\mathscr{C}$.

(b) Für alle $X \in |\mathscr{C}|$ ist $[X, r]\colon [X, A] \to [X, B]$ surjektiv.

(c) $[B, r]\colon [B, A] \to [B, B]$ ist surjektiv.

Beweis und Dualisierung als Aufgabe, ebenso für

5.2.5 (a) Ist f isomorph, so ist f eine Retraktion.

(b) Sind f und g Retraktionen, gf vorhanden, so ist gf eine Retraktion.

(c) Ist gf eine Retraktion, so ist g eine Retraktion.

5.2.6 Monomorph-epimorph, Retraktion-Coretraktion sind erste Beispiele für duale Begriffspaare. Vergleich von 5.1.4 (b) und 5.2.4 (b) könnte eine Dualität zwischen 5.1 und 5.2 vermuten lassen. Dies ist nicht der Fall. 5.2 entsteht aus 5.1 nicht dadurch, daß Ens durch Ens^o ersetzt wird, wie schon die Definitionen zeigen, in denen nur die Kategorie $\mathscr{C}$ vorkommt.

5.2.7 In Ens ist jeder Epimorphismus eine Retraktion, jeder Monomorphismus mit nicht-leerer Quelle eine Coretraktion.

5.3 Bimorphismen

5.3.1 Ein Morphismus f in $\mathscr{C}$ heißt *bimorph*, wenn f mono- und epimorph ist.

5.3.2 Jeder Isomorphismus ist bimorph. Das Umgekehrte braucht nicht zu gelten: In Top ist jede bijektive stetige Abbildung bimorph. In einer vorgeordneten Klasse (als Kategorie) ist jeder Morphismus bimorph. Vgl. auch 5.1.2.

5.3.3 Eine Kategorie heißt *ausgeglichen* (*balanced*), wenn jeder Bimorphismus isomorph ist. Ens, Ab, $_R Mod$ sind ausgeglichen, ebenso die Kategorie der Gruppen.

5.3.4 Jede monomorphe Retraktion ist isomorph, ebenso jede epimorphe Coretraktion.

Beweis. Aus $rs = 1_B$ für $r\colon A \to B$ folgt $rsr = r$. Ist r monomorph, so folgt $sr = 1_A$.

5.4 Terminale und initiale Objekte

5.4.1 Ein Objekt P der Kategorie $\mathscr{C}$ heißt *terminal* (Punkt, engl. auch null), wenn es für jedes Objekt $A \in |\mathscr{C}|$ genau einen Morphismus $A \to P$ gibt.

5.4.2 **Beispiele.** In Ens ist jede einelementige Menge terminal, in Top jeder einpunktige topologische Raum, in der Kategorie der Gruppen jede einelementige Gruppe, entsprechend in Ab und $_R Mod$. Auch cat und Cat besitzen terminale Objekte. Eine Kategorie braucht kein terminales Objekt zu besitzen. Faßt man eine geordnete Menge als Kategorie auf, so ist ein terminales Objekt, falls vorhanden, das größte Element.

5.4.3 Ein terminales Objekt ist darstellendes Objekt für einen konstanten kontravarianten Funktor $\mathscr{C} \to Ens$, der allen Objekten dieselbe einelementige Menge zuordnet. Für je zwei terminale Objekte P, P' gibt es genau einen Morphismus $P \to P'$ und dies ist ein Isomorphismus.

5.4.4 Ein Morphismus, dessen Quelle ein terminales Objekt ist, ist eine Coretraktion.

5.4.1⁰ Ein Objekt Q der Kategorie $\mathscr{C}$ heißt *initial* (Copunkt, conull), wenn es terminal in $\mathscr{C}^0$ ist, wenn es also in $\mathscr{C}$ für jedes Objekt A genau einen Morphismus $Q \to A$ gibt.

5.4.2⁰ **Beispiele.** In *Ens* ist die leere Menge initial, in *Top* der leere Raum, in der Kategorie der Gruppen jede einelementige Gruppe, ebenso in *Ab* und $_R Mod$. In *Cat* und *cat* ist die leere Kategorie initial. Für eine geordnete Menge als Kategorie ist ein initiales Objekt kleinstes Element. In der Kategorie der Ringe (mit Einselement) ist $\mathbf{Z}$ initial.

5.4.3⁰ Ein initiales Objekt von $\mathscr{C}$ ist darstellendes Objekt des konstanten (kovarianten) Funktors, der allen Objekten von $\mathscr{C}$ dieselbe einelementige Menge zuordnet.

5.4.4⁰ Ein Morphismus, dessen Ziel ein initiales Objekt ist, ist eine Retraktion.

5.5 Nullobjekte

5.5.1 *Nullobjekt* einer Kategorie $\mathscr{C}$ ist ein Objekt, das gleichzeitig terminal und initial ist.

5.5.2 Je zwei Nullobjekte einer Kategorie sind in eindeutiger Weise isomorph. Falls Nullobjekte existieren, denken wir eines fixiert und bezeichnen dieses mit 0.

5.5.3 **Beispiele.** In der Kategorie der Gruppen ist jede einelementige Gruppe Nullobjekt, ebenso in *Ab* und $_R Mod$. Von *Ab* stammt die Bezeichnung.

5.5.4 Die Kategorie der Mengen bzw. topologischen Räume mit ausgezeichnetem Element bzw. Grundpunkt bezeichnen wir mit Ens_* bzw. Top_*. Beide Kategorien besitzen Nullobjekte.

5.5.5 Es sei $\mathscr{C}$ eine Kategorie mit Nullobjekt 0. Sind A und B beliebige Objekte, so gibt es genau einen Morphismus $A \to B$, der über 0 faktorisiert, d. h. der sich in der Form $A \to 0 \to B$ darstellen läßt. Dieser Morphismus heißt *0-Morphismus* und wird üblicherweise ebenfalls mit 0 bezeichnet (besser $0_{A,B}$). $0 \colon A \to B$ hängt nicht von der Wahl des Nullobjektes 0 in $\mathscr{C}$ ab. Ist $0'$ ein weiteres, so betrachte man $A \to 0 \to 0' \to B$.

5.5.6 Ist $\mathscr{C}$ eine semiadditive Kategorie, so hat man in jeder Morphismenmenge $[A, B]$ ein neutrales Element bezüglich der Addition. Man bezeichnet dieses ebenfalls als 0-Morphismus. Das ist mit 5.5.5 verträglich, weil beide Begriffe zusammenfallen, wenn $\mathscr{C}$ ein Nullobjekt besitzt.

Wir überlassen dem Leser zu präzisieren, was eine Kategorie mit Null-Morphismen ist, und festzustellen, daß man eine solche Kategorie stets durch ein Nullobjekt ergänzen kann, wenn noch keines vorhanden ist.

5.5.7 Für eine Kategorie mit Nullobjekt faßt man häufig *Ens*$_*$ als Ziel des kontra-ko-varianten Hom-Funktors auf, ebenso bei seinen partiellen Funktoren.

5.5.8 Hat die Kategorie $\mathscr{D}$ ein terminales bzw. initiales Objekt bzw. ein Nullobjekt, so hat die Kategorie $[\mathscr{C}, \mathscr{D}]$ ein solches Objekt, wie die entsprechenden konstanten Funktoren zeigen.

5.5.9 „Bimorphismus" und „Nullobjekt" sind erste Beispiele für selbstduale Begriffe.

6. Diagramme

Wir hatten bereits Anlaß, kommutative Diagramme zu betrachten, welche die Gestalt von Rechtecken hatten. Wir stellen die Hilfsmittel bereit, allgemeinere Diagramme zu diskutieren. Die „Gestalt" eines Diagrammes wird durch den Begriff Diagrammschema erfaßt.

6.1 Diagrammschemata und Diagramme

6.1.1 Definition. Ein *Diagrammschema* Σ besteht aus zwei Mengen E und P und zwei Abbildungen $a, z\colon P \to E$. Die Elemente von E heißen *Ecken*, diejenigen von P heißen *Pfeile*, für $p \in P$ heißt $a(p)$ der *Anfang*, $z(p)$ das *Ende* von p. Man sagt, daß p ein Pfeil von $a(p)$ nach $z(p)$ ist. Σ heißt endlich, wenn E und P endlich sind.

6.1.2 Beispiele. Ein Diagrammschema ist nichts anderes als ein gerichteter Graph.

Ist $\mathscr{C}$ eine kleine Kategorie, so erhält man „das $\mathscr{C}$ *unterliegende Diagrammschema*" folgendermaßen: Man nehme $|\mathscr{C}|$ als E, Mor $\mathscr{C}$ als P und für $f\colon A \to B$ setze man $a(f) = A$ und $z(f) = B$. Man vergißt dabei die Morphismenkomposition.

Endliche Diagrammschemata gibt man häufig durch Zeichnungen an, indem man Ecken als Punkte und Pfeile als solche zeichnet, z. B.

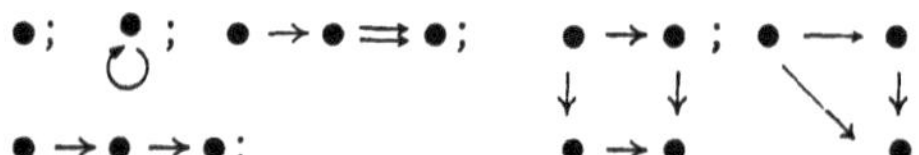

6.1.3 Ein *Weg* w in einem Diagrammschema Σ ist eine endliche Folge von Pfeilen $p_1, p_2, \ldots, p_n$, derart daß $z(p_i) = a(p_{i+1})$ ist für $i = 1, 2, \ldots, n - 1$. Hier heißt $n\ (\geq 1)$ die *Länge* von w. Wir schreiben für einen solchen Weg $w = p_n p_{n-1} \cdots p_2 p_1$ und setzen fest $a(w) = a(p_1)$ als *Anfang* und $z(w) = z(p_n)$ als *Ende* von w.

Sind $w = p_n p_{n-1} \cdots p_1$ und $v = q_m q_{m-1} \cdots q_1$ zwei Wege mit $z(w) = a(v)$, so ist $q_m q_{m-1} \cdots q_1 p_n p_{n-1} \cdots p_1$ wieder ein Weg, den wir mit vw (v nach w) bezeichnen. Diese eben beschriebene Zusammensetzung von Wegen ist offenbar assoziativ, genauer: Sind u, v, w Wege und sind uv und vw als Wege vorhanden, so auch $u(vw)$ und $(uv)w$, und es ist $u(vw) = (uv)w$, so daß auf Klammern verzichtet werden kann.

Jeder Weg ist in eindeutiger Weise aus Wegen der Länge 1 zusammengesetzt. Ein Weg heißt *geschlossen*, wenn Anfang und Ende übereinstimmen. Ist ein Weg w von der Form $u_2 u_1$ oder $u_3 u_2 u_1$, wobei u_1, u_2, u_3 Wege sind, so nennen wir u_1, u_2 bzw. u_1, u_2, u_3 *Teilwege* von w; wir fassen w auch als Teilweg von sich selbst auf.

6.1.4 Sei Σ ein Diagrammschema und $\mathscr{C}$ eine Kategorie (nicht notwendig klein). Ein *Diagramm D in $\mathscr{C}$ vom Typ Σ* ist eine Abbildung von Σ in $\mathscr{C}$ folgender Art: Für jede Ecke e von Σ ist $D(e)$ ein Objekt von $\mathscr{C}$, und ist p ein Pfeil von Σ mit Anfang e_1 und Ende e_2, so ist $D(p)$ ein Morphismus in $\mathscr{C}$ mit der Quelle $D(e_1)$ und dem Ziel $D(e_2)$. Man schreibt $D: \Sigma \to \mathscr{C}$. Ist D ein solches Diagramm, so entspricht jedem Weg in Σ ein wohlbestimmter Morphismus von $\mathscr{C}$. Die damit bestimmte Fortsetzung von D auf die Wege in Σ denken wir uns stets vorgenommen. Man definiert natürliche Transformationen für Diagramme vom Typ Σ in $\mathscr{C}$ in naheliegender Weise durch Übertragung der Definition für natürliche Transformationen von Funktoren und erhält damit eine Kategorie $[\Sigma, \mathscr{C}]$ analog zu einer Funktorkategorie. Ist $\mathscr{B}$ eine kleine Kategorie, Σ das unterliegende Diagrammschema, so sind $[\mathscr{B}, \mathscr{C}]$ und $[\Sigma, \mathscr{C}]$ im allgemeinen verschieden. $[\mathscr{B}, \mathscr{C}]$ kann als Unterkategorie von $[\Sigma, \mathscr{C}]$ aufgefaßt werden.

6.1.5 Ein *Diagramm* heißt *endlich*, wenn es zu einem endlichen Diagrammschema gehört. In diesem Falle gibt man das Diagramm meist durch sein Bild an, wie wir das schon bisher bei Diagrammen von rechteckigem Typ getan haben. Dabei verzichtet man teilweise auf die Angabe von Namen für Objekte und Morphismen, wenn es im jeweils vorliegenden Falle nicht darauf ankommt. Insbesondere gestattet man sich, Figuren wie in 6.1.2 als eine Beziehung zwischen nicht näher bezeichneten Objekten und Morphismen einer Kategorie $\mathscr{C}$ zu lesen.

6.1.6 Es ist klar, wie man Diagramme zwischen Diagrammschemata definiert. Man erhält so eine Kategorie, deren Objekte die Diagrammschemata und deren Morphismen die Diagramme sind.

6.2 Diagramme mit Kommutativitätsbedingungen

6.2.1 Eine *Kommutativitätsbedingung* für ein Diagrammschema ist ein Paar von Wegen (v, w), wobei v und w denselben Anfang und dasselbe Ende haben.

Man möchte Diagramme betrachten, bei denen v und w in denselben Morphismus übergehen. Hierbei tritt eine Schwierigkeit auf: Soll ein geschlossener Weg w in einen identischen Morphismus übergehen, so fehlt in Σ der Partner zu w. Man korrigiert das folgendermaßen:

6.2.2 Man ordnet jeder Ecke von Σ einen identischen Pfeil 1_e mit Anfang und Ende e zu, wobei man dafür sorgt, daß die Menge $\{1_e\}$

zur Menge P der bereits vorhandenen Pfeile disjunkt ist. Man verlangt dabei, daß $(p\,1_e,\,p)$ bzw. $(1_e p,\,p)$ eine Kommutativitätsbedingung ist für jeden Pfeil p mit Anfang bzw. Ende e. Nach dieser Ergänzung fordert man bei allen Diagrammen vom Typ Σ, daß jeder identische Pfeil in einen identischen Morphismus übergeht (bzw. im Fall 6.1.6 in einen identischen Pfeil).

Die eben vorgenommene *Ergänzung* von Σ nennen wir *trivial*, ebenso die zugehörigen Kommutativitätsbedingungen.

6.2.3 Sei Σ ein Diagrammschema. Für die triviale Ergänzung Σ_0 von Σ sei eine Menge K von Kommutativitätsbedingungen außer den trivialen gegeben. Ein Diagramm $D\colon \Sigma \to \mathscr{C}$, das den Kommutativitätsbedingungen K genügt, ist ein solches, bei dem $D(v) = D(w)$ ist für jede Kommutativitätsbedingung $(v, w) \in K$. Ein *Diagramm* $D\colon \Sigma \to \mathscr{C}$ heißt *kommutativ*, wenn es allen möglichen Kommutativitätsbedingungen für Σ_0 genügt, d. h.: Sind v, w zwei Wege in Σ_0 mit gleichem Anfang und gleichem Ende, so ist $D(v) = D(w)$. Insbesondere sprechen wir in Zukunft in naheliegender Weise von kommutativen Dreiecken und Vierecken usw. Gibt man ein Diagramm durch eine Figur wieder, so werden die Bilder der identischen Pfeile im allgemeinen weggelassen.

Häufig tritt der Fall ein, daß bei einem Diagramm aus gegebenen Kommutativitätsbedingungen weitere folgen. In manchen Fällen sind solche Schlüsse unter zusätzlichen Voraussetzungen möglich. Der folgende Satz ist ein Beispiel.

6.2.4 Satz. *In dem prismatischen Diagramm*

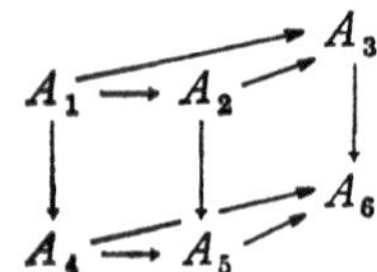

seien die Dachfläche und die drei Seitenflächen kommutativ, ferner sei $A_1 \to A_4$ epimorph. Dann ist auch die Bodenfläche kommutativ. Sind Bodenfläche und Seitenflächen kommutativ und ist $A_3 \to A_6$ monomorph, so ist die Dachfläche kommutativ.

Beweis. Sei f_j^i der Morphismus $A_i \to A_j$ des Diagramms. Dann gilt

$$f_6^5 f_5^4 f_4^1 = f_6^5 f_5^2 f_2^1 = f_6^3 f_3^2 f_2^1 = f_6^3 f_3^1 = f_6^4 f_4^1$$

für die erste Behauptung und damit $f_6^5 f_5^4 = f_6^4$, weil f_4^1 epimorph ist. Die zweite Behauptung ist bis auf Umbezeichnung dual zur ersten.

6.2.5 Ein Diagramm vom Typ Σ, das einer gegebenen Menge K von Kommutativitätsbedingungen genügt, bezeichnen wir als Diagramm vom Typ Σ/K. Für eine Kategorie $\mathscr{C}$ bilden die Diagramme vom Typ Σ/K zusammen mit ihren natürlichen Transformationen eine Kategorie, die wir mit $[\Sigma/K,\,\mathscr{C}]$ bezeichnen. Sie ist volle Unterkategorie von $[\Sigma,\,\mathscr{C}]$.

6.3 Diagramme als Funktordaten

6.3.1 Sei Σ_0 die triviale Ergänzung des Diagrammschemas mit einer gegebenen (möglicherweise leeren) Menge K von Kommutativitätsbedingungen. Wir konstruieren aus Σ_0 eine Kategorie $\mathscr{W}(\Sigma/K)$ folgendermaßen:

Die Ecken von Σ seien die Objekte von $\mathscr{W}(\Sigma/K)$. Für die Wege von Σ_0 betrachten wir die kleinste Äquivalenzrelation, die mit der Komposition von Wegen verträglich ist und unter der die beiden Wege einer jeden Kommutativitätsbedingung (aus K oder trivial) äquivalent sind. Die Äquivalenzklassen der Wege nach dieser Relation sind die Morphismen von $\mathscr{W}(\Sigma/K)$, wobei Quelle bzw. Ziel eines Morphismus durch den gemeinsamen Anfang bzw. das gemeinsame Ende der Wege in der betreffenden Äquivalenzklasse gegeben sind. Die Komposition der Morphismen rührt her von der in 6.1.3 beschriebenen Komposition von Wegen.

Diese Konstruktion enthält eine Anzahl von Behauptungen, deren Beweis wir nur andeuten. Weil die Ecken und die Pfeile von Σ Mengen bilden, bilden auch die Wege von Σ_0 eine Menge W, folglich auch die Äquivalenzklassen. Die Äquivalenzrelation kann man als kleinste Teilmenge von $W \times W$ erhalten, die eine mit der Komposition von Wegen verträgliche Äquivalenzrelation (Kongruenzrelation) darstellt und die gegebenen Wegpaare enthält. Eine direkte Konstruktion ergibt sich so: Zwei Wege u_1 und u_2 heißen äquivalent, wenn es eine endliche Folge von Wegen $u_1 = w_0, w_1, \ldots, w_n = u_2$ gibt derart, daß jeweils w_i aus w_{i-1} ($1 \leq i \leq n$) dadurch entsteht, daß ein in w_{i-1} auftretender Teilweg v_1, der zu einer geeigneten Kommutativitätsbedingung (v_1, v_2) oder (v_2, v_1) gehört, durch den anderen, v_2, ersetzt wird. Hieraus erkennt man, daß äquivalente Wege denselben Anfang und dasselbe Ende haben.

6.3.2 Satz. *Sei $\mathscr{C}$ eine Kategorie. Jedes Diagramm in $\mathscr{C}$ vom Typ Σ/K setzt sich eindeutig fort zu einem Funktor $\mathscr{W}(\Sigma/K) \to \mathscr{C}$. Natürliche Transformationen zwischen solchen Diagrammen sind auch solche der durch Fortsetzung entstehenden Funktoren. Damit sind $[\Sigma/K, \mathscr{C}]$ und $[\mathscr{W}(\Sigma/K), \mathscr{C}]$ isomorph.*

Der Beweis ergibt sich unmittelbar aus 6.2.3 und der expliziten Konstruktion der Äquivalenzklassen von Wegen in 6.3.1. Genügt ein Diagramm $D: \Sigma \to \mathscr{C}$ den Bedingungen K, so haben äquivalente Wege dasselbe Bild bei D.

Beispiele

6.3.3 Statt $\mathscr{W}(\Sigma/\emptyset)$ schreiben wir $\mathscr{W}(\Sigma)$.

6.3.4 Besteht K aus der Menge aller für Σ möglichen Kommutativitätsbedingungen, so gibt es für je zwei Objekte e_1, e_2 von $\mathscr{W}(\Sigma/K)$ höchstens einen Morphismus $e_1 \to e_2$. $\mathscr{W}(\Sigma/K)$ ist hier also eine vorgeordnete Menge.

6.3.5 Sei $\mathscr{C}$ eine kleine Kategorie, Σ das unterliegende Diagrammschema. Man nehme als K die Menge aller Paare (uv, w), für welche $uv = w$ in $\mathscr{C}$ gilt (hierbei ist uv bzw. w in Σ ein Weg der Länge 2 bzw. 1). Man erhält eine evidente Isomorphie $\mathscr{W}(\Sigma/_K) \to \mathscr{C}$. Dies gilt entsprechend, wenn $\mathscr{C}$ nicht klein ist. Wechsel des Universums ist nur hilfsweise für Σ erforderlich.

6.3.6 Ist $\mathscr{C}$ klein, so kann ein Funktor $\mathscr{C} \to \mathscr{D}$ auch als Diagramm mit Kommutativitätsbedingungen aufgefaßt werden. Umgekehrt läßt sich ein Diagramm mit Kommutativitätsbedingungen nach 6.3.2 als abgekürzte Mitteilung eines Funktors auffassen, die alle erforderliche Information enthält. So ist oben „Funktordaten" gemeint.

Satz 6.3.2 charakterisiert die Menge aller Kommutativitätsbedingungen, die aus der gegebenen Menge K folgen. Verschiedene Mengen K können auf dieselbe Kategorie führen.

Ordnet man jeder kleinen Kategorie $\mathscr{C}$ die Menge der Diagramme vom Typ $\Sigma/_K$ zu, so bewirkt jeder Funktor $T \colon \mathscr{C} \to \mathscr{D}$ eine Abbildung dieser Mengen. Man erhält auf diese Weise einen Funktor $cat \to Ens$. Satz 6.3.2 besagt insbesondere, daß dieser Funktor darstellbar ist. Entsprechend für $Cat \to \mathscr{ENS}$.

6.3.7 Man kann *Produkte für Diagrammschemata* erklären. Wir gehen so vor:

Es seien Σ und Σ' Diagrammschemata mit Kommutativitätsbedingungen K bzw. K'. $\Sigma \times \Sigma'$ definieren wir als Diagrammschema mit nicht-trivialen Kommutativitätsbedingungen. Die Ecken von $\Sigma \times \Sigma'$ seien Paare (e, e'), wobei e bzw. e' Ecke von Σ bzw. Σ' ist. Pfeile seien Paare (p, e') und (e, p'), wobei p bzw. p' ein Pfeil von Σ bzw. Σ' ist. Dann gibt es ein evidentes Diagramm

$$D \colon \; \Sigma \times \Sigma' \to \mathscr{W}(\Sigma/_K) \times \mathscr{W}(\Sigma'/_{K'}).$$

Als Kommutativitätsbedingungen für $\Sigma \times \Sigma'$ nehmen wir alle Paare von Wegen, die bei D dasselbe Bild haben. Ist L die Menge dieser Paare, so setzt sich also D fort zu einem Isomorphismus

$$\mathscr{W}(\Sigma \times \Sigma'/_L) \xrightarrow{\;\approx\;} \mathscr{W}(\Sigma/_K) \times \mathscr{W}(\Sigma'/_{K'}).$$

Es kann auch L durch eine Teilmenge M von L derart ersetzt werden, daß entsprechend 6.3.2 die Kommutativitätsbedingungen M alle von L nach sich ziehen.

Ist Σ das Schema $\bullet \to \bullet$, so ist $\Sigma \times \Sigma$ das Schema

$$\begin{array}{ccc} \bullet & \to & \bullet \\ \downarrow & & \downarrow \\ \bullet & \to & \bullet \end{array}$$

mit einer Kommutativitätsbedingung, die aussagt, daß das Rechteck kommutativ ist.

6.4 Quotienten von Kategorien

6.4.1 Es sei $\mathscr{C}$ eine Kategorie. Für jede Morphismenmenge $[A, B]_{\mathscr{C}}$ sei eine Äquivalenzrelation $\sim$ gegeben, so daß gilt: Ist gf in $\mathscr{C}$ erklärt, $g \sim g'$, $f \sim f'$, so ist $gf \sim g'f'$. Dann gibt es eine Kategorie $\mathscr{Q}$, die mit $\mathscr{C}$ in den Objekten übereinstimmt und für die $[A, B]_{\mathscr{Q}}$ die Menge der Äquivalenzklassen von $[A, B]_{\mathscr{C}}$ ist, und es gibt einen Funktor P: $\mathscr{C} \to \mathscr{Q}$, der jedem Morphismus von $\mathscr{C}$ seine Äquivalenzklasse zuordnet. Man sagt, daß $\mathscr{Q}$ ein *Quotient* von $\mathscr{C}$ und P die zugehörige *Projektion* ist.

6.4.2 Ein klassisches Beispiel ist der Übergang von *Top* zur Homotopiekategorie, bei welcher die Morphismen die Homotopieklassen stetiger Abbildungen sind. Entsprechend mit Grundpunkten. Allgemein gilt: Ist T: $\mathscr{C} \to \mathscr{D}$ ein Funktor, der für die Objektklassen injektiv ist, so setze man $f \sim f'$, wenn $T(f) = T(f')$ ist. Man erhält einen Quotienten von $\mathscr{C}$, über den sich T faktorisieren läßt.

6.4.3 Satz. *Es sei Σ ein Diagrammschema, K_1 und K_2 seien Mengen von Kommutativitätsbedingungen für Σ. Dann ist $\mathscr{W}(\Sigma/_{K_1 \cup K_2})$ Quotient von $\mathscr{W}(\Sigma/_{K_1})$.*

Dies folgt unmittelbar aus 6.3.1.

6.4.4 Sei $\mathscr{C}$ eine kleine Kategorie. Für die Objekte von $\mathscr{C}$ sei eine Äquivalenzrelation gegeben, ferner eine Menge von Morphismenpaaren (f, f'), wobei jeweils die Quellen von f und f' äquivalent sind, ebenso die Ziele. Man erhält ein Diagrammschema Σ, wenn man in dem $\mathscr{C}$ unterliegenden Diagrammschema die Ecken einer jeden Äquivalenzklasse zu jeweils einer identifiziert. Als Menge K von Kommutativitätsbedingungen nehme man die von $\mathscr{C}$ stammenden wie in 6.3.5, alle Paare identischer Morphismen für Paare äquivalenter Objekte und die gegebenen Paare (f, f'). Man erhält einen Funktor P: $\mathscr{C} \to \mathscr{W}(\Sigma/K)$ mit folgender universeller Eigenschaft: Ist T: $\mathscr{C} \to \mathscr{D}$ ein Funktor, bei dem äquivalente Objekte von $\mathscr{C}$ und die Morphismen eines jeden gegebenen Paares (f, f') jeweils dasselbe Bild in $\mathscr{D}$ haben, so ist T von der Form $T = SP$, wobei S durch T eindeutig bestimmt ist. Wir sagen auch hier, daß $\mathscr{W}(\Sigma/K)$ ein *Quotient* von $\mathscr{C}$ ist, und bezeichnen P als *Projektion*. 6.4.1 ist ein Spezialfall.

Ist $\mathscr{C}$ eine beliebige Kategorie, so besteht eine entsprechende Konstruktion bei Übergang zu einem höheren Universum $\mathfrak{B}$. Der entstehende Quotient braucht keine $\mathfrak{U}$-Kategorie zu sein. Man erkennt das, wenn man etwa bei *Ens* alle Objekte zu einem identifiziert.

6.4.5 Sei T: $\mathscr{C} \to \mathscr{D}$ ein Funktor zwischen beliebigen Kategorien $\mathscr{C}, \mathscr{D}$. Erklärt man Objekte von $\mathscr{C}$ als äquivalent, wenn sie unter T dasselbe Bild haben, entsprechend Morphismen, so ist T von der Gestalt SP, wobei S eine Einbettung ist.

Das läßt sich aus 6.4.4 mit hilfsweisem Wechsel des Universums erhalten, jedoch auch unmittelbar. S: $\mathscr{C}' \to \mathscr{D}$ kann als Inklusion derjenigen Unterkategorie $\mathscr{C}'$ von $\mathscr{D}$ gewählt werden, deren Objekte die Gestalt $T(A)$ haben und deren Morphismen Komposita von solchen der Form $T(f)$ sind.

6.5 Klassen von Mono- bzw. Epimorphismen

6.5.1 Die ganzen Zahlen 0 und 1 bilden in ihrer natürlichen Anordnung eine Kategorie **2**. Sie ist isomorph zu $\mathscr{W}(\Sigma)$, wenn Σ das folgende Diagrammschema ist: $\bullet \to \bullet$.

Ist $\mathscr{C}$ eine beliebige Kategorie, so entsprechen die Objekte von $[\mathbf{2}, \mathscr{C}]$ bijektiv den Morphismen von $\mathscr{C}$, die Morphismen kommutativen Rechtecken der Gestalt

$$(1) \qquad \begin{array}{ccc} A_1 & \xrightarrow{f} & A_2 \\ t_1 \downarrow & & \downarrow t_2 \\ B_1 & \xrightarrow{g} & B_2 \end{array}$$

in $\mathscr{C}$, wobei (t_1, t_2) eine natürliche Transformation von Funktoren $\mathbf{2} \to \mathscr{C}$ darstellt.

6.5.2 Es besteht der Funktor „Quelle" $\varDelta^0\colon [\mathbf{2}, \mathscr{C}] \to \mathscr{C}$, der jedem Objekt f von $[\mathbf{2}, \mathscr{C}]$ seine Quelle und dem Morphismus (t_1, t_2) von $[\mathbf{2}, \mathscr{C}]$ den Morphismus t_1 von $\mathscr{C}$ zuordnet. Entsprechend besteht der Funktor „Ziel" $\varDelta^1\colon [\mathbf{2}, \mathscr{C}] \to \mathscr{C}$, wobei $\varDelta^1(f)$ das Ziel von f ist.

6.5.3 Sei X ein festes Objekt aus $\mathscr{C}$. Man erhält eine Unterkategorie von $[\mathbf{2}, \mathscr{C}]$, wenn man nur solche Funktoren $\mathbf{2} \to \mathscr{C}$ betrachtet, welche die Zahl 1 in X abbilden, und nur solche natürlichen Transformationen, welche der Zahl 1 stets 1_X zuordnen. Bis auf eine evidente Isomorphie von Kategorien hat man also als Objekte $\mathscr{C}$-Morphismen mit Ziel X, als Morphismen die in $\mathscr{C}$ möglichen Auffüllungen von

$$(2) \qquad \begin{array}{ccc} A \xrightarrow{f} X & \quad\text{zu}\quad & A \xrightarrow{f} X \\ {}_B\nearrow{}^{g} & & {}_t\downarrow \underset{B}{}\nearrow{}^{g} \end{array}$$

wobei das Dreieck kommutativ ist, also $f = gt$.

Man bezeichnet diese Kategorie als die *Kategorie $\mathscr{C}/_X$ der Objekte vor (über)* X. $\varDelta^0\colon [\mathbf{2}, \mathscr{C}] \to \mathscr{C}$ liefert durch Einschränkung einen Funktor $\mathscr{C}/_X \to \mathscr{C}$, den wir ebenfalls mit $\varDelta^0$ bezeichnen.

6.5.4 Wir spezialisieren weiter, indem wir als Objekte nur Monomorphismen mit Ziel X zulassen. Aus $f = gt$ monomorph folgt wegen 5.1.5, daß auch t monomorph ist. Ferner gibt es zu gegebenen f, g höchstens ein t mit $f = gt$, weil g monomorph ist. Man erhält (vgl. 1.4.3):

Die Monomorphismen mit Ziel X bilden eine vorgeordnete Klasse.

Man macht sich für *Ens*, *Ab*, *Top* klar, daß hierbei die Monomorphismen nicht durch ihre Quellen ersetzt werden können. Es kann verschiedene Monomorphismen $A \to X$ geben. Sie sind in der Vorordnung nicht vergleichbar.

6.5.5   Zu einer Vorordnung „$\leq$" auf einer Klasse K gehört stets eine Äquivalenzrelation: Für $a, b \in K$ setzt man $a \sim b$, wenn $a \leq b$ und $b \leq a$ ist. Die zugehörigen Äquivalenzklassen brauchen keine Mengen zu sein, und innerhalb desselben Universums hat es dann keinen Sinn, von der Klasse dieser Äquivalenzklassen zu sprechen, wohl aber in einem höheren Universum. Ist K eine Menge, so induziert die Vorordnung eine Ordnung für die Menge der Äquivalenzklassen und damit auch für jedes Repräsentantensystem von ihnen.

6.5.6   Im Falle 6.5.4 bedeutet $f \leq g$ und $g \leq f$, daß der eindeutig bestimmte $\mathscr{C}$-Morphismus t mit $f = gt$ ein Isomorphismus in $\mathscr{C}$ ist: Es gibt nämlich s mit $g = fs$, und wegen $f = fst$, $g = gts$, f und g monomorph, sind st und ts identische Morphismen in $\mathscr{C}$.

6.5.7   Für die Klassen äquivalenter Monomorphismen mit Ziel X hat man bei speziellen Kategorien $\mathscr{C}$ natürliche Auswahlen von Repräsentanten: Für $\mathscr{C} = Ens$ Inklusionen von Teilmengen von X, für $\mathscr{C} = Ab$ Inklusionen von Untergruppen, für $\mathscr{C} = Top$ Inklusionen von Teilmengen von X, die so mit einer Topologie versehen sind, daß die Inklusion stetig ist.

6.5.8   Für die Klassen äquivalenter Monomorphismen mit Ziel X oder auch für vollständige Repräsentantensysteme von ihnen ist die Bezeichnung *Unterobjekte* von X bisher üblich. Sie kann in doppelter Weise irreführen: Die Unter-„Objekte" sind keine Objekte, vgl. 6.5.4, und das Beispiel *Top* zeigt, daß man nicht nur diejenigen Monomorphismen erhält, die vom Begriff Unterraum herrühren. Es gibt verschiedene Vorschläge, „richtige" Unterobjekte zu definieren.

6.5.2° — 6.5.7°   Durch Dualisierung ($\mathscr{C}°$ statt $\mathscr{C}$) ergeben sich Betrachtungen über Morphismen mit fester Quelle X (6.5.3°), insbesondere Epimorphismen (6.5.4°). Diese bilden wieder eine vorgeordnete Klasse. Für die zugehörigen Äquivalenzklassen ist die Bezeichnung *Quotient* von X bisher üblich.

7. Limites

7.1 Definition für Limites

7.1.1   Es sei $\mathscr{C}$ eine Kategorie und Σ ein Diagrammschema. Für $A \in |\mathscr{C}|$ sei A_Σ das konstante Diagramm, das alle Ecken von Σ in A, alle Pfeile in 1_A abbildet. Ein Morphismus $f\colon A \to B$ in $\mathscr{C}$ bewirkt die natürliche Transformation $f_\Sigma\colon A_\Sigma \to B_\Sigma$, die jeder Ecke von Σ den Morphismus f zuordnet. Für ein beliebiges Diagramm $T\colon \Sigma \to \mathscr{C}$ besteht eine natürliche Transformation $\xi\colon A_\Sigma \to T$ aus Morphismen $\xi_e\colon A \to T(e)$ für alle

Ecken e von Σ, so daß

$$(1) \qquad \xi_{z(p)} = T(p)\,\xi_{a(p)} \qquad
\begin{array}{ccc}
& \xi_{a(p)} & T(a(p)) \\
A & \nwarrow\swarrow & \downarrow T(p) \\
& \xi_{z(p)} & T(z(p))
\end{array}$$

für alle Pfeile p von Σ gilt ($a(p)$ bzw. $z(p)$ Anfang bzw. Ende von p). Die natürlichen Transformationen $A_\Sigma \to T$ können als Elemente $\xi = \{\xi_e\}_{e \in E}$ der Produktmenge

$$(2) \qquad \prod_{e \in E} [A, T(e)], \qquad E \text{ Eckenmenge von } \Sigma,$$

aufgefaßt werden, und zwar als solche, die den Bedingungen (1) genügen. (1) läßt sich auch so formulieren:

$$(1') \qquad [A, T(p)]\,(\xi_{a(p)}) = \xi_{z(p)}.$$

7.1.2 Definition. Ein *Limes* (auch *projektiver Limes*, *inverser Limes*, Linkswurzel, Infimum) (L, λ) für das Diagramm $T\colon \Sigma \to \mathscr{C}$ besteht aus einem Objekt L von $\mathscr{C}$ und einer natürlichen Transformation $\lambda\colon L_\Sigma \to T$ mit folgender Eigenschaft: Zu beliebiger natürlicher Transformation $\xi\colon A_\Sigma \to T$ gibt es genau einen Morphismus $f\colon A \to L$ mit

$$(3) \qquad \xi = \lambda f_\Sigma \qquad f_\Sigma \Downarrow \qquad
\begin{array}{c}
A_\Sigma \searrow {\scriptstyle \xi} \\
\qquad\qquad \nearrow T \\
L_\Sigma \nearrow {\scriptstyle \lambda}
\end{array}$$

Es ist zugelassen, daß Σ leer ist. In diesem Falle ist jedes A_Σ ebenso wie T das leere Diagramm, f_Σ, λ, ξ sind die triviale, zugleich identische natürliche Transformation. Ein Limes, falls vorhanden, besteht aus einem terminalen Objekt von $\mathscr{C}$ mit der leeren natürlichen Transformation. Hierbei sind (1) und (1') gegenstandslos, und unter dem Mengenprodukt (2) ist, wie üblich, die einelementige Menge $\{\emptyset\}$ zu verstehen.

7.1.3 Satz. *Falls vorhanden, stellt ein Limes (L, λ) von $T\colon \Sigma \to \mathscr{C}$ folgenden kontravarianten Funktor $N_T\colon \mathscr{C} \to$ Ens dar: Für $A \in |\mathscr{C}|$ ist $N_T(A)$ die Menge der natürlichen Transformationen $A_\Sigma \to T$ und für $f\colon A \to B$ ist $N_T(f)$ die durch $\eta \mapsto \eta f_\Sigma$ beschriebene Abbildung $N_T(B) \to N_T(A)$. Umgekehrt liefert jede Darstellung von N_T einen Limes von T.*

Beweis. Daß $\varrho\colon [?, L] \to N_T(?)$ ein Isomorphismus kontravarianter Funktoren mit $\varrho_L(1_L) = \lambda \in N_T(L)$ ist, ist wegen 4.4.2 gleichbedeutend damit, daß es zu $\xi \in N_T(A)$ genau einen Morphismus $f\colon A \to L$ mit $\xi = N_T(f)(\lambda)$ gibt. Wegen $N_T(f)(\lambda) = \lambda f_\Sigma$ ist das aber gerade 7.1.2. Man beachte, daß dies auch für leeres Σ gilt.

42

7.1.4 Bemerkung. $N_T(A)$ ist Untermenge des Produktes (2), und zwar diejenige, die durch die Bedingungen (1) charakterisiert wird. $N_T(f)$ entsteht durch Einschränkung der Abbildung

$$(4) \qquad \Pi\,[f,\,T\,(e)]\colon\ \Pi\,[B,\,T\,(e)] \to \Pi\,[A,\,T\,(e)],$$

die durch $\{\beta_e\} \mapsto \{\beta_e f\}$ beschrieben wird.

Es ist noch eine andere Beschreibung möglich. Dazu sei T ein Diagramm vom Typ Σ, das einer (möglicherweise leeren) Menge K von Kommutativitätsbedingungen genügt. (Für A_Σ sind diese offenbar erfüllt.) Durch $A \mapsto A_\Sigma$, $f \mapsto f_\Sigma$ wird ein Funktor $S\colon\ \mathscr{C} \to [\Sigma/K,\,\mathscr{C}]$ definiert, und es ist

$$(5) \qquad N_T(?) = [S\,(?),\,T]_{[\Sigma/K,\,\mathscr{C}]}.$$

Ein Limes $(L,\,\lambda)$ von T ist eine Darstellung von N_T, d. h. derjenige Isomorphismus

$$(6) \qquad \varrho\colon\ \ [?,\,L]_\mathscr{C} \overset{\approx}{\Longrightarrow} [S\,(?),\,T]_{[\Sigma/K,\mathscr{C}]},$$

der durch $\varrho_L(1_L) = \lambda$ charakterisiert ist. Man bemerkt: $N_T\mathrm{Op}$ ist partieller Funktor eines Bifunktors

$$(7) \qquad [S\mathrm{Op}\,(?),\,??]\colon\ \mathscr{C}^\circ \times [\Sigma/K,\,\mathscr{C}] \to Ens.$$

7.1.5 Satz. *Besitzt $T\colon\ \Sigma \to \mathscr{C}$ einen Limes $(L,\,\lambda)$, so ist L durch T bis auf Isomorphie bestimmt. Zu je zwei Limites $(L,\,\lambda)$ und $(M,\,\mu)$ gibt es genau einen Morphismus $u\colon\ L \to M$ mit $\lambda = \mu u_\Sigma$. Dabei ist u isomorph. Insbesondere ist λ durch T und L bis auf einen Automorphismus von L bestimmt.*

Dies folgt unmittelbar aus 7.1.3 und 4.4.4.

7.1.6 Im Vorangehenden kann Σ eine kleine Kategorie und T ein Funktor sein. Ist Σ eine beliebige Kategorie, so kann auch ein Funktor $T\colon\ \Sigma \to \mathscr{C}$ einen Limes besitzen, die Definition 7.1.2 gilt ungeändert. Wir sprechen dann von einem *großen Limes*. Bei (1), (2), 7.1.3, 7.1.4 muß nötigenfalls das Universum gewechselt werden. 7.1.5 läßt sich auch direkt aus 7.1.2 folgern.

7.1.7 Satz. *Es sei Z ein terminales Objekt in $\mathscr{C}$. Ist Σ eine beliebige Kategorie oder ein Diagrammschema, so hat Z_Σ den Limes $(Z,\,\{1_Z\})$.*

Es ist nämlich Z_Σ sogar terminal in $[\Sigma,\,\mathscr{C}]$. Ist Z nicht terminal, so gilt im allgemeinen keine entsprechende Aussage, wie sich in 7.3 ergeben wird.

7.1.8 Satz. *Es sei Σ eine Kategorie mit initialem Objekt i. Der Funktor $T\colon\ \Sigma \to \mathscr{C}$ hat den Limes $(T\,(i),\,\{T\,(p')\})$, wobei p' alle Morphismen mit Quelle i in Σ durchläuft.*

Das folgt unmittelbar aus den Definitionen.

7.1.9 Hilfssatz. *Es sei $\omega: S \to T$ eine natürliche Transformation von Diagrammen $S, T: \Sigma \to \mathscr{C}$ mit Kommutativitätsbedingungen K. Ist $\xi: A_\Sigma \to S$ eine natürliche Transformation und (L, λ) Limes von T, so gibt es genau einen Morphismus $f: A \to L$ mit $\omega\xi = \lambda f_\Sigma$. Ist ω monomorph in $[\Sigma/K, \mathscr{C}]$ und (A, ξ) Limes von S, so ist auch f monomorph.*

Beweis. Die erste Behauptung folgt unmittelbar aus der Definition 7.1.2. Für $u, v: B \to A$ gelte $fu = fv$. Dann gilt $\lambda f_\Sigma u_\Sigma = \lambda f_\Sigma v_\Sigma$ und daher $\omega\xi u_\Sigma = \omega\xi v_\Sigma$. Ist ω monomorph, so folgt $\xi u_\Sigma = \xi v_\Sigma$ und weiter $u = v$, wenn (A, ξ) Limes von S ist.

7.1.10 Hinweis. In 7.1.9 ist ω sicher dann monomorph, wenn ω_e monomorph für jede Ecke e von Σ ist. Das Umgekehrte braucht nicht zu gelten.

7.1.11 Bemerkung. Für $T: \Sigma \to \mathscr{C}$ heißt $\lambda: L_\Sigma \to T$ *schwacher Limes*, wenn es zu $\xi: A_\Sigma \to T$ mindestens einen Morphismus $f: A \to L$ gibt mit $\xi = \lambda f_\Sigma$. 7.1.3 bis 7.1.9 gelten hierfür nicht. Schwache Differenzkerne (7.2), Produkte (7.3), Pullbacks (7.8) sind später im Sinne dieser Bemerkung zu verstehen.

7.2 Differenzkerne

Wir betrachten für Σ den Spezialfall $\bullet \rightrightarrows \bullet$. Ein zugehöriges Diagramm T hat die Gestalt $A \underset{g}{\overset{f}{\rightrightarrows}} B$. Eine natürliche Transformation $\xi: C_\Sigma \to T$ ist durch einen Morphismus $h: C \to A$ mit $fh = gh$ vollständig beschrieben. 7.1.2 führt damit auf folgende

7.2.1 Definition. Es seien $f, g: A \to B$ zwei Morphismen mit gleicher Quelle A und gleichem Ziel B. Ein *Differenzkern* (auch *equalizer* und sogar *kernel*) (K, k) von f und g ist ein Morphismus $k: K \to A$, so daß gilt

(i) $fk = gk$.

(ii) Zu jedem Morphismus $v: Y \to A$ mit $fv = gv$ gibt es genau einen Morphismus $w: Y \to K$ mit $v = kw$.

7.2.2 Satz. *Jeder Differenzkern ist monomorph. Jeder epimorphe Differenzkern ist isomorph. Jede Coretraktion ist ein Differenzkern.*

Beweis. Sei $k: K \to A$ Differenzkern von $f, g: A \to B$. Ist $kw_1 = kw_2$, so folgt mit $v = kw_1$ die erste Behauptung aus 7.2.1 (ii). Ist k epimorph, so folgt $f = g$, und es ist auch 1_A Differenzkern von f und g. Nach 7.1.5 ist k isomorph. Sei $s: K \to A$ Coretraktion und t eine zugehörige Retraktion. Man bestätigt leicht, daß s Differenzkern von 1_A und st ist.

7.2.3 Definition. Man sagt, daß die Kategorie $\mathscr{C}$ Differenzkerne besitzt, wenn jedes Paar von Morphismen mit gleicher Quelle und gleichem Ziel einen Differenzkern besitzt.

7.2.4 Differenzkerne sind nach 7.1.5 nur bis auf einen vorgeschalteten Isomorphismus bestimmt. Häufig liegt jedoch eine natürliche Auswahl vor. In den folgenden Beispielen für Kategorien mit Differenzkernen ist das der Fall. Wir geben die ausgewählten Differenzkerne an:

Differenzkern von $A \underset{g}{\overset{f}{\rightrightarrows}} B$ in *Ens* ist die Koinzidenzmenge $\{a \mid f(a) = g(a)\}$ mit ihrer Inklusion in A. Jede Teilmenge tritt als Differenzkern auf. In *Ab* erhält man alle Untergruppen, in $_R Mod$ alle Untermoduln und in der Kategorie der Gruppen wieder alle Untergruppen mit ihrer Inklusion (Eilenberg-Moore) als Differenzkerne. In *Top* gilt entsprechendes für Unterräume, in der Kategorie der Hausdorff-Räume für abgeschlossene Unterräume.

cat und *Cat* besitzen Differenzkerne. Für Funktoren $F, G: \mathscr{A} \to \mathscr{B}$ erhält man als Differenzkern die Inklusion derjenigen Unterkategorie von $\mathscr{A}$, auf der F und G übereinstimmen. Sie kann leer sein.

Das Beispiel *Top* zeigt, daß 7.2.2 nicht umkehrbar ist. Differenzkerne ergeben eine Möglichkeit, gegenüber 6.5.8 „bessere Unterobjekte" zu definieren.

7.2.5 Definition. Die Kategorie $\mathscr{C}$ besitze Null-Morphismen (vgl. 5.5.5, 5.5.6). Ein *Kern* von $f: A \to B$ ist ein Differenzkern von f und $0: A \to B$. $\mathscr{C}$ besitzt Kerne, wenn jeder Morphismus einen Kern besitzt.

7.2.6 Satz. *In einer additiven Kategorie ist $k: K \to A$ Differenzkern von $f, g: A \to B$ genau dann, wenn k Kern von $f - g$ ist. Eine additive Kategorie besitzt Differenzkerne genau dann, wenn sie Kerne besitzt.*

Die Behauptung folgt ohne weiteres daraus, daß $fv = gv$ gleichwertig mit $(f - g) v = 0$ ist.

7.2.7 Gegenbeispiel. In der Kategorie der Gruppen sind die Kerne Inklusionen von Normalteilern, während alle Inklusionen von Untergruppen Differenzkerne sind. Aus der Existenz eines Nullobjektes folgt also noch nicht, daß Differenzkerne und Kerne zusammenfallen.

7.3 Produkte

Produkte sind Limites von Diagrammen, deren Schema diskret ist, d. h. keine Pfeile besitzt. Ein solches Diagramm ist nichts anderes als eine Familie von Objekten, wobei die Indexmenge das Diagrammschema ist.

7.3.1 Definition. Es sei $\{A_e\}_{e \in E}$ eine Familie von Objekten der Kategorie $\mathscr{C}$. Ein *Produkt* dieser Familie ist ein Objekt X mit Morphismen $pr_e: X \to A_e$, so daß gilt: Ist $\{f_e: Y \to A_e\}_{e \in E}$ gegeben, so gibt es genau einen Morphismus $f: Y \to X$ mit $pr_e f = f_e$. Für das Objekt X schreibt man meist $\prod_{e \in E} A_e$ bzw. $\prod A_e$, wenn kein Irrtum zu befürchten ist, und man nennt pr_e die e-te *Projektion* des Produktes. Unter einem *endlichen Produkt* ist ein Produkt mit endlicher Indexmenge E zu verstehen. Hierbei ist zugelassen, daß E leer ist und somit ein terminales Objekt von $\mathscr{C}$ vorliegt. Die Kategorie $\mathscr{C}$ besitzt Produkte bzw. endliche

Produkte, wenn jede Familie von Objekten aus $\mathscr{C}$, deren Indizes eine Menge bzw. endliche Menge bilden, ein Produkt besitzt.

7.3.2   Beispiele. Für *Ens* sind Produkte im üblichen Sinne auch solche nach 7.3.1, wobei hier die Projektionen als charakteristische Angaben für das Produkt einbezogen sind. Zugleich liegt hier eine natürliche Auswahl unter den Produkten vor (vgl. 7.1.5 und 7.2.4), wie auch bei den folgenden Beispielen, bei denen die Projektionen evident sind. Für *Top* sind Produkte die topologischen Produkte. Für *Ab*, $_R Mod$, die Kategorie der Gruppen sind Produkte die üblichen „direkten Produkte". Entsprechendes gilt für Modelle anderer algebraischer Strukturen, wo die algebraischen Operationen „koordinatenweise" auf der Produktmenge erklärt werden, z. B. Ringe. *cat* und *Cat* besitzen Produkte: Es sei $\{\mathscr{C}_e\}_{e \in E}$ eine Familie von Kategorien. Objekte von $\prod \mathscr{C}_e$ sind Familien $\{A_e \mid A_e \in |\mathscr{C}_e|\}_{e \in E}$ von Objekten. Die Menge der Morphismen von $\{A_e\}$ nach $\{B_e\}$ ist das Mengenprodukt $\prod [A_e, B_e]_{\mathscr{C}_e}$. Sind alle $\mathscr{C}_e$ klein, so ist $\prod \operatorname{Mor} \mathscr{C}_e$ eine Menge, und es ist $\prod \operatorname{Mor} \mathscr{C}_e = \operatorname{Mor} \prod \mathscr{C}_e$.

7.3.3   Satz. *Es seien* $\{pr_e\colon X \to A_e\}$ *und* $\{q_e\colon Y \to B_e\}$ *Produkte in* $\mathscr{C}$ *zur gleichen Indexmenge E. Ist für jedes* $e \in E$ *ein Morphismus* $f_e\colon A_e \to B_e$ *gegeben, so gibt es genau einen Morphismus* $f\colon X \to Y$ *mit* $q_e f = f_e pr_e$ *für alle e. Man schreibt* $f = \prod f_e$. *Sind alle* f_e *monomorph, so ist auch f monomorph.*

Das ist ein häufig benutzter Spezialfall von 7.1.9.

7.3.4   Satz. *Es sei* $\{pr_e\colon X \to A_e\}_{e \in E}$ *ein Produkt in* $\mathscr{C}$. *Ferner sei* $k \in E$. *Gibt es für jedes* $e \in E$ *einen Morphismus* $f_e\colon A_k \to A_e$, *so ist* $pr_k\colon X \to A_k$ *eine Retraktion.*

Beweis. Man definiere $g\colon A_k \to X$ durch $pr_e g = f_e$ für $e \neq k$ und $pr_k g = 1_{A_k}$.

Die Voraussetzung des Satzes ist insbesondere erfüllt, wenn $\mathscr{C}$ Null-Morphismen besitzt, jedoch auch in *Ens*, *Top* und *cat*, wenn kein A_e leer ist.

7.3.5.   Die Kategorie $\mathscr{C}$ besitze ein terminales Objekt Z. Für $e \neq k$ sei $A_e = Z$, und es sei A_k ein gegebenes Objekt A. Nimmt man als pr_e den einzigen Morphismus von A nach Z und 1_A als pr_k, so ist A Produkt der Familie. Ist das Produkt der Familie anders fixiert (vgl. 7.3.2), so ist pr_k jedenfalls isomorph.

7.3.6   Vergleich von 7.3.1 mit 7.1.4 zeigt: Es gibt einen Isomorphismus

$$\Theta\colon \ [?, \prod A_e]_{\mathscr{C}} \overset{\approx}{\longrightarrow} \prod [?, A_e]_{\mathscr{C}},$$

wobei rechts Produkte von Mengen bzw. Mengenabbildungen gemäß 7.1.4 (4) stehen.

7.4 Vollständige Kategorien

7.4.1   Definition. Eine Kategorie $\mathscr{C}$ heißt *vollständig* (auch linksvollständig) bzw. *endlich vollständig*, wenn jedes Diagramm bzw. endliche Diagramm in $\mathscr{C}$ einen Limes besitzt.

Unter *endlichen Limites* verstehen wir Limites endlicher Diagramme, einschließlich des leeren.

Eine endlich vollständige Kategorie besitzt also ein terminales Objekt und ist daher nicht leer.

7.4.2 Theorem. *Eine Kategorie $\mathscr{C}$ ist genau dann vollständig bzw. endlich vollständig, wenn sie Differenzkerne und Produkte bzw. endliche Produkte besitzt.*

Beweis. Differenzkerne und Produkte sind Spezialfälle von Limites. Seien sie jetzt in $\mathscr{C}$ vorhanden und $T: \Sigma \to \mathscr{C}$ ein beliebiges Diagramm. Dabei sei E bzw. P die Menge der Ecken bzw. Pfeile von Σ. Nach Voraussetzung existiert ein Produkt

$$(1) \qquad X = \prod_{e \in E} T(e) \quad \text{mit Projektionen } pr_e\colon \ X \to T(e).$$

Es kann nun $P \neq \emptyset$ angenommen werden, weil sonst nichts mehr zu zeigen ist. Es existiert ein Produkt

$$(2) \qquad Y = \prod_{p \in P} T\big(z(p)\big) \quad \text{mit Projektionen } q_p\colon \ Y \to T\big(z(p)\big)$$

($a(p)$ bzw. $z(p)$ Anfang bzw. Ende von p). Wir betrachten die beiden Morphismen $v, w\colon X \to Y$, die durch

$$(3) \qquad q_p v = pr_{z(p)}\colon \ X \to T\big(z(p)\big)$$

$$(4) \qquad q_p w = T(p)\,pr_{a(p)}\colon \ X \to T\big(a(p)\big) \to T\big(z(p)\big)$$

definiert sind. Eine natürliche Transformation $\{\xi_e\}\colon A_\Sigma \to T$ definiert einen Morphismus $\xi\colon A \to X$ mit $pr_e \xi = \xi_e$, für den wegen (1) und (2) gilt:

$$(5) \qquad v\xi = w\xi\colon \ A \to X \to Y.$$

Es ist nämlich

$$(6) \qquad
\begin{aligned}
pr_{z(p)}\xi &= T(p)\,pr_{a(p)}\xi, \quad \text{d. h.}\\[4pt]
\xi_{z(p)} &= T(p)\,\xi_{a(p)}\colon \ A \to T\big(z(p)\big) \qquad \text{für alle } p \in P
\end{aligned}$$

gerade die Aussage, daß $\{\xi_e\}\colon A_\Sigma \to T$ eine natürliche Transformation ist. (Man vergleiche mit 7.1 (1), (2) und 7.3.6). Damit folgt: Ist $k\colon L \to X$ Differenzkern von v und w, so ist (L, λ) mit $\lambda = \{pr_e k\}$ Limes von T. Ist Σ endlich, so sind X und Y endliche Produkte, womit sich das Theorem ergibt.

Aus diesem Beweis folgt zusammen mit 7.2.4 und 7.3.2 sofort

7.4.3 Korollar. *Die folgenden Kategorien sind vollständig, wobei sogar eine natürliche Auswahl von Limites vorliegt: Ens, Ens$_*$, Top, Top$_*$, Ab, $_R$Mod, Mod$_R$, cat, Cat, die Kategorie der Gruppen.*

Gleiches gilt von der Kategorie der Ringe mit 1-Element und Homomorphismen, die 1-Elemente respektieren. Man findet leicht Beispiele für vollständige Unterkategorien von *Top* und *Ab*. Beispiele für endlich vollständige Kategorien sind: Die Kategorie der endlichen Mengen bzw. der endlichen Gruppen, der endlich erzeugten abelschen Gruppen, der endlichdimensionalen Vektorräume über einem Körper, ebenso Lie-Gruppen bzw. Lie-Algebren endlicher Dimension.

Man beachte, daß bei *Cat* nur Diagrammschemata des Universums $\mathfrak{U}$ zugelassen sind. Vollständigkeit müßte hierbei genauer $\mathfrak{U}$-Vollständigkeit heißen. Weitere Vollständigkeitsbegriffe lassen sich durch Beschränkung der Mächtigkeit für die Ecken- und Pfeilmengen der Diagramme einführen, etwa abzählbar vollständig usw.

7.4.4 Der Beweis in 7.4.2 gibt für die eben genannten Beispiele zugleich eine Beschreibung der Limites, z. B. in *Ens* als Teilmenge L eines Produktes (zusammen mit denen auf L eingeschränkten Projektionen): Es ist hier $k: L \to \prod T(e)$ eine Inklusion, und es besteht L aus denjenigen Elementen $\{x_e\}$ von $\prod T(e)$, für die wegen (6) gilt

$$(7) \qquad\qquad x_{z(p)} = T(p)\,(x_{a(p)}) \qquad\text{für alle } p \in P.$$

Bei *Top*, *Ab*, $_R Mod$ usw. gilt eine entsprechende Beschreibung, ebenso auch bei *cat* und *Cat*, wenn für $T(e)$ die Menge bzw. Klasse aller Morphismen der durch $T(e)$ bezeichneten Kategorie genommen wird und für $T(p)$ die zugehörige Abbildung der Morphismenklassen gemäß 2.2.7.

Bei Kategorien mit natürlicher Auswahl von Limites gibt man für einen so ausgewählten Limes (L, λ) meist nur das Objekt L an und unterstellt, daß kein Zweifel über λ besteht.

7.4.5 Der Beweis von 7.4.2 zeigt:

Ist $\mathscr{C}$ eine vollständige bzw. endlich vollständige Kategorie und $S: \mathscr{C} \to \mathscr{D}$ ein Funktor, der Produkte (bzw. endliche Produkte) und Differenzkerne respektiert, so respektiert S alle (bzw. alle endlichen) Limites, führt also (endliche) Limites in Limites über. Sind in $\mathscr{C}$ und $\mathscr{D}$ natürliche Auswahlen für Limites vorhanden, so gilt hierfür eine entsprechende Aussage.

Der zuletzt genannte Sachverhalt liegt beispielsweise vor bei Vergiß-Funktoren $_R Mod \to Ab$, $Ab \to Ens_*$, $Ens_* \to Ens$, $Top \to Ens$ usw. Er liegt für $\mathfrak{U}$-Diagramme auch vor bei den Inklusionen $Ab \to \mathscr{A}\mathscr{B}$, $Ens \to \mathscr{E}\mathscr{N}\mathscr{S}$, $cat \to Cat$ usw.

7.5 Limites in Funktorkategorien

7.5.1 Bemerkung. Ist $T: \Sigma \to \mathscr{C}$ ein Diagramm, das einer Menge K von Kommutativitätsbedingungen genügt, so setzt sich T zu einem Funktor $\overline{T}: \mathscr{W}(\Sigma/K) \to \mathscr{C}$ fort. Jede natürliche Transformation $A_\Sigma \to T$ ist auch eine für $A_{\mathscr{W}(\Sigma/K)} \to \overline{T}$ und umgekehrt. Die bei 7.1 (1) hinzutretenden Bedingungen sind nämlich Konsequenzen der bereits vorhandenen, wie 6.3.2 zeigt. Insbesondere besitzen T und $\overline{T}$ dieselben Limites. Allgemein gilt: Werden im Bilde des Diagramms $T\colon \Sigma \to \mathscr{C}$ Morphismen weggelassen, die Komposita der verbleibenden sind, so ändert sich nichts an natürlichen Transformationen $A_\Sigma \to T$ und Limites.

Wir machen hiervon häufig Gebrauch, insbesondere dann, wenn die Benutzung von Funktoren einfachere Formulierungen gestattet. Endliche Limites sind dabei als Limites von Funktoren aufzufassen, die durch Fortsetzung endlicher Diagramme entstehen.

7.5.2 Theorem. *Es sei $\mathscr{D}$ eine (kleine) Kategorie, $\mathscr{C}$ eine vollständige bzw. endlich vollständige Kategorie. Die Funktorkategorie $[\mathscr{D}, \mathscr{C}]$ ist vollständig bzw. endlich vollständig. Besitzt $\mathscr{C}$ natürliche Auswahl für Limites, so ist das auch für $[\mathscr{D}, \mathscr{C}]$ der Fall.*

Vollständigkeit ist bezüglich des fixierten Universums $\mathfrak{U}$ zu verstehen, auch wenn $\mathscr{D}$ nicht klein ist.

Beweis. Es kann $\mathscr{D} \neq \emptyset$ angenommen werden. Ist Z terminal in $\mathscr{C}$, so ist $Z_\mathscr{D}$ terminal in $[\mathscr{D}, \mathscr{C}]$, vgl. 7.1.7. Sei nun $T_0\colon \Sigma \to [\mathscr{D}, \mathscr{C}]$ ein nicht-leeres Diagramm bzw. endliches Diagramm. Gemäß 7.5.1 sei T_0 zu einem Funktor $\overline{T}_0\colon \mathscr{W}(\Sigma/K) \to [\mathscr{D}, \mathscr{C}]$ fortgesetzt, wofür wir zur Vereinfachung $T'\colon \mathscr{Y} \to [\mathscr{D}, \mathscr{C}]$ schreiben.

Ist e Objekt bzw. p Morphismus von $\mathscr{Y}$, so ist $T'(e)$ ein Funktor $\mathscr{D} \to \mathscr{C}$ bzw. $T'(p)\colon T'(a_p) \to T'(z_p)$ eine natürliche Transformation. Gemäß 3.4.4 oder 3.6.3 entspricht T' ein Bifunktor $T\colon \mathscr{Y} \times \mathscr{D} \to \mathscr{C}$. Zu $A \in |\mathscr{D}|$ besteht der Partialfunktor $T_A\colon \mathscr{Y} \to \mathscr{D}$. Hierbei ist

$$T_A(e) = T'(e)(A) \qquad \text{und} \qquad T_A(p) = (T'(p))_A,$$

d. h. T' wird „an der Stelle $A \in |\mathscr{D}|$" betrachtet. Ferner ergibt $f\colon A \to B$ aus $\mathscr{D}$ eine natürliche Transformation $T_f\colon T_A \to T_B$. Ist $F'\colon \mathscr{D} \to \mathscr{C}$ ein beliebiger Funktor, so gehört zu $F'_{\mathscr{Y}}$ ein Bifunktor $F\colon \mathscr{Y} \times \mathscr{D} \to \mathscr{C}$ mit $F_A = F(?, A) = (F'(A))_{\mathscr{Y}}$, also konstanten Partialfunktoren bezüglich der Objekte von $\mathscr{D}$, und $F(?, f) = (F'(f))_{\mathscr{Y}}$.

Eine natürliche Transformation $\eta'\colon F'_{\mathscr{Y}} \to T'$ ergibt eine natürliche Transformation $\eta\colon F \to T$ für Bifunktoren. An der Stelle A induziert η die natürliche Transformation $\eta_A\colon F'(A)_{\mathscr{Y}} \to T_A$ von Funktoren $\mathscr{Y} \to \mathscr{C}$, und nach 3.4.4 (3) gilt

$$(1) \qquad\qquad T_f \eta_A = \eta_B F'(f)_{\mathscr{Y}}\colon F'(A)_{\mathscr{Y}} \to T_B.$$

Sei nun für jedes $A \in |\mathscr{D}|$ ein Limes (L_A, λ_A) von T_A ausgewählt, und zwar natürlich, falls dies in $\mathscr{C}$ möglich ist. Dann gibt es für jedes A einen eindeutig bestimmten Morphismus $u_A\colon F'(A) \to L_A$ mit

$$(2) \qquad\qquad \eta_A = \lambda_A (u_A)_{\mathscr{Y}}.$$

Zu $T_f\colon T_A \to T_B$ gibt es wegen 7.1.9 einen eindeutig bestimmten Morphismus $L_f\colon L_A \to L_B$ mit

$$(3) \qquad\qquad T_f \lambda_A = \lambda_B (L_f)_{\mathscr{D}}.$$

Hieraus folgt, daß durch $A \mapsto L_A$, $f \mapsto L_f$ ein Funktor $L\colon \mathscr{D} \to \mathscr{C}$ definiert ist und daß eine natürliche Transformation $\lambda\colon L_{\mathscr{D}} \to T'$ vorliegt, die an der Stelle A durch λ_A gegeben ist. Die Behauptung ergibt sich aus (2), wenn noch gezeigt wird, daß $\{u_A\colon F'(A) \to L_A\}$ eine natürliche Transformation $u\colon F' \to L$ ist. Nun gilt aber

$$\lambda_B (L_f)_{\mathscr{D}} (u_A)_{\mathscr{D}} \overset{(3)}{=} T_f \lambda_A (u_A)_{\mathscr{D}} \overset{(2)}{=} T_f \eta_A \overset{(1)}{=} \eta_B F'(f)_{\mathscr{D}} \overset{(2)}{=} \lambda_B (u_B)_{\mathscr{D}} F'(f)_{\mathscr{D}}.$$

Weil (L_B, λ_B) Limes von T_B und $T_f \eta_A$ in (1) eine natürliche Transformation ist, folgt $L_f u_A = u_B F'(f)\colon F'(A) \to L_B$ und damit die Behauptung.

7.5.3 Anmerkungen. Unter Berücksichtigung von 7.5.1 haben wir genauer bewiesen:

Haben in $\mathscr{C}$ Diagramme eines gegebenen Typs Σ/K stets einen Limes, so existieren in $[\mathscr{D}, \mathscr{C}]$ Limites für Diagramme dieses Typs, und sie werden „punktweise" konstruiert.

Das trifft auch zu, wenn Σ leer ist. Ist nämlich $L\colon \mathscr{D} \to \mathscr{C}$ ein Funktor, der jedem Objekt von $\mathscr{D}$ ein terminales in $\mathscr{C}$ zuordnet, so ist L isomorph zu $Z_{\mathscr{D}}$, wobei Z ein terminales Objekt von $\mathscr{C}$ ist.

Falls $\mathscr{C}$ keine natürliche Auswahl für Limites besitzt, so gilt 7.5.2 nur unter der Annahme, daß für das Universum $\mathfrak{U}$ als $\mathfrak{W}$-Menge das Auswahlaxiom zugelassen ist. Die Limites für $T_A\colon \mathscr{Y} \to \mathscr{C}$ bilden im allgemeinen keine $\mathfrak{U}$-Mengen.

Wird für jedes Diagramm $\Sigma \to \mathscr{C}$, das den Kommutativitätsbedingungen K genügt, ein Limes ausgewählt, so entsteht vermöge 7.1.9 ein Funktor Lim$\colon [\Sigma/K, \mathscr{C}] \to \mathscr{C}$ und mit dem Funktor S von 7.1.4 ein Isomorphismus

$$(4) \qquad\qquad \varrho\colon\ [?, \mathrm{Lim}\,(??)]_{\mathscr{C}} \overset{\cong}{\Rightarrow} [S(?), ??]_{[\Sigma/K, \mathscr{C}]}$$

von kontra-ko-varianten Funktoren, wobei sich die zu einem Limesobjekt Lim (T) gehörige natürliche Transformation Lim $(T)_{\Sigma} \to T$ als $\varrho (1_{\mathrm{Lim}(T)})$ ergibt.

Mit dem Isomorphismus 3.4 (6) erhält man einen Funktor

$$[\Sigma/K, [\mathscr{D}, \mathscr{C}]] \overset{\cong}{\Rightarrow} [\mathscr{D}, [\Sigma/K, \mathscr{C}]] \xrightarrow{\ [\mathscr{D},\ \mathrm{Lim}]\ } [\mathscr{D}, \mathscr{C}].$$

Der Beweis von 7.5.2 zeigt, daß dabei das dortige T_0 in sein Limesobjekt L übergeht. Eine andere Formulierung für die „punktweise" Konstruktion in 7.5.2 ist

7.5.4 Ist $\mathscr{C}$ (endlich) vollständig und $\mathscr{D}$ nicht leer, so respektiert der durch $F \mapsto F(A)$, $\eta \mapsto \eta_A$ beschriebene partielle Wertfunktor $W_A\colon [\mathscr{D}, \mathscr{C}] \to \mathscr{C}$ (endliche) Limites für jedes $A \in |\mathscr{D}|$.

7.5.5 Es gelten 7.5.2 bis 7.5.4 entsprechend für $Add\,(\mathcal{D}, \mathcal{C})$, wenn $\mathcal{C}$ und $\mathcal{D}$ additive Kategorien sind. Der Beweis von 7.5.2 ist nur durch den Nachweis zu ergänzen, daß jetzt L ein additiver Funktor ist. Das folgt aber, wenn man 7.5.2 (3) für eine beliebige Ecke e von Σ betrachtet. Für $f, g\colon A \to B$ entsteht

$$(3\,a) \qquad\qquad T_{f+g}(e)\,\lambda_{A,e} = \lambda_{B,e} L_{f+g}.$$

Die Additivität von L ergibt sich damit aus der von $T'(e)\colon \mathcal{D} \to \mathcal{C}$. Der Beweis von 7.5.2 zeigt darüber hinaus: Die Einbettung $Add\,(\mathcal{D}, \mathcal{C})$ $\to [\mathcal{D}, \mathcal{C}]$ respektiert (endliche) Limites, wenn $\mathcal{C}$ (endlich) vollständig ist.

Limites von additiven Funktoren sind additiv.

7.6 Doppellimites

Ist in 7.5.2 $\mathcal{C}$ vollständig und $\mathcal{D}$ eine kleine Kategorie, so besitzt der dort als Limesobjekt von $T_0\colon \Sigma \to [\mathcal{D}, \mathcal{C}]$ angegebene Funktor $L\colon$ $\mathcal{D} \to \mathcal{C}$ einen Limes (M, μ). 7.5.3 läßt erwarten, daß damit auch ein Limes für den zu T_0 gehörigen Bifunktor $T\colon \mathcal{W}\,(\Sigma/_K) \times \mathcal{D} \to \mathcal{C}$ vorliegt. Dies gilt in der Tat. Wir stellen eine Hilfsbetrachtung voran.

7.6.1 Hilfssatz. *Es sei Σ' ein Teilschema des Diagrammschemas Σ (d. h. Ecken und Pfeile von Σ' sind auch solche von Σ). Für $T\colon \Sigma \to \mathcal{C}$ entsteht ein Teildiagramm $T' = T \mid \Sigma'$. Ist (L', λ') Limes von T' und $\eta\colon A_\Sigma \to T$ eine natürliche Transformation, so gibt es genau einen Morphismus $f\colon A \to L'$ mit $\eta_e = \lambda'_e f$ für alle Ecken e von Σ'.*

Dies folgt unmittelbar aus 7.1.2, weil aus η durch Einschränkung eine natürliche Transformation $\eta'\colon A_{\Sigma'} \to T'$ entsteht.

7.6.2 Satz. *Es seien $\mathcal{X}$ und $\mathcal{Y}$ kleine nicht-leere Kategorien und $T\colon$ $\mathcal{X} \times \mathcal{Y} \to \mathcal{C}$ ein Funktor. Für jedes $U \in |\mathcal{X}|$ sei $\{L(U), \lambda(U)\}$ ein Limes des Partialfunktors $T(U,?)\colon \mathcal{Y} \to \mathcal{C}$. Für $w\colon U \to V$ in $\mathcal{X}$ gibt es genau einen Morphismus $L(w)\colon L(U) \to L(V)$ in $\mathcal{C}$ mit $T(w,?)\,\lambda(U)$ $= \lambda(V)(L(w))_{\mathcal{Y}}$. Die Zuordnungen $U \mapsto L(U)$, $w \mapsto L(w)$ bilden einen Funktor $L\colon \mathcal{X} \to \mathcal{C}$. Es besitzt T genau dann einen Limes, wenn dies für L der Fall ist. Ist (M, μ) Limes von L, so ist*

$$(M, \{\lambda_Z(U)\,\mu_U\}_{(U,Z)\,\in\,|\mathcal{X}|\times|\mathcal{Y}|})$$

Limes von T, und jeder Limes von T ist so darstellbar.

Beweis. Daß L ein Funktor ist, ergibt sich wie bei 7.5.2. Ebenso folgt, daß $\{\lambda_Z(U)\,\mu_U\}$ eine natürliche Transformation $M_{\mathcal{X}\times\mathcal{Y}} \to T$ ist, falls nur $\mu\colon M_{\mathcal{X}} \to L$ eine natürliche Transformation ist. Ist umgekehrt $\xi\colon A_{\mathcal{X}\times\mathcal{Y}} \to T$ eine natürliche Transformation, so existiert wegen 7.6.1 für jedes $U \in |\mathcal{X}|$ genau ein Morphismus $f_U\colon A \to L(U)$ mit $\xi_{(U,Z)} = \lambda_Z(U)f_U$, und es ist $\{f_U\}\colon A_{\mathcal{X}} \to L$ eine natürliche Transformation (vgl. 7.1.9). Damit folgt die Behauptung aus der Definition 7.1.2 für Limites.

7.6.3 Doppelte Anwendung von 7.6.2 liefert eine Vertauschung von Limites für Diagramme fester Typen $\mathscr{X}$ und $\mathscr{Y}$, sofern jedes Diagramm vom Typ $\mathscr{X}$ oder $\mathscr{Y}$ in $\mathscr{C}$ einen Limes besitzt. Wegen 7.1.2 und 7.1.7 gilt das auch dann, wenn $\mathscr{X}$ oder $\mathscr{Y}$ leer ist.

Limites sind mit Limites vertauschbar.

Wir werden hiervon häufig Gebrauch machen.

7.6.4 Satz. *Es sei $\mathscr{B}$ eine beliebige und $\mathscr{C}$ eine vollständige Kategorie. $\mathscr{L}[\mathscr{B},\mathscr{C}]$ sei die volle Unterkategorie von $[\mathscr{B},\mathscr{C}]$, deren Objekte diejenigen Funktoren sind, welche die in $\mathscr{B}$ vorhandenen Limites respektieren. $\mathscr{L}[\mathscr{B},\mathscr{C}]$ ist vollständig. Limites werden wie in $[\mathscr{B},\mathscr{C}]$ gebildet, insbesondere werden sie von der Inklusion $\mathscr{L}[\mathscr{B},\mathscr{C}] \subset [\mathscr{B},\mathscr{C}]$ respektiert.*

$\mathscr{L}[\mathscr{B},\mathscr{C}]$ ist bezüglich Limites abgeschlossen in $[\mathscr{B},\mathscr{C}]$.

Beweis. Für $\mathscr{B} = \emptyset$ ist die Behauptung trivial. Sei nun $\mathscr{B} \neq \emptyset$. Ist $R\colon \mathscr{X} \to \mathscr{L}[\mathscr{B},\mathscr{C}]$ ein Diagramm, so besitzt R jedenfalls einen Limes (M,μ) in $[\mathscr{B},\mathscr{C}]$. Es ist zu zeigen, daß $M\colon \mathscr{B} \to \mathscr{C}$ Limites respektiert. Sei $S\colon \mathscr{Y} \to \mathscr{B}$ ein Diagramm, das einen Limes (N,ν) in $\mathscr{B}$ besitzt. Wegen 7.5.1 kann angenommen werden, daß $\mathscr{X}$ und $\mathscr{Y}$ kleine Kategorien sind. Dann besteht ein Bifunktor $T\colon \mathscr{X} \times \mathscr{Y} \to \mathscr{C}$, der aus $R \times S\colon \mathscr{X} \times \mathscr{Y} \to [\mathscr{B},\mathscr{C}] \times \mathscr{B}$ durch Anwendung des Wertfunktors 3.7 entsteht. Wir nehmen zunächst an, daß $\mathscr{X}$ und $\mathscr{Y}$ nicht leer sind. Für $e \in |\mathscr{X}|$ respektiert $T(e,?) = R(e)$ Limites, und es wird M „punktweise" konstruiert. Man erhält daher nach 7.6.2 $M(N)$ mit zugehöriger natürlicher Transformation als Limes von T, wenn man zunächst bezüglich S zu den Limites der partiellen Funktoren $T(e,?)$ übergeht und danach zum Limes bezüglich R. Man erhält dasselbe, wenn man zunächst zu den Limites bezüglich R übergeht, womit MS entsteht, und danach zum Limes bezüglich S. Nach 7.6.2 ist $(M(N),M\nu)$ mit $M\nu = \{M(\nu_d)\}$ und $d \in |\mathscr{Y}|$ Limes von MS.

Die Fälle, in denen $\mathscr{X}$ oder $\mathscr{Y}$ leer ist, ergeben sich entsprechend mit Hilfe von 7.1.7. Man beachte dabei, daß isomorphe Funktoren isomorphe Limites besitzen.

7.6.5 Ergänzungen. 7.6.4 gilt allgemeiner. Es sei $\mathfrak{K}$ eine Klasse von Diagrammschematas und $\mathfrak{K}[\mathscr{B},\mathscr{C}]$ die volle Unterkategorie von $[\mathscr{B},\mathscr{C}]$, deren Objekte diejenigen Funktoren $\mathscr{B} \to \mathscr{C}$ sind, die Limites für alle Diagramme von einem zu $\mathfrak{K}$ gehörigen Typ respektieren, soweit solche Limites in $\mathscr{B}$ vorhanden sind. Wir erwähnen insbesondere die vollen Unterkategorien $l[\mathscr{B},\mathscr{C}]$, $_\pi[\mathscr{B},\mathscr{C}]$, $_\Pi[\mathscr{B},\mathscr{C}]$, deren Objekte die Funktoren sind, die in $\mathscr{B}$ vorhandene endliche Limites bzw. endliche Produkte bzw. Produkte respektieren. Jede solche Kategorie $\mathfrak{K}[\mathscr{B},\mathscr{C}]$ ist vollständig und bezüglich Limites in $[\mathscr{B},\mathscr{C}]$ abgeschlossen, wenn $\mathscr{C}$ vollständig ist.

Eine weitere Verallgemeinerung entsteht, wenn von $\mathscr{C}$ nur verlangt wird, daß $\mathscr{C}$ Limites für Diagramme besitzt, deren Typ zu einer gewissen Klasse $\mathfrak{K}'$ von Diagrammschematas gehört. Wir erwähnen insbesondere: Ist $\mathscr{C}$ endlich vollständig, so ist $l[\mathscr{B},\mathscr{C}]$ endlich vollständig und bezüglich endlicher Limites abgeschlossen.

Der Beweis von 7.6.4 gilt auch für diese Fälle, wenn nur $\mathscr{Y}$ bzw. $\mathscr{X}$ und $\mathscr{Y}$ entsprechend gewählt sind.

Weil Limites additiver Funktoren additiv sind (7.5.5), gelten im additiven Fall entsprechende Aussagen für entsprechende volle Unterkategorien von $Add\,(\mathscr{B}, \mathscr{C})$.

7.7 Kriterien für Limites

Sei wieder $\mathscr{C}$ eine beliebige Kategorie und $T\colon \Sigma \to \mathscr{C}$ ein Diagramm. Für $A \in |\mathscr{C}|$ ist $H^A T$ ein Diagramm in Ens. Es besitzt einen Limes, weil Ens vollständig ist. Dieser Limes kann gemäß 7.4.4 beschrieben werden, wobei dort $T(e)$ durch $[A, T(e)]_{\mathscr{C}}$ und $T(p)$ durch $[A, T(p)]$ zu ersetzen ist. Vergleich mit 7.1.3, 7.1.4 und 7.1 (1′) ergibt:

7.7.1 Satz. *Der Limes von $H^A T$ ist die Menge $N_T(A)$ der natürlichen Transformationen $A_\Sigma \to T$ mit, falls Σ nicht leer ist, den evidenten durch $\xi \mapsto \xi_e$ beschriebenen Abbildungen $q_e\colon N_T(A) \to [A, T(e)]$.*

7.7.2 Eine natürliche Transformation $\eta = \{\eta_e\}\colon D_\Sigma \to T$ geht vermöge H^A in eine natürliche Transformation $H^A\eta\colon H^A(D)_\Sigma \to H^A T$ über, wobei $H^A \eta = \{[A, \eta_e]\}$ ist. Für $g \in [A, D]$ ist $[A, \eta_e](g) = \eta_e g$. Daher bewirkt $H^A \eta$ eine Abbildung

$$(1) \qquad \eta^A\colon \ [A, D] \to N_T(A) \quad \text{mit} \quad \eta^A(g) = \eta g_\Sigma,$$

$$(2) \qquad q_e \eta^A = [A, \eta_e] = H^A(\eta_e).$$

Ist Σ leer, so ist (1) eine Abbildung in eine einelementige Menge und (2) gegenstandslos.

Vergleich von (1), (2) mit 7.7.1 und 7.1.2 zeigt, daß η^A gerade die eindeutige Faktorisierung von $H^A \eta$ über den Limes $N_T(A)$ von $H^A T$ liefert. Für $f\colon A \to B$ und η^B entsprechend (1) ist nun

$$(3) \qquad
\begin{array}{ccc}
[B, D] \xrightarrow{\ \eta^B\ } N_T(B) & \qquad & h \mapsto \eta h_\Sigma \\
\big\downarrow {\scriptstyle [f, D]} \quad \big\downarrow {\scriptstyle N_T(f)} & & \big\downarrow \qquad \big\downarrow \\
[A, D] \xrightarrow{\ \eta^A\ } N_T(A) & & hf \mapsto \eta(hf)_\Sigma
\end{array}$$

kommutativ. Wir erhalten:

Mit $? \in |\mathscr{C}|$ ist $\eta^?$ eine natürliche Transformation $H_D \to N_T$, und zwar diejenige mit $\eta^D(1_D) = \eta \in N_T(D)$.

7.7.3 Theorem. *Es sei $T\colon \Sigma \to \mathscr{C}$ ein Diagramm, $\mathscr{C} \neq \emptyset$ und $\lambda\colon L_\Sigma \to T$ eine natürliche Transformation. Es ist (L, λ) genau dann Limes von T, wenn für alle $A \in |\mathscr{C}|$ gilt: $(H^A(L), H^A\lambda)$ ist ein (nicht notwendig natürlich ausgewählter Limes) von $H^A T$.*

Beweis. Ersetzt man in 7.7.2 (D, η) durch (L, λ), so ergeben (1) und (2): Es ist λ^A genau dann isomorph, wenn $(H^A(L), H^A\lambda)$ Limes von $H^A T$ ist. Durch Vergleich von 7.7.2 und 7.1.3 folgt die Behauptung.

7.7.4 Korollar. *Jeder darstellbare (kovariante) Funktor F: $\mathscr{C} \to Ens$ führt Limites (soweit in $\mathscr{C}$ vorhanden) in Limites über (nicht notwendig in natürlich ausgewählte).*

Beweis. Sei ϱ: $H^A \to F$ ein Isomorphismus und (L, λ) Limes von T: $\Sigma \to \mathscr{C}$. Dann ist $\bigl(H^A(L), \{H^A(\lambda_e)\}\bigr)$ ein Limes von $H^A T$. Weil ϱ eine natürliche Transformation und isomorph an jeder Stelle $B \in |\mathscr{C}|$ ist, ergeben sich ein Isomorphismus ϱT: $H^A T \to FT$ von Diagrammen und Isomorphismen für die Limites, womit man $\bigl(F(L), \{F(\lambda_e)\}\bigr)$ als einen Limes von FT erhält.

7.7.5 Korollar. *Ein Funktor S: $\mathscr{C} \to \mathscr{D}$ respektiert Limites genau dann, wenn das für alle $H^X S$ mit $X \in |\mathscr{D}|$ der Fall ist.*

Beweis. Respektiert S Limites, so auch $H^X S$ wegen 7.7.4. Zur Umkehrung sei (L, λ) Limes von T: $\Sigma \to \mathscr{C}$. Dann ist $\bigl(H^X S(L), H^X S\lambda\bigr)$ Limes von $H^X ST$ nach Annahme und $(S(L), S\lambda)$ Limes von ST nach 7.7.3.

7.7.6 Satz. *Es sei S: $\mathscr{C} \to \mathscr{D}$ ein völlig treuer Funktor und T: $\Sigma \to \mathscr{C}$ ein Diagramm. Ferner sei λ: $L_\Sigma \to T$ eine natürliche Transformation. Ist $S\lambda$: $S(L)_\Sigma \to ST$ ein Limes, so ist (L, λ) Limes von T.*

,,Völlig treue Funktoren entdecken Limites.''

Beweis. Eine natürliche Transformation η: $A_\Sigma \to T$ geht durch S über in $S\eta$: $S(A)_\Sigma \to ST$. Ist $(S(L), S\lambda)$ Limes von ST, so gibt es genau ein u: $S(A) \to S(L)$ mit $S\eta = (S\lambda)u_\Sigma$. Weil S völlig treu ist, gibt es genau ein f: $A \to L$ mit $S(f) = u$, und es ist $\eta = \lambda f_\Sigma$.

7.7.7 Bemerkungen. 7.7.3 gestattet es, Beziehungen zwischen Limites in $\mathscr{C}$ auf solche in Ens zurückzuführen, sofern die betreffenden Limites in $\mathscr{C}$ existieren, z. B. überträgt sich von Ens auf beliebige vollständige (endlich vollständige) Kategorien, daß das Bilden von Produkten (endlichen Produkten) assoziativ und kommutativ ist bis auf Isomorphie. Es hätte auch genügt, 7.6.2 für Ens zu beweisen.

Es gelten 7.7.3 bis 7.7.6 auch für große Limites, bei denen also Σ ein Diagramm des höheren Universums oder eine beliebige Kategorie ist, soweit diese Limites existieren (vgl. 7.1.7, 7.1.8). Das ergibt sich durch Wechsel des Universums unter Berücksichtigung der Tatsache, daß $(H^A(L), H^A\lambda)$ dennoch in Ens liegt.

7.7.8 Der additive Fall. Ist $\mathscr{C}$ eine additive Kategorie, so gilt 7.7.1 entsprechend in Ab, wenn $N_T(A)$ mit der von $\prod [A, T(e)]$ herrührenden Gruppenstruktur versehen wird. Dann ist η^A in (1) homomorph, also ein Ab-Morphismus. $N_T(?)$ kann als Funktor mit Ziel Ab aufgefaßt werden, und es gilt (3) in Ab, entsprechend 7.7.3 und 7.7.4 für darstellbare Funktoren $\mathscr{C} \to Ab$. 7.7.5 gilt für additives S mit Werten von H^X in Ab. Hieraus folgt (vgl. auch 7.7.7):

7.7.9 Satz. *Der Vergiß-Funktor $Ab \to Ens$ respektiert und entdeckt alle vorhandenen Limites, auch große.*

Hierbei bedeutet ,,entdecken'', ebenso wie in 7.7.6, daß eine vorliegende natürliche Transformation als Limes erkannt wird.

7.8 Pullbacks

Pullbacks sind ein wichtiger Spezialfall endlicher Limites, und zwar von Diagrammen folgender Gestalt

$$(1) \qquad A \xrightarrow{f} C \xleftarrow{g} B$$

Eine natürliche Transformation eines zugehörigen konstanten Diagramms D_Σ in (1) ist völlig beschrieben durch zwei Morphismen $u\colon D \to A$, $v\colon D \to B$ mit $fu = gv$.

7.8.1 Definition. Es seien $f\colon A \to C$, $g\colon B \to C$ zwei Morphismen mit gleichem Ziel. Ein *Pullback* (auch *cartesian square*, Faserprodukt) für das Paar (f, g) ist ein kommutatives Rechteck

$$(2) \qquad \begin{array}{ccc} P & \xrightarrow{\;r\;} & B \\ {\scriptstyle s}\downarrow & & \downarrow{\scriptstyle g} \\ A & \xrightarrow{\;f\;} & C \end{array} \qquad gr = fs$$

mit folgender Eigenschaft: Sind $u\colon D \to A$, $v\colon D \to B$ Morphismen mit $fu = gv$, so gibt es genau einen Morphismus $w\colon D \to P$ mit $u = sw$ und $v = rw$.

Eine Kategorie besitzt Pullbacks, wenn in ihr jedes Paar von Morphismen mit gleichem Ziel ein Pullback besitzt.

7.8.2 Satz. *Sei* (2) *ein Pullback. Ist f monomorph, so ist r monomorph. Ist f eine Retraktion, so ist r eine Retraktion.*

Beweis. Sei zunächst f monomorph und $w_1, w_2 : D \to P$ gegeben mit $rw_1 = rw_2$. Durch Anfügen von g ergibt sich $fsw_1 = fsw_2$ aus $gr = fs$ und weiter $sw_1 = sw_2$, weil f monomorph ist. Hieraus folgt $w_1 = w_2$, weil (2) ein Pullback ist. Folglich ist r monomorph. Sei nun f eine Retraktion mit zugehöriger Coretraktion t. Vermöge $tg\colon B \to A$ und 1_B erhält man wegen $ftg = g = g1_B$ eine zu r gehörige Coretraktion.

7.8.3 Bemerkungen. Pullbacks gestatten es, zu Morphismen mit Ziel C vermöge $f\colon A \to C$ „induzierte" Morphismen mit Ziel A zu definieren, wobei wegen 7.8.2 (für g statt f) Monomorphismen in Monomorphismen übergehen. Urbilder von „Unterobjekten" sind ein Spezialfall. Induzierte Faserungen sind ein weiterer klassischer Spezialfall. Das Pullback (2) kann auch so beschrieben werden: Es liegt eine natürliche Transformation (r, f) von $s\colon P \to A$ in $g\colon B \to C$ vor, und zwar eine solche, daß jede natürliche Transformation (v, f) von $u\colon D \to A$ in $g\colon B \to C$ mit *demselben* f eindeutig über (r, f) faktorisierbar ist. Der durch Pullbacks bewirkte Rücktransport von Morphismen mit Ziel C ist assoziativ, wie der folgende Satz zeigt.

7.8.4 Satz. *In dem Diagramm*

$$
\begin{array}{ccccc}
X & \xrightarrow{\ x\ } & Y & \xrightarrow{\ y\ } & Z \\
{\scriptstyle r}\downarrow & \text{I} & {\scriptstyle s}\downarrow & \text{II} & {\scriptstyle t}\downarrow \\
A & \xrightarrow{\ a\ } & B & \xrightarrow{\ b\ } & C
\end{array}
$$

(3)

sei das rechte Teilrechteck II *ein Pullback. Das umfassende Rechteck ist genau dann ein Pullback, wenn es das linke Teilrechteck* I *ist.*

Beweis. Sind I und II Pullbacks, so ergibt sich das umfassende Rechteck als Pullback durch doppelte Anwendung der Definition. Sei nun das umfassende Rechteck ein Pullback. Sind $u\colon M \to A$, $v\colon M \to Y$ Morphismen mit $au = sv$, so ist $bau = tyv$, und es gibt genau ein $w\colon M \to X$ mit $yxw = yv$ und $rw = u$. Aus $yxw = yv$ und $sxw = arw = sv$ folgt $xw = v$, weil II ein Pullback ist.

Bemerkung. Sind in (3) das umfassende Rechteck und I Pullbacks, so braucht II kein Pullback zu sein. Es gibt ein Gegenbeispiel in *Ens*, bei dem X, Y, Z, B Mengen mit zwei Elementen und A, C einelementige Mengen sind.

7.8.5 In einer endlich vollständigen Kategorie kann man das Pullback (2) folgendermaßen konstruieren: Es sei $(pr_1\colon X \to A,\ pr_2\colon X \to B)$ Produkt von A und B, und es sei $k\colon P \to X$ Differenzkern von (fpr_1, gpr_2). Mit $s = pr_1 k$, $r = pr_2 k$ entsteht ein Pullback. Das ist z. B. die explizite Konstruktion induzierter Faserungen. Wir vereinbaren, daß bei endlich vollständigen Kategorien mit natürlicher Auswahl von Produkten und Differenzkernen alle Pullbacks auf die eben beschriebene Weise gebildet werden (also nicht nach 7.4.2).

Besitzt die Kategorie $\mathscr{C}$ ein terminales Objekt Z, so sind Produkte von je zwei Objekten spezielle Pullbacks, man nehme statt f und g in (2) den einzigen Morphismus $A \to Z$ bzw. $B \to Z$. Wir merken noch an: Besitzen in $\mathscr{C}$ je zwei Objekte ein Produkt, so ist dies auch für je endlich viele (nicht null) der Fall. Dies folgt aus 7.7.7.

7.8.6 Sind in (2) f und g monomorph, so ist $fs = gr$ monomorph wegen 7.8.2 und 5.1.5, und man bezeichnet diesen Monomorphismus als *Durchschnitt* von f und g. Haben je zwei Monomorphismen mit gleichem Ziel in $\mathscr{C}$ einen Durchschnitt, so sagt man, daß $\mathscr{C}$ endliche Durchschnitte besitzt. Aus 7.7.7 folgt nämlich, daß jedes Diagramm, das aus endlich vielen (nicht null) Monomorphismen mit gleichem Ziel besteht, einen Limes hat, wenn dies für je zwei solche Monomorphismen der Fall ist, und der Durchschnitt der leeren Familie von Monomorphismen mit Ziel A ist 1_A. (In *Ens* sind Durchschnitte bis auf Isomorphie Durchschnitte von Teilmengen mit zugehörigen Inklusionen.) Entsprechend sagt man, daß $\mathscr{C}$ beliebige Durchschnitte besitzt, wenn jede Familie von Monomorphismen mit gleichem Ziel (als Diagramm) einen Limes besitzt. Man bestätigt entsprechend 7.8.2, daß dabei nur Monomorphismen auftreten.

7.8.7 Es seien $f, g\colon A \to B$ zwei Morphismen und $(pr_1\colon X \to A,$ $pr_2\colon X \to B)$ ein Produkt von A und B. Zu $(1_A, f)$ und $(1_A, g)$ gehören eindeutig bestimmte Morphismen $f', g'\colon A \to X$. Hierbei gilt:

Es ist $k\colon K \to A$ genau dann Differenzkern von f und g, wenn

(4)
$$
\begin{array}{ccc}
K \xrightarrow{\;k\;} A & \qquad & K \xrightarrow{\;k\;} A \\
\Big\downarrow{\scriptstyle k} \quad \Big\downarrow{\scriptstyle g'} & & \Big\downarrow{\scriptstyle k} \qquad\;\; \Big\downarrow{\binom{1_A}{g}} \\
A \xrightarrow{\;f'\;} X & & A \xrightarrow{\binom{1_A}{f}} A \sqcap B
\end{array}
$$

ein Pullback ist (rechts ist eine später zu vereinbarende Schreibweise benutzt).

Beweis. Sind $u, v\colon D \to A$ Morphismen, so ist $f'u = g'v$ gleichwertig mit $u = v$ und zugleich $fu = gv$, wie pr_1, pr_2 zeigen. Hieraus folgt, daß (4) jedenfalls nicht kommutativ bleiben kann, wenn die beiden von K ausgehenden Morphismen k durch verschiedene ersetzt werden. Damit folgt die Behauptung aus den Definitionen.

In (4) sind f' und g' übrigens Monomorphismen, wie pr_1 zeigt. Das Pullback ist also ein Durchschnitt. Zusammenfassend erhalten wir:

7.8.8 Satz. *Für eine Kategorie $\mathscr{C}$ sind gleichwertig:*

(a) *$\mathscr{C}$ ist endlich vollständig.*

(b) *$\mathscr{C}$ besitzt endliche Produkte und Differenzkerne.*

(c) *$\mathscr{C}$ besitzt endliche Produkte und Durchschnitte.*

(d) *$\mathscr{C}$ besitzt ein terminales Objekt und Pullbacks.*

Die Gleichwertigkeit von (a) und (b) ist Teil von 7.4.2.

7.8.9 Das Diagramm

(5)
$$
\begin{array}{ccc}
A & \xrightarrow{\;1_A\;} & A \\
{\scriptstyle 1_A}\Big\downarrow & & \Big\downarrow{\scriptstyle u} \\
A & \xrightarrow{\;u\;} & B
\end{array}
$$

ist genau dann ein Pullback, wenn $u\colon A \to B$ monomorph ist.

Beides besagt nämlich, daß für jedes Morphismenpaar $f, g\colon X \to A$ nur dann $uf = ug$ gelten kann, wenn $f = g$ ist. Aus dieser Bemerkung folgt der

Satz. *Respektiert der Funktor $T\colon \mathscr{C} \to \mathscr{D}$ Pullbacks (soweit in $\mathscr{C}$ vorhanden), so respektiert er auch Monomorphismen.*

7.8.10 Bemerkung. Ist

(6)
$$
\begin{array}{ccc}
\bullet & \xrightarrow{\;v\;} & \bullet \\
{\scriptstyle v}\Big\downarrow & & \Big\downarrow{\scriptstyle u} \\
\bullet & \xrightarrow{\;u\;} & \bullet
\end{array}
$$

ein Pullback, so ist u monomorph und v isomorph. Aus $uf = ug$ folgt nach (6) nämlich $f = g$. Also ist u monomorph, und nach (5) muß v isomorph sein.

8. Colimites

Durch Dualisierung von 7 erhält man Colimites und entsprechende Resultate. Diagrammschemata und Kategorien werden durch ihre dualen ersetzt („Umkehrung der Pfeile"). Es besteht jedoch eine Ausnahme: Wo Hom-Funktoren eingehen, darf *Ens* nicht dualisiert werden. Es müssen vielmehr die partiellen kovarianten Hom-Funktoren durch kontravariante ersetzt werden und umgekehrt. Wir führen nicht alle Einzelheiten aus und überlassen die Vervollständigung dem Leser. Er beachte aber: Dualisierung von Sätzen bedeutet andere Interpretation vorhandener Resultate. Die Beweise müssen nicht etwa wiederholt werden.

8.1 Definition für Colimites

8.1.1 Für ein Diagramm $T\colon \Sigma \to \mathscr{C}$ betrachten wir jetzt natürliche Transformationen $\xi\colon T \to A_\Sigma$. 7.1 (1), (2), (1') gehen über in

$$(1) \qquad \xi_{a(p)} = \xi_{z(p)}\, T(p)$$

$$(2) \qquad \xi \in \prod_{e \in E} [T(e), A]$$

$$(1') \qquad [T(p), A]\,(\xi_{z(p)}) = \xi_{a(p)}.$$

Man beachte dabei, daß T wieder kovariant ist, weil Σ und $\mathscr{C}$ an die Stelle ihrer dualen getreten sind.

8.1.2 Definition. Ein *Colimes (induktiver Limes, direkter Limes,* Rechtswurzel, Supremum) (L, λ) für das Diagramm $T\colon \Sigma \to \mathscr{C}$ besteht aus einem Objekt L und einer natürlichen Transformation $\lambda\colon T \to L_\Sigma$ mit folgender Eigenschaft: Zu beliebiger natürlicher Transformation $\xi\colon T \to A_\Sigma$ gibt es genau sein $f\colon L \to A$ in $\mathscr{C}$ mit

$$(3) \qquad \xi = f_\Sigma \lambda$$

Ist Σ leer, so besteht ein Colimes von T, falls vorhanden, aus einem initialen Objekt von $\mathscr{C}$ und der trivialen natürlichen Transformation des leeren Diagramms.

58

8.1.3 Satz. (i) *Es ist (L, λ) Colimes von $T\colon \Sigma \to \mathscr{C}$ genau dann, wenn $(\mathrm{Op}\,(L), \mathrm{Op}\,\lambda)$ Limes von $\mathrm{Op}\,T\,\mathrm{Op}\colon \Sigma^o \to \mathscr{C}^o$ ist.*

(ii) *Falls vorhanden, stellt ein Colimes (L, λ) von $T\colon \Sigma \to \mathscr{C}$ folgenden Funktor $N^T\colon \mathscr{C} \to Ens$ dar: Für $A \in |\mathscr{C}|$ ist $N^T(A)$ die Menge der natürlichen Transformationen $T \to A_\Sigma$ und für $f\colon A \to B$ ist $N^T(f)$ die durch $\xi \mapsto f_\Sigma\xi$ beschriebene Abbildung $N^T(A) \to N^T(B)$. Umgekehrt liefert jede Darstellung von N^T einen Colimes von T.*

Das ist nach dem oben Gesagten unmittelbar klar. Bei (ii) ist *Ens* nicht durch die duale Kategorie ersetzt, dafür ist jetzt N^T kovariant. Man beachte bei (i), daß sich bei Übergang von Σ zu Σ^o Anfang und Ende jedes Pfeiles vertauschen, so daß sich tatsächlich (1) und 7.1.1 (1) bei Übergang von T zu $\mathrm{Op}\,T\,\mathrm{Op}$ entsprechen.

8.1.4 $N^T(A)$ ist Untermenge des Produktes (2) (wieder Produkt, weil *Ens* nicht dualisiert), und zwar diejenige, die durch die Bedingungen (1) charakterisiert ist. $N^T(f)$ entsteht durch Einschränkung der Abbildung

$$(4) \qquad \Pi\,[T(e), f]\colon \ \Pi\,[T(e), A] \to \Pi\,[T(e), B],$$

die durch $\{\beta_e\} \to \{f\beta_e\}$ beschrieben ist.

Ist wieder $S\colon \mathscr{C} \to [\Sigma/_K, \mathscr{C}]$ der Funktor $A \mapsto A_\Sigma$, $f \mapsto f_\Sigma$ und genügt T den Kommutativitätsbedingungen K, so ist ein Colimes (L, λ) von T eine Darstellung von

$$(5) \qquad N^T(?) = [T, S(?)]_{[\Sigma/_K, \mathscr{C}]},$$

und zwar derjenige Isomorphismus

$$(6) \qquad \varrho\colon \ [L, ?]_\mathscr{C} \xRightarrow{\;\approx\;} [T, S(?)]_{[\Sigma/_K, \mathscr{C}]},$$

der durch $\varrho_L(1_L) = \lambda$ charakterisiert ist.

8.2 Differenzcokerne

8.2.1 Definition. Es seien $f, g\colon A \to B$ zwei Morphismen mit gleichem Ziel B und gleicher Quelle A. Ein *Differenzcokern (coequalizer*, sogar auch cokernel*)* (C, c) ist ein Morphismus $c\colon B \to C$, so daß gilt

(i) $cf = cg$,

(ii) zu jedem Morphismus $v\colon B \to Y$ mit $vf = vg$ gibt es genau einen Morphismus $w\colon C \to Y$ mit $v = wc$.

8.2.2 Jeder Differenzcokern ist ein Epimorphismus. Jeder monomorphe Differenzcokern ist isomorph. Jede Retraktion ist ein Differenzcokern.

8.2.3 Eine Kategorie besitzt Differenzcokerne, wenn die duale Kategorie Differenzkerne besitzt.

8.2.4 Differenzcokerne sind nur bis auf einen nachgeschalteten Isomorphismus bestimmt. Bei den folgenden Beispielen liegt jedoch eine natürliche Auswahl vor.

Für $A \underset{g}{\overset{f}{\rightrightarrows}} B$ in *Ens* sei Q die kleinste Äquivalenzrelation auf der Menge B, unter der für jedes $a \in A$ jeweils $f(a)$ und $g(a)$ äquivalent sind. Die Projektion $c\colon B \to B/Q$ ist Differenzcokern von f und g (*Ens*$_*$ ebenso). Für *Top* gilt dieselbe Konstruktion, wenn B/Q mit der Identifizierungstopologie bezüglich c versehen wird. Bei *Ab* ist Q das Bild von A bei $f-g$ und $c\colon B \to B/Q$ die Projektion auf die Faktorgruppe. Analoges gilt für $_R Mod$ und Mod_R. In der Kategorie der Ringe ist Q das von den Elementen $f(a)-g(a)$ erzeugte (zweiseitige) Ideal, in der Kategorie der Gruppen ist Q der von den Elementen $f(a)g^{-1}(a)$ erzeugte Normalteiler.

Auch *cat* besitzt natürlich ausgewählte Differenzcokerne. Es seien $F, G\colon \mathscr{A} \to \mathscr{B}$ Funktoren zwischen kleinen Kategorien. Auf $|\mathscr{B}|$ und Mor $\mathscr{B}$ betrachte man die kleinste von F und G herrührende Äquivalenzrelation, die verträglich ist mit den Kompositionen von Morphismen in $\mathscr{B}$ und mit Identitäten (vgl. 6.4.4). Damit ergibt sich der Differenzcokern von F und G aus der Konstruktion in 6.4.4. Sei z. B. $\mathscr{B}$ die Kategorie 2 von 6.5.1, $\mathscr{A}$ eine terminale Kategorie, d. h. sie besitzt nur einen (und daher identischen) Morphismus, und es seien F, G die beiden Einbettungen von $\mathscr{A}$ in $\mathscr{B}$. Das Differenzcokernobjekt ist eine Kategorie mit einem Objekt, und die Morphismenmenge dieses Objektes ist isomorph zur additiven Halbgruppe der ganzen nichtnegativen Zahlen. Man erhält übrigens ein Beispiel für einen Epimorphismus in *cat*, der an keiner Stelle (für keine Morphismenmenge) epimorph ist.

8.2.5 Die Kategorie $\mathscr{C}$ besitze Nullmorphismen. Ein Cokern von $f\colon A \to B$ ist ein Differenzcokern von f und $0\colon A \to B$.

8.2.6 In einer additiven Kategorie ist $c\colon B \to C$ Differenzcokern von $f, g\colon A \to B$ genau dann, wenn c Cokern von $f-g$ ist.

8.3 Coprodukte

8.3.1 Definition. Es sei $\{A_e\}_{e \in E}$ eine Familie von Objekten der Kategorie $\mathscr{C}$. Ein *Coprodukt* (auch Summe, direkte Summe) dieser Familie ist ein Objekt Y mit Morphismen $i_e\colon A_e \to Y$, so daß gilt: Ist $\{f_e\colon A_e \to Z\}_{e \in E}$ gegeben, so gibt es genau einen Morphismus $f\colon Y \to Z$ mit $fi_e = f_e$. Für das Objekt Y schreibt man $\coprod\limits_{e \in E} A_e$ oder kurz $\coprod A_e$ (in manchen Kategorien auch $\bigoplus A_e$ oder $\sum A_e$), und man nennt i_e die e-te *Injektion* des Coproduktes. Ist E leer, so ist das Coprodukt ein initiales Objekt. Die Kategorie $\mathscr{C}$ besitzt Coprodukte bzw. endliche Coprodukte, wenn die duale Kategorie $\mathscr{C}^0$ Produkte bzw. endliche Produkte besitzt.

8.3.2 Beispiele. Für *Ens* sind natürlich ausgewählte Coprodukte „disjunkte Vereinigungen". Man bildet sie so: Y ist diejenige Teilmenge von $E \times \bigcup A_e$, die aus den Elementen (e, a) mit jeweils $a \in A_e$ besteht, und $i_e\colon A_e \to Y$ ist die injektive Abbildung $a \mapsto (e, a)$. Für je zwei Mengen A und B (in dieser Reihenfolge) erhält man $A \sqcup B$ als Coprodukt, indem man $E = \{1, 2\}$ nimmt und $A_1 = A$, $A_2 = B$ setzt. Entsprechend ist der Vorgang bei *Top*, wo die topologische Summe gebildet wird. Bei *Ens*⋆ und *Top*⋆ sind jeweils noch die Grundpunkte der Teilmengen $i_e(A_e)$ zu einem einzigen zu identifizieren (Bouquet von Mengen bzw. Räumen). Für *Ab* und $_R$*Mod* sind die Coprodukte die üblichen „direkten Summen". Ihre Objekte sind Untergruppen bzw. Untermoduln der entsprechenden direkten Produkte. Ist E eine endliche Menge, so fallen hier die Objekte für Produkt und Coprodukt zusammen, worauf wir später noch genauer eingehen. In der Kategorie der Gruppen sind Coprodukte die freien Produkte. (Daher kann die Bezeichnung direkte Summe für Coprodukte irreführen.) In der Kategorie der kommutativen Ringe (mit 1) sind Coprodukte die Tensorprodukte über $\mathbf{Z}$ für Ringe als $\mathbf{Z}$-Algebren. Auch die Kategorie der Ringe besitzt Coprodukte. *cat* besitzt Coprodukte. Ist $\{\mathscr{C}_e\}$ eine Familie in *cat*, so ist $|\coprod \mathscr{C}_e|$ bzw. Mor $\coprod \mathscr{C}_e$ das Mengencoprodukt $\coprod |\mathscr{C}_e|$ bzw. $\coprod$ Mor $\mathscr{C}_e$ mit evidenter Morphismenkomposition.

8.3.3 Es seien $\{i_e\colon A_e \to Y\}$ und $\{j_e\colon B_e \to Z\}$ Coprodukte in $\mathscr{C}$ zur gleichen Indexmenge E. Ist für jedes $e \in E$ ein Morphismus $f_e\colon A_e \to B_e$ gegeben, so gibt es genau einen Morphismus $f\colon Y \to Z$ mit $j_e f_e = f i_e$ für alle e. Man schreibt $f = \coprod f_e$. Sind alle f_e epimorph, so ist f epimorph.

8.3.4 Es existiert ein Isomorphismus

$$\Theta\colon\ [\coprod A_e, ?]_{\mathscr{C}} \xrightarrow{\ \approx\ } \prod [A_e, ?]_{\mathscr{C}}.$$

Man beachte, daß *Ens* hier nicht dualisiert wird.

8.4 Covollständige Kategorien

8.4.1 Eine Kategorie $\mathscr{C}$ ist *covollständig* (auch *rechtsvollständig*) bzw. *endlich covollständig*, wenn die duale Kategorie vollständig bzw. endlich vollständig ist.

8.4.2 Eine Kategorie ist genau dann covollständig bzw. endlich covollständig, wenn sie Differenzcokerne und Coprodukte bzw. endliche Coprodukte besitzt.

8.4.3 Satz. *Die folgenden Kategorien sind covollständig mit natürlicher Auswahl von Colimites*: *Ens, Ens*⋆, *Top, Top*⋆, *Ab*, $_R$*Mod*, *Mod*$_R$, *cat*, *die Kategorie der Gruppen.*

Beispiele für endlich covollständige Kategorien sind: Die Kategorien der endlichen Mengen, der abzählbaren Mengen, der endlichen abelschen Gruppen, der endlich erzeugten Gruppen bzw. Moduln in *Ab* bzw. $_R$*Mod*. Die Kategorie der endlichen Gruppen ist nicht endlich covollständig. (Die Diedergruppen zeigen, daß hier kein Coprodukt mit zwei Cofaktoren Z_2 besteht.)

8.4.4 Aus 7.4.2 folgt wegen 8.4.1 eine Beschreibung von natürlich ausgewählten Colimites in *Ens*. Für $T\colon \Sigma \to$ *Ens* ist Colimes ein Quotient L

des Coproduktes $\coprod T(e)$. Der Quotient wird nach der kleinsten Äquivalenzrelation auf $\coprod T(e)$ gebildet, unter der gilt

$$(a(p),\, x) \sim (z(p),\, T(p)(x)) \qquad \text{mit } x \in T(a(p))$$

für alle Pfeile p von Σ. Die zugehörigen Abbildungen $\lambda_e\colon T(e) \to L$ sind durch den Übergang von $x \in T(e)$ zur Klasse von (e, x) beschrieben. Dieselbe Beschreibung gilt bei Top und analog bei Ens_*, Top_*, cat. Für Ab und $_R Mod$ ergeben sich die Beschreibungen aus 8.2.4 und 8.3.2.

8.4.5 Ein Funktor $T\colon \mathscr{C} \to \mathscr{D}$ respektiert Colimites, wenn $\mathrm{Op}T\mathrm{Op}\colon \mathscr{C}^\mathrm{o} \to \mathscr{D}^\mathrm{o}$ Limites respektiert.

Der Vergiß-Funktor $_R Mod \to Ab$ respektiert Colimites, er respektiert nämlich Coprodukte und Cokerne, und es gilt 8.2.5. Der Vergiß-Funktor $Top \to Ens$ respektiert Colimites. Der Vergiß-Funktor $Ab \to Ens$ respektiert Colimites nicht, insbesondere nicht Coprodukte. Die Inklusionen $Ens \to \mathscr{ENS}$, $Ab \to \mathscr{AB}$ respektieren $\mathfrak{U}$-Colimites.

8.5 Colimites in Funktorkategorien

8.5.1 Es sei $\mathscr{C}$ eine covollständige bzw. endlich covollständige Kategorie. Die Funktorkategorie $[\mathscr{D}, \mathscr{C}]$ ist dann ebenfalls covollständig bzw. endlich covollständig. Die Konstruktion der Colimites erfolgt „punktweise“, d. h. einzeln an den Stellen $A \in |\mathscr{D}|$.

Das entsteht aus 7.5.2 dadurch, daß Σ, $\mathscr{Y}$, $\mathscr{D}$, $\mathscr{C}$ zugleich durch ihre Dualen ersetzt werden. Für Diagramme vom Typ $\Sigma/_K$ in $[\mathscr{D}, \mathscr{C}]$ braucht wieder nur die Existenz der entsprechenden Colimites in $\mathscr{C}$ gefordert zu werden.

8.5.2 Auswahl von Colimites vom Typ $\Sigma/_K$ in $\mathscr{C}$ ergibt einen Isomorphismus

$$(1) \qquad \varrho\colon\ [\mathrm{Colim}\,(??),\, ?]_{\mathscr{C}} \overset{\approx}{\to} [??,\, S(?)]_{[\Sigma/_K, \mathscr{C}]},$$

der als Isomorphismus von Bifunktoren $[\Sigma/_K,\, \mathscr{C}]^\mathrm{o} \times \mathscr{C} \to Ens$ aufzufassen ist.

8.5.3 Wenn $\mathscr{D}$ und $\mathscr{C}$ additiv sind, gilt 8.5.1 entsprechend für $Add\,(\mathscr{D}, \mathscr{C})$, weil für jede additive Kategorie auch die duale additiv und dabei Op ein additiver kontravarianter Funktor ist.

Colimites von additiven Funktoren sind additiv.

8.6 Doppelte Colimites

8.6.1 Hilfssatz. *Es sei Σ' Teilschema des Diagrammschemas Σ und $T\colon \Sigma \to \mathscr{C}$ ein Diagramm. Ist (L', λ') Colimes des Teildiagramms $T' = {}= T \mid \Sigma'$ und $\eta\colon T \to A_\Sigma$ eine natürliche Transformation, so gibt es genau einen Morphismus $f\colon L' \to A$ mit $\eta_e = f\lambda_e'$ für alle Ecken e von Σ'.*

8.6.2 Satz 7.6.2 und die Folgerung 7.6.3 dualisieren sich ohne weiteres. Colimites (festen Typs $\mathscr{X}$) sind mit Colimites (festen Typs $\mathscr{Y}$) vertauschbar (Existenz vorausgesetzt). Ebenso dualisieren sich 7.6.4 und 7.6.5.

8.6.3 Im allgemeinen sind Limites nicht mit Colimites vertauschbar. Dies gilt in *Ens* schon nicht für endliche Produkte und Coprodukte (siehe jedoch später 9.4).

8.7 Kriterien für Colimites

8.7.1 Vorbemerkungen. Wir müssen im folgenden auch kontravariante Diagramme $T: \Sigma \to \mathscr{C}$ betrachten. Sie sind (vgl. 2.4.5) gewöhnliche Diagramme $T\mathrm{Op}: \Sigma^0 \to \mathscr{C}$, wobei Op in evidenter Weise auf Diagrammschemata fortgesetzt ist, was mit 6.3.2 verträglich ist. Damit ist klar, was natürliche Transformationen, Limites und Colimites von kontravarianten Diagrammen sind. Dabei sind in 7.1 (1), (1') und 8.1 (1), (1') $a(p)$ und $z(p)$ zu vertauschen. A_Σ und A_{Σ^0} fallen zusammen, ebenso f_Σ und f_{Σ^0}.

Op: $\mathscr{C} \to \mathscr{C}^0$ vertauscht Limites und Colimites. Für den kontravarianten Hom-Funktor $H_A = [?, A]_\mathscr{C}$ ist $H_A\mathrm{Op} = [A^0, ??]_{\mathscr{C}^0} = H^{A^0}$ (mit $A^0 = \mathrm{Op}(A)$). Bei Dualisierung von 7.7 entstehen daher in *Ens* wieder Limites.

8.7.2 Satz. *Sei* $T: \Sigma \to \mathscr{C}$ *ein Diagramm und* $A \in |\mathscr{C}|$. *Der Limes von* $II_A T$ *ist die Menge* $N^T(A)$ *der natürlichen Transformationen* $T \to A_\Sigma$ *mit, falls* Σ *nicht leer ist, den durch* $\xi \mapsto \xi_e$ *beschriebenen Abbildungen* $N^T(A) \to [T(e), A]$.

8.7.3 Theorem. *Es sei* $T: \Sigma \to \mathscr{C}$ *ein Diagramm und* $\lambda: T \to L_\Sigma$ *eine natürliche Transformation. Es ist* (L, λ) *genau dann Colimes von* T, *wenn für alle* $A \in |\mathscr{C}|$ *gilt:* $(H_A(L), H_A\lambda)$ *ist ein Limes von* $H_A T$.

8.7.4 Korollar. *Jeder darstellbare kontravariante Funktor* $F: \mathscr{C} \to Ens$ *führt Colimites (soweit in* $\mathscr{C}$ *vorhanden) in Limites über.*

8.7.5 Korollar. *Ein Funktor* $S: \mathscr{C} \to \mathscr{D}$ *respektiert Colimites genau dann, wenn* $H_X S$ *für jedes* $X \in |\mathscr{D}|$ *Colimites in Limites überführt.*

8.7.6 Satz. *Völlig treue (kovariante) Funktoren entdecken Colimites.*

Hierbei ist „entdecken" ebenso wie in 7.7.6 und 7.7.9 so zu verstehen, daß eine vorhandene natürliche Transformation als Colimes bzw. Limes erkannt wird. Für $T: \Sigma \to \mathscr{C}$ und einen völlig treuen Funktor $F: \mathscr{C} \to \mathscr{D}$ kann FT einen Limes oder Colimes besitzen, auch wenn dies für T nicht der Fall ist, umgekehrt braucht ein völlig treuer Funktor nicht einmal endliche Limites oder Colimites zu respektieren, vgl. später 10.2.6. Wir verwenden „entdecken" auch künftig im angegebenen Sinne. Hierfür ist auch „reflektieren" im Gebrauch.

8.7.7 Ist $\mathscr{C}$ additiv, so gelten 8.7.2 bis 8.7.4 entsprechend mit Ab statt *Ens*, 8.7.5 ebenso für additives S.

8.8 Pushouts

8.8.1 Definition. Es seien $f: A \to B$, $g: A \to C$ zwei Morphismen mit gleicher Quelle. Ein *Pushout* (auch *cocartesian square*, verschmolzene oder amalgamierte Summe, sogar auch Fasersumme) für das Paar (f, g) ist ein kommutatives Rechteck

$$(1) \qquad \begin{array}{ccc} A & \xrightarrow{\;f\;} & B \\ {\scriptstyle g}\downarrow & & \downarrow{\scriptstyle s} \\ C & \xrightarrow{\;r\;} & Q \end{array} \qquad sf = rg$$

mit folgender Eigenschaft: Sind $u: B \to X$, $v: C \to X$ Morphismen mit $uf = vg$, so gibt es genau einen Morphismus $w: Q \to X$ mit $ws = u$ und $wr = v$.

8.8.2 Ist (1) ein Pushout mit epimorphem f, so ist r epimorph.

8.8.3 Die Abschnitte 7.8.3 bis 7.8.5 lassen sich einfach dualisieren, insbesondere auch 7.8.5: In endlich covollständigen Kategorien konstruiert man das Pushout (1) so, daß man zuächst das Coprodukt $B \sqcup C$ mit Injektionen i_1, i_2 bildet und danach den Differenzcokern von $i_1 f$ und $i_2 g$.

8.8.4 Sind f und g in (1) epimorph, so nennt man den Epimorphismus $sf = rg$ den *Codurchschnitt* von f und g.

8.8.5 Die Dualisierung von 7.8.7 bis 7.8.10 ist evident. Wir werden in Zukunft Dualisierungen nur noch in besonderen Fällen angeben.

9. Filtrierende Colimites

9.1 Zur Berechnung von Limites und Colimites

Mit Rücksicht auf die häufigeren Anwendungen geben wir im folgenden den Colimites den Vorrang. Wir betrachten zunächst Colimites für beliebige Funktoren.

9.1.1 Definition. Es sei $\mathscr{X}$ eine Kategorie. Ein Diagramm bzw. Funktor $D: \Sigma \to \mathscr{X}$ heißt *final* in $\mathscr{X}$, wenn gilt:

(i) Zu $Y \in |\mathscr{X}|$ gibt es stets einen Morphismus $Y \to D(e)$ mit $e \in |\Sigma|$.

(ii) Zu je zwei nicht notwendig verschiedenen Morphismen $u: Y \to D(e)$, $u': Y \to D(e')$ mit gleicher Quelle gibt es eine Ecke d und Pfeile $p: e \to d$, $p': e' \to d$ in Σ mit

$$(1) \qquad D(p)u = D(p')u',$$

es sei denn, daß $e = e'$ und $u = u'$ ist.

Ein Diagramm bzw. Funktor $D: \Sigma \to \mathscr{X}$ heißt *initial* in $\mathscr{X}$, wenn $\mathrm{Op}D\mathrm{Op}: \Sigma^\circ \to \mathscr{X}^\circ$ final in $\mathscr{X}^\circ$ ist.

9.1.2 Theorem. *Es sei* $D: \Sigma \to \mathscr{X}$ *final in* $\mathscr{X}$. *Ist* $T: \mathscr{X} \to \mathscr{C}$ *ein Funktor, so gibt es zu jeder natürlichen Transformation* $\xi: TD \to A_{\underline{z}}$

genau eine $\eta\colon T \to A_{\mathscr{X}}$ *mit*

$$(2) \qquad\qquad \eta_{D(e)} = \xi_e$$

für alle Ecken e von Σ. Dabei ist (A, η) genau dann Colimes von T, wenn (A, ξ) Colimes von TD ist.

Beweis. Wir greifen auf 8.1.1 (1), (2) zurück. Es ist $\xi = \{\xi_e\colon TD(e) \to A\}$ mit

$$(3) \qquad\qquad \xi_{a(p)} = \xi_{z(p)} TD(p)$$

für jeden Pfeil $p\colon a(p) \to z(p)$ in Σ. Sei jetzt $Y \in |\mathscr{X}|$. Wegen (i) gibt es $u\colon Y \to D(e)$ für geeignetes $e \in |\Sigma|$. Wir setzen

$$(4) \qquad\qquad \eta_Y = \xi_e T(u).$$

Hierdurch ist η_Y widerspruchsfrei definiert. Liegt nämlich noch $u'\colon Y \to D(e')$ vor, so gilt (ii), und wegen (1) und (3) folgt

$$\xi_e T(u) = \xi_d TD(p) T(u) = \xi_d TD(p') T(u') = \xi_{e'} T(u').$$

Sei nun $w\colon Z \to Y$ ein Morphismus in $\mathscr{X}$, und es liege wieder $u\colon Y \to D(e)$ vor. Nach dem eben Bewiesenen und (4) folgt

$$(5) \qquad \eta_Z = \xi_e T(uw) = \xi_e T(u) T(w) = \eta_Y T(w).$$

Es liegt also eine natürliche Transformation $\eta = \{\eta_Y\}\colon T \to A_{\mathscr{X}}$ vor. Dabei gilt (2) wegen (4) für $Y = D(e)$ und $u = 1_Y$. Durch ξ und (2) ist η eindeutig bestimmt, weil jedenfalls (4) gelten muß. Umgekehrt bestimmt $\eta\colon T \to A_{\mathscr{X}}$ vermöge (2) eindeutig $\xi\colon TD \to A_{\Sigma}$. Damit liegt eine Bijektion $\varphi_A\colon N^{TD}(A) \to N^T(A)$ vor (möglicherweise in $\mathscr{ENS}$). Wegen $f_{\Sigma}\xi = \{f\xi_e\}$ und $f_{\mathscr{X}}\eta = \{f\eta_Y\}$ für $f\colon A \to B$ in $\mathscr{C}$ folgt aus (2) und (4), daß $\{\varphi_A\}$ ein Isomorphismus $\varphi\colon N^{TD} \to N^T$ ist. Damit ergibt sich aus 8.1.3 (falls nötig, mit Wechsel des Universums) die letzte Behauptung des Theorems.

9.1.3 Bemerkungen. Bei 9.1.1 und 9.1.2 kann zugelassen werden, daß Σ Diagrammschema des höheren Universums $\mathfrak{B}$ oder eine beliebige Kategorie ist. In Anwendungen ist D meist die Inklusion einer Menge von Objekten und Morphismen von $\mathscr{X}$, insbesondere auch die Inklusion einer Unterkategorie von $\mathscr{X}$. Es wird dann Σ als *finale Menge* bzw. *Unterkategorie* bezeichnet (initial im dualen Fall). Falls vorhanden, bildet ein terminales (initiales) Objekt mit seinem identischen Morphismus eine finale (initiale) Unterkategorie. 7.1.8 ist also ein Spezialfall des Dualen von 9.1.2. Ist $\mathscr{X}$ eine vorgeordnete Menge (als Kategorie), so ist eine volle Unterkategorie Σ genau dann final in $\mathscr{X}$, wenn jedes Element von $\mathscr{X}$ durch eines aus Σ übertroffen wird (Gleichheit zugelassen). Hierfür ist auch die Bezeichnung kofinal bzw. konfinal üblich. Wir vermeiden sie wegen der Verwendung der Vorsilbe „co" bei Dualisierung.

9.1.4 Satz. *Es sei $\mathscr{X}$ eine nicht-leere Kategorie und $\{d_j\}_{j \in J}$ eine Menge von Objekten aus $\mathscr{X}$ derart, daß gilt*

(i) *Zu $e \in |\mathscr{X}|$ gibt es mindestens einen Morphismus $e \to d_j$ für ein geeignetes d_j.*

(ii) *Für jedes Paar $(j, k) \in J \times J$ existiert in $\mathscr{X}$ ein schwaches Produkt (vgl. 7.1.11) mit Projektionen*

$$pr_{jk,1}\colon\ d_j \sqcap d_k \to d_j \qquad und \qquad pr_{jk,2}\colon\ d_j \sqcap d_k \to d_k.$$

Ist $\mathscr{C}$ eine covollständige Kategorie und $T\colon \mathscr{X} \to \mathscr{C}$ ein Funktor, so besitzt T einen Colimes, der sich folgendermaßen ergibt: Es seien

$$(6) \qquad\qquad p, q\colon\ \coprod T(d_j \sqcap d_k) \to \coprod T(d_j)$$

die beiden Morphismen, die durch

$$(7) \qquad\qquad p i_{jk} = i_j T(pr_{jk,1}) \qquad und \qquad q i_{jk} = i_k T(pr_{jk,2})$$

definiert sind, und es sei $c\colon \coprod T(d_j) \to L$ Differenzcokern von p und q. Die Morphismenmenge $\{\xi_j = c i_j\}$ läßt sich auf genau eine Weise zu einer natürlichen Transformation $\xi\colon T \to L_{\mathscr{X}}$ ergänzen, und es ist (L, ξ) Colimes von T.

Beweis. Für die schwachen Produkte $d_j \sqcap d_k$ setzen wir zunächst

$$(8) \qquad \xi_{jk} = \xi_j T(pr_{jk,1}) = c i_j T(pr_{jk,1}) = c p i_{jk} = c q i_{jk}$$
$$= c i_k T(pr_{jk,2}) = \xi_k T(pr_{jk,2}).$$

Ist e ein beliebiges Objekt von $\mathscr{X}$ und $u\colon e \to d_j$ ein Morphismus gemäß (i), so setzen wir

$$(9) \qquad\qquad \xi_e = \xi_j T(u).$$

Hierdurch ist ξ_e widerspruchsfrei bestimmt. Ist nämlich $v\colon e \to d_k$ ein weiterer Morphismus gemäß (i), so existiert ein $w\colon e \to d_j \sqcap d_k$ mit $u = pr_{jk,1} w$ und $v = pr_{jk,2} w$. Damit folgt aus (8) und (9)

$$\xi_j T(u) = \xi_j T(pr_{jk,1} w) = \xi_{jk} T(w) = \xi_k T(pr_{jk,2} w) = \xi_k T(v).$$

Wie oben bei (4), (5) folgt, daß damit eine natürliche Transformation $\xi\colon T \to L_{\mathscr{X}}$ vorliegt, die als Fortsetzung von $\{\xi_j\}$ eindeutig bestimmt ist.

Die Objekte d_j und $d_j \sqcap d_k$ ergeben mit den Projektionen $pr_{jk,1}$ und $pr_{jk,2}$ ein evidentes Diagrammschema $\mathscr{Y}$ mit Diagramm $D\colon \mathscr{Y} \to \mathscr{X}$. Das Diagramm TD hat als Colimes das Objekt L mit den Morphismen ξ_j und ξ_{jk}, wie vermöge (8) leicht aus dem Dualen von 7.4.2 folgt. Eine beliebige natürliche Transformation $\eta\colon T \to A_{\mathscr{X}}$ ergibt eine von TD nach $A_{\mathscr{Y}}$. Die Faktorisierung über den Colimes von TD liefert einen eindeutig bestimmten Morphismus $f\colon L \to A$. Entsprechend (8), (9) folgt, daß η bereits durch die Einschränkung auf die Objekte d_j bestimmt ist. Daher ist $\eta = f_{\mathcal{X}}\,\xi$, was die Behauptung ergibt.

9.1.5 Definition. Eine Kategorie heißt *zusammenhängend*, wenn es zu je zwei Objekten e, d endlich viele Objekte $e = e_0, e_1, \ldots, e_{2n} = d$ gibt, derart daß Morphismen $e_{2j-2} \to e_{2j-1}$ und $e_{2j} \to e_{2j-1}$ für $j = 1, 2, \ldots, n$ vorhanden sind.

Für eine beliebige Kategorie $\mathcal{C}$ betrachte man die kleinste Äquivalenzrelation für die Objekte, bei der je zwei durch einen Morphismus verbundene Objekte äquivalent sind. Jede Äquivalenzklasse bestimmt eine volle Unterkategorie von $\mathcal{C}$. Diese Unterkategorien heißen *Zusammenhangskomponenten* von $\mathcal{C}$.

9.1.6 Man bestätigt: Jede Zusammenhangskomponente ist zusammenhängend und als Unterkategorie von $\mathcal{C}$ maximal bezüglich dieser Eigenschaft. $\mathcal{C}$ ist Coprodukt seiner Zusammenhangskomponenten. Besitzt $\mathcal{C}$ ein initiales oder ein terminales Objekt, so ist $\mathcal{C}$ zusammenhängend.

Warnung. Ein unendliches Produkt zusammenhängender Kategorien braucht nicht zusammenhängend zu sein.

9.1.7 Satz. *Es sei $\mathcal{X}$ eine zusammenhängende, nicht-leere Kategorie und $\mathcal{C}$ eine beliebige. Für $A \in |\mathcal{C}|$ hat der konstante Funktor $A_{\mathcal{X}}$ den Limes und den Colimes $(A, \{1_A\})$.*

9.1.8 Satz. *Es sei $\mathcal{X}$ eine kleine Kategorie mit den Zusammenhangskomponenten $\mathcal{X}_j$. Ist $\mathcal{C}$ eine covollständige Kategorie und $T: \mathcal{X} \to \mathcal{C}$ ein Funktor, so ist der Colimes von T das Coprodukt der Colimites der Funktoren $T \mid \mathcal{X}_j$.*

Beide Sätze ergeben sich leicht aus den Definitionen und 8.6.1.

9.2 Filtrierende Kategorien

Klassische Spezialfälle von Colimites sind neben Coprodukten und Cokernen solche, bei denen $T: \Sigma \to \mathcal{C}$ ein Funktor und Σ eine geordnete, nach oben gerichtete Menge ist (d. h. zu e_1, e_2 in Σ gibt es stets e_3 mit $e_1 \leq e_3$ und $e_2 \leq e_3$). Sie wurden als *direkte Limites* eingeführt und später auch als *induktive Limites* bezeichnet. Inzwischen hat es sich als zweckmäßig erwiesen, geordnete Mengen durch eine Verallgemeinerung zu ersetzen. Wir stellen einige Hilfsmittel voran.

9.2.1 Definition. Ein *Pinsel* mit Quelle A ist eine nicht-leere Familie von Morphismen $\{s_j: A \to B_j\}$ mit gleicher Quelle A, wobei die Indices eine (ll-)Menge bilden. Ein *Copinsel* mit Ziel B ist dual dazu definiert. Ein Pinsel bzw. Copinsel heißt endlich, wenn seine Indexmenge endlich und nicht-leer ist.

9.2.2 Ein *verallgemeinertes Pullback* zu dem Copinsel $\{s_j: B_j \to C\}$ besteht aus diesem Copinsel und einem Pinsel $\{\lambda_j: L \to B_j\}$, so daß $s_j \lambda_j: L \to C$ unabhängig von j ist und daß es zu jedem Pinsel $\{\eta_j:$

$A \to B_j\}$ mit dieser Eigenschaft genau einen Morphismus $f\colon A \to L$ gibt mit $\eta_j = \lambda_j f$ für alle j. Es liegt also ein Limes für den Copinsel vor. *Verallgemeinerte Pushouts* sind dual dazu.

Eine Kategorie $\mathscr{C}$ besitzt verallgemeinerte Pullbacks, wenn es zu jedem Copinsel ein verallgemeinertes Pullback gibt. Besitzt $\mathscr{C}$ ein terminales Objekt, so ist $\mathscr{C}$ genau dann vollständig, wenn $\mathscr{C}$ verallgemeinerte Pullbacks besitzt. Das folgt entsprechend 7.8.8.

9.2.3 Satz. *Es sei* $\{\lambda_j\colon L \to B_j;\ s_j\colon B_j \to C\}$ *ein verallgemeinertes Pullback. Ist* s_j *monomorph für alle* $j \neq k$, *so ist* λ_k *monomorph.*

Beweis. Liegen $w_1, w_2\colon A \to L$ mit $\lambda_k w_1 = \lambda_k w_2$ vor, so ist $s_j \lambda_j w_1 = {} = s_j \lambda_j w_2$ für alle j. Hieraus folgt $\lambda_j w_1 = \lambda_j w_2$ für alle j nach Annahme und Voraussetzung. Nach Definition für Limites folgt $w_1 = w_2$.

9.2.4 Definition. Eine Kategorie $\mathscr{X}$ heißt *pseudofiltrierend* (quasifiltrierend), wenn sie nicht-leer ist und wenn gilt:

(i) Jedes Diagramm der Form $\bullet \swarrow{}^{\bullet}_{\bullet}$ besitzt eine kommutative Ergänzung der Form $\bullet \swarrow{}^{\bullet}_{\bullet} \searrow\!\!\!\nearrow \bullet$.

(ii) Zu jedem Diagramm $e_1 \underset{v}{\overset{u}{\rightrightarrows}} e_2$ gibt es einen Morphismus $w\colon e_2 \to e_3$ mit $wu = wv$.

$\mathscr{X}$ heißt *stark pseudofiltrierend*, wenn $\mathscr{X}$ nicht-leer ist, (ii) gilt und die folgende Verschärfung von (i):

(i_s) Zu jedem Pinsel $\{s_j\colon e \to d_j\}$ gibt es eine kommutative Ergänzung, d. h. einen Copinsel $\{t_j\colon d_j \to d\}$, so daß $t_j s_j$ unabhängig von j ist.

$\mathscr{X}$ heißt *filtrierend* bzw. *stark filtrierend*, wenn wieder $\mathscr{X}$ nicht-leer ist und außer (i), (ii) bzw. (i_s), (ii) noch gilt:

(iii) Zu je zwei Objekten e_1, e_2 gibt es ein Objekt d mit Morphismen $e_1 \to d$, $e_2 \to d$.

9.2.5 Bemerkungen. Aus (i) folgt durch vollständige Induktion, daß jeder endliche Pinsel eine kommutative Ergänzung besitzt. Außerdem folgt (i) aus (ii) und (iii).

Erfüllt $\mathscr{X} \neq \emptyset$ die Bedingung (i) und besitzt $\mathscr{X}$ endliche schwache Coprodukte, so ist $\mathscr{X}$ filtrierend. Es gilt nämlich eine Verschärfung von (iii), aus der sich (ii) vermöge (i) folgern läßt nach dem Muster der Dualisierung von 7.8.7.

9.2.6 Beispiele. Diskrete nicht-leere Kategorien sind stark pseudofiltrierend. Covollständige Kategorien und Kategorien mit terminalem Objekt sind stark filtrierend. Dasselbe gilt für jede volle Unterkategorie von *Ens* mit nur einem Objekt (Endomorphismen einer Menge als Morphismen). Endlich covollständige Kategorien sind filtrierend, ebenso vorgeordnete, nach oben gerichtete, nicht-leere Mengen, insbesondere streng geordnete.

9.2.7 Die Zusammenhangskomponenten einer (stark) pseudofiltrierenden Kategorie $\mathscr{X}$ sind (stark) filtrierend.

Beweis. Man setze $e_1 \sim e_2$, wenn es ein Objekt d mit Morphismen $e_1 \to d$, $e_2 \to d$ gibt. Diese Relation ist offenbar reflexiv und symmetrisch. Die Transitivität ergibt sich aus (i). Ist nämlich $e_1 \sim e_2$ und $e_2 \sim e_3$, so besteht ein kommutatives Diagramm

$$
(1) \qquad \begin{array}{c} e_1 \searrow \\ e_2 \begin{array}{c} \nearrow \ d_1 \searrow \\ \searrow \ d_2 \nearrow \end{array} d \\ e_3 \nearrow \end{array}
$$

Nach 9.1.5 sind die zu den Äquivalenzklassen gehörigen vollen Unterkategorien gerade die Zusammenhangskomponenten von $\mathscr{X}$.

9.2.8 In stark pseudofiltrierenden Kategorien gilt folgende Verschärfung von (ii):

Ist $\{u_j \colon e_1 \to e_2\}$ eine Familie von Morphismen mit gleicher Quelle und gleichem Ziel, so gibt es $w \colon e_2 \to d$, so daß wu_j unabhängig von j ist.

Beweis. Der Index k sei fest gewählt. Zu jedem j gibt es $w_j \colon e_2 \to d_j$ mit $w_j u_k = w_j u_j$. Der Pinsel $\{w_j\}$ besitzt eine kommutative Ergänzung $\{t_j \colon d_j \to d\}$, und es hat $w = t_j w_j$ die gewünschte Eigenschaft.

9.3 Filtrierende Colimites

9.3.1 Definition. Unter einem *filtrierenden Colimes* verstehen wir den Colimes eines Funktors $T \colon \mathscr{X} \to \mathscr{C}$, wobei $\mathscr{C}$ eine kleine filtrierende Kategorie ist. Pseudofiltrierende bzw. stark filtrierende, stark pseudofiltrierende Colimites sind entsprechend erklärt.

9.3.2 Aus 8.4.4 ergibt sich eine direkte Beschreibung von pseudofiltrierenden Colimites in *Ens*. Ist $\mathscr{X}$ eine kleine pseudofiltrierende Kategorie und $T \colon \mathscr{X} \to Ens$ ein Funktor, so bilde man das Coprodukt

$$
(2) \qquad \coprod T(e) = \{(e, a) \mid e \in |\mathscr{X}|, \quad a \in T(e)\}
$$

und setze $(e_1, a_1) \sim (e_2, a_2)$, wenn es Morphismen $u_1 \colon e_1 \to d$, $u_2 \colon e_2 \to d$ in $\mathscr{X}$ gibt mit

$$
(3) \qquad T(u_1) a_1 = T(u_2) a_2.
$$

Aus 9.2.7 (1) folgt, daß damit eine Äquivalenzrelation vorliegt. Sie ist die kleinste, unter der für $u \colon e \to d$ die Paare (e, a) und $(d, T(u)a)$ stets äquivalent sind, weil hieraus (3) folgt. Es sei $[e, a]$ die Äquivalenzklasse von (e, a). Diese Klassen sind die Elemente des Colimesobjektes L von T. Die zugehörige natürliche Transformation $T \to L_{\mathscr{X}}$ besteht aus den Abbildungen $T(e) \to L$, die durch $a \mapsto [e, a]$ beschrieben werden.

9.3.3 Es besteht eine entsprechende Beschreibung in *Top*, wenn das Colimesobjekt L mit der Identifizierungstopologie bezüglich der zugehörigen Abbildung $\coprod T(e) \to L$ versehen wird.

9.3.4 Für 9.3.2 und 9.3.3 braucht nur 9.2.4 (i) erfüllt zu sein. (ii) wurde, ebenso wie bei 9.2.7, nicht benutzt. Die Äquivalenzrelation (3) induziert auf jeder Menge $T(e)$ eine Äquivalenzrelation. Ist 9.2.4 (ii) erfüllt, so gibt es zu je zwei äquivalenten Elementen a_1, a_2 von $T(e)$ einen Morphismus $u\colon e \to d$ in $\mathscr{X}$, so daß $T(u)a_1 = T(u)a_2$ ist. Ist 9.2.4 (ii) nicht erfüllt, so braucht das nicht der Fall zu sein. Es sei $\mathscr{X}$ die zyklische multiplikative Gruppe der Ordnung 2 (als Kategorie). $T\colon \mathscr{X} \to Ab$ ordne dem einzigen Objekt von $\mathscr{X}$ die Gruppe $\mathbf{Z}_4$ zu, den beiden Morphismen von $\mathscr{X}$ die beiden Automorphismen von $\mathbf{Z}_4$. $\mathscr{X}$ erfüllt 9.2.4 (i), aber nicht (ii). Anwendung des Vergiß-Funktors $Ab \to Ens$ liefert das gewünschte Gegenbeispiel.

9.3.5 Hilfssatz. *Es sei $\mathscr{X}$ eine (nicht notwendig kleine) stark pseudofiltrierende Kategorie und $T\colon \mathscr{X} \to Ens$ ein Funktor, der einen Colimes (L, λ) besitzt. Ferner sei $\{[e, a_j]\}$ eine Familie von Elementen in L mit Repräsentantenfamilien $\{(e, a_j)\}$ und $\{(e, a'_j)\}$ auf der Menge $T(e)$. Dann gibt es einen Morphismus $u\colon e \to d$ in $\mathscr{X}$, so daß $T(u)a_j = T(u)a'_j$ für alle j gilt.*

Ist $\mathscr{X}$ pseudofiltrierend, so gilt die entsprechende Aussage für endliche Familien.

Beweis. Zu jedem j gibt es d_j mit Morphismen $u_j\colon e \to d_j$, $u'_j\colon e \to d_j$, so daß $T(u_j)a_j = T(u'_j)a'_j$ ist. Wegen 9.2.4 (ii) läßt sich d_j so wählen, daß $u_j = u'_j$ ist. Nun ist $\{u_j\colon e \to d_j\}$ ein Pinsel, der eine kommutative Ergänzung $\{v_j\colon d_j \to d\}$ besitzt. $u = v_j u_j$ hat die gewünschte Eigenschaft.

9.3.6 Hilfssatz. *Es sei $\mathscr{X}$ eine stark filtrierende Kategorie und $T\colon \mathscr{X} \to Ens$ ein Funktor, der einen Colimes (L, λ) besitzt. Ferner sei $\{[e_j, a_j]\}$ eine Familie von Elementen in L. Dann gibt es $d \in |\mathscr{X}|$, so daß alle Glieder der Familie Repräsentanten auf $T(d)$ besitzen.*

Stimmen alle $[e_j, a_j]$ als Elemente von L überein und ist (e_j, a_j) Repräsentant von $[e_j, a_j]$, so kann d mit Morphismen $u_j\colon e_j \to d$ so gewählt werden, daß $T(u_j)a_j$ unabhängig von j ist.

Ist $\mathscr{X}$ filtrierend, so gelten entsprechende Aussagen für endliche Familien.

Beweis. Es sei (e_j, a_j) Repräsentant von $[e_j, a_j]$ und k ein fest gewählter Index. Zu jedem j gibt es d_j mit Morphismen $v_j\colon e_k \to d_j$, $w_j\colon e_j \to d_j$. Zu dem Pinsel $\{v_j\}$ gibt es eine kommutative Ergänzung $\{t_j\colon d_j \to d\}$, womit die erste Behauptung folgt. Stimmen die Elemente $[e_j, a_j]$ von L überein, so können d_j, v_j, w_j für jedes j wegen (3) so gewählt werden, daß $T(v_j)a_k = T(w_j)a_j$ ist. Weil $T(t_j v_j)a_k$ unabhängig von j ist, folgt die zweite Behauptung mit $u_j = t_j w_j$.

Bemerkung. Die zweite Behauptung gilt auch, wenn $\mathscr{X}$ stark pseudo-filtrierend ist, weil dann alle e_j zu der gleichen Zusammenhangs-komponente von $\mathscr{X}$ gehören.

9.3.7 In Ab lassen sich filtrierende Colimites wie in Ens beschreiben. Der pseudofiltrierende Fall wird durch 9.2.7 und 9.1.8 ohnehin auf den filtrierenden zurückgeführt. Sei also $\mathscr{X}$ eine kleine filtrierende Kategorie und $T\colon \mathscr{X} \to Ab$ ein Funktor. Wir weichen von 8.4.4 ab und ersetzen 9.3.2 (2) nicht durch die direkte Summe, sondern konstruieren zunächst nach 9.3.2 den Colimes für VT, wobei $V\colon Ab \to Ens$ der Vergiß-Funktor ist. Für das Colimesobjekt L wird nun eine Addition folgender-maßen erklärt:

Es seien α, β Elemente von L. Nach 9.3.6 besitzen sie Repräsentanten a, b auf einer Menge $T(e)$. Wir setzen

$$(4) \qquad \alpha + \beta = [e, a] + [e, b] = [e, a + b].$$

Es muß gezeigt werden, daß damit eine Addition auf L definiert ist. Sind a', b' ebenfalls Repräsentanten auf $T(e)$, so sind $(e, a + b)$ und $(e, a' + b')$ äquivalent wegen 9.3.5 und (3). Sind ferner a', b' Repräsen-tanten von α und β auf $T(e')$, so gibt es Morphismen $u\colon e \to d$, $u'\colon e' \to d$, und es sind $T(u)(a + b)$ und $T(u')(a' + b')$ äquivalent nach dem eben Bewiesenen. Die durch (4) definierte Addition ist assoziativ wegen 9.3.6, und es ist L damit eine additive Gruppe. Die für $a \in T(e)$ durch $a \mapsto [e, a]$ definierten Abbildungen sind jetzt homomorph, und aus (3) folgt leicht, daß nun ein Colimes in Ab vorliegt.

9.3.8 Dieselbe Konstruktion wie für Ab ist für filtrierende Colimites bei anderen algebraischen Strukturen möglich, wobei die algebraischen Operationen auf dem Colimesobjekt L entsprechend (4) definiert werden. Insbesondere gilt das für ${}_R Mod$, die Kategorien der Gruppen, der Ringe, der R-Algebren über einem kommutativen Ring R. Hieraus folgt noch, daß Vergiß-Funktoren zwischen solchen Kategorien filtrie-rende Colimites respektieren und entdecken. Insbesondere gilt:

Satz. *Der Vergiß-Funktor $Ab \to Ens$ respektiert und entdeckt filtrierende Colimites.*

9.3.9 Bemerkung. 9.1.2 enthält als Spezialfall einen bekannten Satz für direkte Limites im klassischen Sinn. In der pseudofiltrierenden Kategorie $\mathscr{X}$ ist eine finale Unterkategorie $\mathscr{Y}$ charakterisiert durch

(i) Zu $e \in |\mathscr{X}|$ gibt es stets einen Morphismus $e \to d$ mit $d \in |\mathscr{Y}|$.

(ii) Zu je zwei Morphismen $u_1\colon e \to d_1$, $u_2\colon e \to d_2$ in $\mathscr{X}$ mit $d_1, d_2 \in |\mathscr{Y}|$ gibt es Morphismen $p_1\colon d_1 \to d$, $p_2\colon d_2 \to d$ in $\mathscr{Y}$ mit $p_1 u_1 = p_2 u_2$.

Für eine volle Unterkategorie $\mathscr{Y}$ von $\mathscr{X}$ folgt (ii) aus (i). Das ist ins-besondere dann der Fall, wenn $\mathscr{X}$ eine vorgeordnete, nach oben ge-richtete Menge ist und die Teilmenge $\mathscr{Y}$ mit der induzierten Vorordnung betrachtet wird.

9.3.10 Bei Dualisierung filtrierender Colimites ist es üblich, die Quelle des Funktors $T\colon \mathcal{X} \to \mathcal{C}$ nicht explizit durch ihr Duales zu ersetzen und statt dessen von kontravarianten Funktoren zu sprechen, insbesondere deshalb, weil in Anwendungen häufig $\mathcal{X}$ die geordnete Menge der natürlichen Zahlen ist. Wir verstehen daher unter einem pseudofiltrierenden bzw. *filtrierenden Limes* einen Limes eines kontravarianten Funktors $T\colon \mathcal{X} \to \mathcal{C}$, wobei $\mathcal{X}$ wieder eine pseudofiltrierende bzw. filtrierende kleine Kategorie ist. Inverse oder projektive Limites im klassischen Sinn sind Spezialfälle ($\mathcal{X}$ eine geordnete nach oben gerichtete Menge).

9.4 Vertauschungssätze

9.4.1 Satz. *In Ens sind stark pseudofiltrierende Colimites mit verallgemeinerten Pullbacks vertauschbar, pseudofiltrierende Colimites mit Pullbacks.*

Beweis. Es sei $\mathcal{X}$ eine kleine, stark pseudofiltrierende Kategorie und

$$(1) \qquad \{\lambda_j\colon\ L \to R_j,\quad \eta_j\colon\ R_j \to S\}$$

ein verallgemeinertes Pullback in $[\mathcal{X}, Ens]$. Die zu den Funktoren $L, R_j, S\colon\ \mathcal{X} \to Ens$ gehörigen Colimites werden gemäß 9.3.2 konstruiert. Werden die Colimesobjekte und die von λ_j, η_j zwischen ihnen induzierten Abbildungen durch Überstreichen gekennzeichnet, so ist

$$(2) \qquad \{\bar{\lambda}_j\colon\ \bar{L} \to \bar{R}_j,\quad \bar{\eta}_j\colon\ \bar{R}_j \to \bar{S}\}$$

jedenfalls kommutativ, d. h. $\bar{\eta}_j\bar{\lambda}_j$ unabhängig von j. Es muß gezeigt werden, daß (2) sogar ein verallgemeinertes Pullback ist.

Wegen der „punktweisen" Konstruktion von Limites in $[\mathcal{X}, Ens]$ ist (1) an jeder Stelle $e \in |\mathcal{X}|$ ein verallgemeinertes Pullback in Ens, und es kann $L(e)$ wegen 9.2.2 und 7.4.4 beschrieben werden durch

$$(3) \qquad L(e) = \{\{r_j\} \mid r_j \in R_j(e),\ \eta_{j,e}(r_j)\ \text{unabhängig von } j\},$$

wobei für jeden Index k gilt $\lambda_{k,e}(\{r_j\}) = r_k$. Die Behauptung folgt, wenn gezeigt wird, daß sich die Elemente von $\bar{L}$ durch

$$(4) \qquad \{\bar{r}_j\} \mid \bar{r}_j \in \bar{R}_j,\ \bar{\eta}_j(\bar{r}_j)\ \text{unabhängig von } j$$

mit $\bar{\lambda}_k(\{\bar{r}_j\}) = \bar{r}_k$ eindeutig beschreiben lassen.

Weil $\bar{\lambda}_j$, $\bar{\eta}_j$ von λ_j, η_j induziert sind, bestimmt jedes Element $\{r_j\}$ von $L(e)$ eine Familie (4) mit $\bar{r}_j = [e, r_j]$. Sind $(e, \{r_j\})$ und $(e', \{r_j'\})$ Repräsentanten desselben Elementes von $\bar{L}$, so erhält man vermöge Morphismen $u\colon e \to d$, $u'\colon e' \to d$ in $\mathcal{X}$, daß $L(u)(\{r_j\}) = L(u')(\{r_j'\}) \in \bar{L}(d)$ ist. Weil λ_j, η_j natürliche Transformationen von Funktoren sind, ist $L(u)(\{r_j\}) = \{R_j(u)(r_j)\} = \{R_j(u')(r_j')\}$, und es folgt, daß jedes Element von $\bar{L}$ eindeutig eine Familie der Gestalt (4) bestimmt.

Sei jetzt umgekehrt die Familie (4) gegeben und (e_j, a_j) Repräsentant von $\bar{r}_j$ für jedes j. Weil $\bar{\eta}_j$ von η_j induziert wird, ist $(e_j, \eta_{j,e_j}(a_j))$ Repräsentant von $\bar{z} = \bar{\eta}_j(\bar{r}_j)$. Nach 9.3.6 gibt es $d \in |\mathcal{X}|$ mit Morphismen $u_j\colon e_j \to d$, so daß

$$(5) \qquad z = S(u_j)\,\eta_{j,e_j}(a_j) \in S(d)$$

unabhängig von j ist. Sei $r_j = R_j(u_j)(a_j) \in R_j(d)$. Weil alle η_j natürliche Transformationen von Funktoren sind, ist $\eta_{j,d}(r_j) = z$. Wegen $[d, r_j] = [e_j, a_j] \in \bar{R}_j$ folgt aus (3), daß $\{r_j\}$ ein Element von $L(d)$ ist mit $[d, r_j] = \bar{r}_j$ für alle j. Es ist also $[d, \{r_j\}]$ ein Element von $\bar{L}$, zu dem die vorgegebene Familie (4) gehört. Es muß noch gezeigt werden, daß es in $\bar{L}$ nur ein solches Element gibt.

Sei also auch $[d', \{r'_j\}]$ ein Element von $\bar{L}$ mit Repräsentanten $\{r'_j\} \in L(d')$ und $[d', r'_j] = \bar{r}_j = [d, r_j]$ für alle j. Hierbei gilt

$$[d, \eta_{j,d}(r_j)] = \bar{\eta}_j(\bar{r}_j) = [d', \eta_{j,d'}(r'_j)].$$

Nun gibt es $u\colon d \to e$, $u'\colon d' \to e$ in $\mathcal{X}$. Weil λ_j und η_j natürliche Transformationen sind, kann zur Vereinfachung der Schreibweise angenommen werden, daß $d = d' = e$ ist, so daß $[d, r_j] = [d, r'_j]$ für alle j gilt. Für jedes j gibt es nun $h_j \in |\mathcal{X}|$ mit Morphismen $u_j\colon d \to h_j$, $v_j\colon d \to h_j$, so daß $R_j(u_j)(r_j) = R_j(v_j)(r'_j)$ ist, und wegen 9.2.4 (ii) kann h_j so gewählt werden, daß $u_j = v_j$ ist. Zu dem Pinsel $\{u_j\colon d \to h_j\}$ gibt es eine kommutative Ergänzung $\{t_j\colon h_j \to h\}$. Nun gilt

$$R_j(t_j u_j)(r_j) = R_j(t_j u_j)(r'_j) \in R_j(h).$$

Weil $t_j u_j$ nicht von j abhängt, repräsentieren $[d, \{r_j\}]$, $[d, \{r'_j\}]$ und $[h, \{R_j(t_j u_j)(r_j)\}]$ dasselbe Element von $\bar{L}$, womit die erste Behauptung folgt. Die zweite ergibt sich entsprechend.

9.4.2 Theorem. *In Ens sind filtrierende Colimites (von festem Typ) mit endlichen Limites (von festem Typ) vertauschbar, ebenso stark filtrierende Colimites mit Limites.*

Colimites von Funktoren $T\colon \mathcal{X} \to \mathcal{ENS}$, wobei $\mathcal{X}$ eine stark filtrierende $\mathfrak{U}$-Kategorie ist, sind in $\mathcal{ENS}$ vertauschbar mit Limites von Diagrammen $D\colon \Sigma \to \mathcal{ENS}$, wobei Σ klein bezüglich $\mathfrak{U}$ ist.

Bemerkung. Man beachte, daß filtrierende Kategorien nach Definition nicht leer sind.

Beweis. Es sei Z terminal in *Ens*, also eine einelementige Menge. Ist $\mathcal{X}$ zusammenhängend und nicht leer, so hat der konstante Funktor $Z_{\mathcal{X}}$ nach 9.1.7 den Colimes $(Z, \{1_Z\})$. Hieraus und aus 9.4.1 folgt, daß stark filtrierende Colimites in *Ens* mit Produkten vertauschbar sind. Die Vertauschbarkeit mit beliebigen Limites folgt damit aus 9.4.1 entsprechend 7.8.8. Die erste Behauptung folgt ebenso aus 7.8.8 und 9.4.1. Die Behauptung für $\mathcal{ENS}$ folgt ebenfalls aus dem Beweis von 9.4.1.

9.4.3 Satz. *In Ab sind pseudofiltrierende Colimites mit endlichen Limites vertauschbar, stark filtrierende Colimites mit Limites.*

Beweis. Die zweite Behauptung folgt vermöge des Vergiß-Funktors $V: Ab \to Ens$ aus 7.7.9, 9.3.8 und 9.4.2, ebenso die erste für filtrierende Colimites. Wegen 9.2.7 und 9.1.8 folgt die erste Behauptung daraus, daß in Ab Coprodukte, also direkte Summen, mit endlichen Produkten und mit Kernen vertauschbar sind (vgl. auch später 14.5.5).

9.4.4 Bemerkungen. 9.4.3 überträgt sich auf $_R Mod$. Wird pseudofiltrierend durch filtrierend ersetzt, so gelten wegen 7.4.4, 7.4.5 und 9.3.8 entsprechende Aussagen für Kategorien anderer algebraischer Strukturen wie etwa Gruppen oder Ringe.

In Ens und Ab sind Pullbacks nicht mit Differenzcokernen vertauschbar. Es sei $p: \mathbf{Z}_4 \twoheadrightarrow \mathbf{Z}_2$ der einzige Epimorphismus, und es seien e, a die beiden Automorphismen von $\mathbf{Z}_4$, wobei $a^2 = e$ der identische ist. Bildet man zu $\mathbf{Z}_4 \xrightarrow{p} \mathbf{Z}_2 \xleftarrow{p} \mathbf{Z}_4$ das Pullback, so erhält man zwei natürliche Transformationen, indem man e bzw. a zugleich auf beide Exemplare $\mathbf{Z}_4$ anwendet. Übergang zu den Differenzcokernen liefert das gewünschte Gegenbeispiel in Ab. Wendet man zuvor den Vergiß-Funktor $Ab \to Ens$ an, so ergibt sich ein Gegenbeispiel in Ens.

9.4.5 Universelle Colimites. Es sei $\mathscr{C}$ eine endlich vollständige und Σ eine kleine Kategorie. Zu einem Funktor $T: \Sigma \to \mathscr{C}$ seien gegeben eine natürliche Transformation $\eta: T \to A_\Sigma$ und ein $\mathscr{C}$-Morphismus $u: B \to A$. In $[\Sigma, \mathscr{C}]$ existiert ein Pullback

$$
(6) \qquad
\begin{array}{ccc}
P & \xrightarrow{\ \xi\ } & B_\Sigma \\
{\scriptstyle \varrho}\big\downarrow & & \big\downarrow{\scriptstyle u_\Sigma} \\
T & \xrightarrow{\ \eta\ } & A_\Sigma
\end{array}
$$

Wir nehmen an, daß T den Colimes (L, λ) besitzt. η induziert einen eindeutig bestimmten Morphismus $f: L \to A$ mit

$$
(7) \qquad\qquad f_\Sigma \lambda = \eta
$$

Zu f und u existieren Pullbacks

$$
(8) \qquad
\begin{array}{ccc}
R & \xrightarrow{\ g\ } & B \\
{\scriptstyle h}\big\downarrow & & \big\downarrow{\scriptstyle u} \\
L & \xrightarrow{\ f\ } & A
\end{array}
\qquad\qquad
\begin{array}{ccc}
R_\Sigma & \xrightarrow{\ g_\Sigma\ } & B_\Sigma \\
{\scriptstyle h_\Sigma}\big\downarrow & & \big\downarrow{\scriptstyle u_\Sigma} \\
L_\Sigma & \xrightarrow[\ f_\Sigma\ ]{} & A_\Sigma
\end{array}
$$

Vermöge (7) entsteht eine natürliche Transformation $\big(\mu,\ \lambda,\ (1_B)_\Sigma,\ (1_A)_\Sigma\big)$ des Pullbacks (6) in das rechte von (8), eben weil das letzte ein Pullback ist.

Definition. Der *Colimes* (L, λ) von T heißt *universell*, wenn für jede Wahl von $A, B, u: B \to A$ und $\eta: T \to A_\Sigma$ in der soeben beschriebenen Weise ein Colimes (R, μ) von P entsteht.

Der Sachverhalt läßt sich noch anders ausdrücken. Dazu bezeichnen wir einen Morphismus $u: B \to A$ als Faserung mit Basis A und den Morphismus (hier h), der bei einem Pullback der Gestalt (8) links u gegenüber liegt, als die vom Basiswechsel vermöge f induzierte Faserung. Beachtet man, daß (6) an jeder Stelle $e \in |\Sigma|$ ein Pullback ist, so ergibt die Definition:

Universelle Colimites sind solche, die mit induzierten Faserungen vertauschbar sind.

Wegen 9.1.7 und 9.4.3 sind filtrierende Colimites in Ab universell. In *Ens* gilt darüber hinaus:

9.4.6 Theorem. *Colimites in Ens sind universell.*

Beweis. Pullback (6) wird wegen 7.5.3 an jeder Stelle $e \in |\Sigma|$ gemäß 7.8.5 beschrieben durch

$$(9) \qquad P(e) = \{(t, y) \mid \eta_e(t) = u(y)\}$$

mit den Projektionen $(t, y) \mapsto t$ und $(t, y) \mapsto y$. Für $q: e \to d$ in Σ wird $P(q)$ beschrieben durch

$$(10) \qquad (t, y) \to \big(T(q)\, t, y\big).$$

Der Colimes von P existiert, und er wird gemäß 8.4.4 beschrieben durch Äquivalenzklassen von Tripeln (e, t, y) mit $(t, y) \in P(e)$ nach der von

$$(11) \qquad (e, t, y) \sim \big(d, T(q)(t), y\big) \qquad \text{für alle } q: \ e \to d \text{ in } \Sigma$$

erzeugten Äquivalenzrelation. L besteht aus Äquivalenzklassen von Paaren (e, t) mit $t \in T(e)$ nach der von

$$(12) \qquad (e, t) \sim \big(d, T(q)(t)\big) \qquad \text{für alle } q: \ e \to d \text{ in } \Sigma$$

erzeugten Äquivalenzrelation. Dabei ist

$$(13) \qquad f[e, t] = \eta_e(t).$$

Vergleich von (11) und (12) zeigt wegen (9) und (13):

Wird das linke Pullback von (8) gemäß 7.8.5 beschrieben, so ist R das Colimesobjekt von P, und es sind h und g evidente Projektionen. Damit folgt die Behauptung für nicht-leeres Σ. Für leeres Σ folgt sie daraus, daß in (8) für $L = \emptyset$ auch $R = \emptyset$ ist.

9.4.7 Bemerkungen. 9.4.6 gilt nicht in Ab, endliche Coprodukte in Ab sind nicht universell.

Bei Pullbacks wie in (8) links schreibt man häufig $R = L \sqcap_A B$, wobei man unterstellt, daß Klarheit über die beteiligten Morphismen besteht. 9.4.6 läßt sich dann so ausdrücken

$$(\text{Colim } T) \sqcap_A B = \text{Colim } (T(e) \sqcap_A B).$$

Eine entsprechende Notation $Q = B \sqcup_A C$ verwendet man bei Pushouts.

9.4.8 Satz. *In Ens sind Differenzkerne mit Coprodukten vertauschbar.*

Das folgt daraus, daß Coprodukte disjunkte Vereinigungen und Differenzkerne Inklusionen von Koinzidenzmengen sind. Entsprechendes gilt für *cat* und *Top*.

10. Mengenwertige Funktoren

10.1 Erbschaft der Zielkategorie

10.1.1 Als Gedächtnishilfe und heuristisches Prinzip läßt sich angeben, daß sich „schöne" Eigenschaften einer Kategorie $\mathscr{C}$ auf die Funktorkategorien $[\mathscr{D}, \mathscr{C}]$ vererben. Hat beispielsweise $\mathscr{C}$ ein initiales, ein terminales oder ein Null-Objekt, so gilt dasselbe für $[\mathscr{D}, \mathscr{C}]$, wie die entsprechenden konstanten Funktoren zeigen. Ist $\mathscr{C}$ additiv, so ist auch $[\mathscr{D}, \mathscr{C}]$ additiv, wenn man für Funktoren $S, T: \mathscr{D} \to \mathscr{C}$ die Addition natürlicher Transformationen $\xi, \eta: S \to T$ „punktweise" bezüglich $\mathscr{D}$ erklärt, d. h. $(\xi + \eta)_A = \xi_A + \eta_A$ für jedes $A \in |\mathscr{D}|$. 7.5.2, 7.5.3 und 8.5.1 besagen, daß $[\mathscr{D}, \mathscr{C}]$ die Existenz von Limites und Colimites (bestimmten Typs oder allgemein) von $\mathscr{C}$ erbt. Die dabei benutzte „punktweise" Konstruktion hat weitere Erbschaften zur Folge.

10.1.2 Satz. *$\mathscr{C}$ sei endlich vollständig und besitze filtrierende Colimites. Sind in $\mathscr{C}$ endliche Limites mit filtrierenden Colimites vertauschbar, so ist das auch in $[\mathscr{D}, \mathscr{C}]$ der Fall.*

Beweis. Wegen 7.8.8 und 9.1.7 genügt es zu zeigen, daß Pullbacks mit filtrierenden Colimites vertauschbar sind. Sei

(1)
$$\begin{array}{ccc} P & \xrightarrow{\xi} & R \\ {\scriptstyle \mu}\downarrow & & \downarrow{\scriptstyle \nu} \\ T & \xrightarrow{\eta} & S \end{array}$$

ein Pullback in $[\mathscr{X}, [\mathscr{D}, \mathscr{C}]]$, wobei $\mathscr{X}$ klein und filtrierend ist. Es sei $(\bar{P}, \pi)$ Colimes von P, entsprechend $(\bar{T}, \tau), (\bar{R}, \varrho), (\bar{S}, \sigma)$ für T, R, S. Nach Definition der Colimites entsteht ein kommutatives Quadrat in $[\mathscr{D}, \mathscr{C}]$

$$(2) \qquad \begin{array}{ccc} \bar{P} & \overset{\bar{\xi}}{\longrightarrow} & \bar{R} \\ {\scriptstyle\bar{\mu}}\downarrow & & \downarrow{\scriptstyle\bar{\nu}} \\ \bar{T} & \underset{\bar{\eta}}{\longrightarrow} & \bar{S} \end{array}$$

wobei $\bar{\mu}$, $\bar{\xi}$, $\bar{\eta}$, $\bar{\nu}$ von den entsprechenden natürlichen Transformationen für Funktoren $\mathscr{X} \to [\mathscr{D}, \mathscr{C}]$ in (1) herrühren. Dabei ist $(\pi, \tau, \varrho, \sigma)$ eine natürliche Transformation von (1) in dasjenige Quadrat, das aus (2) dadurch entsteht, daß überall der Index $\mathscr{X}$ angefügt wird. Ferner besteht in $[\mathscr{D}, \mathscr{C}]$ ein Pullback

$$(3) \qquad \begin{array}{ccc} M & \overset{\varkappa}{\longrightarrow} & \bar{R} \\ {\scriptstyle m}\downarrow & & \downarrow{\scriptstyle\bar{\nu}} \\ \bar{T} & \underset{\bar{\eta}}{\longrightarrow} & \bar{S} \end{array}$$

und es gibt einen eindeutig bestimmten Morphismus $j\colon \bar{P} \to M$ mit $\varkappa j = \bar{\xi}$ und $mj = \bar{\mu}$. Nun ist j eine natürliche Transformation von Funktoren $\bar{P}, M\colon \mathscr{D} \to \mathscr{C}$, und es können (2), (3) an jeder Stelle $A \in |\mathscr{D}|$ betrachtet werden. Nach Voraussetzung über $\mathscr{C}$ ist $j_A\colon \bar{P}(A) \to M(A)$ isomorph. Daher ist j ein Isomorphismus, also auch (2) ein Pullback.

Bemerkung. Es existiert offenbar ein entsprechender Satz für Limites und stark filtrierende Colimites.

10.1.3 Satz. *Es sei $\mathscr{C}$ covollständig und endlich vollständig. Sind Colimites in $\mathscr{C}$ universell, so ist dies auch in $[\mathscr{D}, \mathscr{C}]$ der Fall.*

Der Beweis von 10.1.2 gilt mit entsprechenden Modifikationen.

10.1.4 Satz. *Es sei $\mathscr{C}$ endlich vollständig. Eine natürliche Transformation $\eta\colon S \to T$ von Funktoren $\mathscr{D} \to \mathscr{C}$ ist genau dann ein Monomorphismus in $[\mathscr{D}, \mathscr{C}]$, wenn $\eta_A\colon S(A) \to T(A)$ monomorph ist für jedes $A \in |\mathscr{D}|$. Ist $\mathscr{C}$ endlich covollständig, so ist η genau dann epimorph, wenn jedes η_A es ist.*

Beweis. Es kann $\mathscr{D} \neq \emptyset$ angenommen werden. Für die erste Aussage betrachten wir ein Pullback

$$\begin{array}{ccc} R & \overset{\sigma}{\longrightarrow} & S \\ {\scriptstyle\varrho}\downarrow & & \downarrow{\scriptstyle\eta} \\ S & \underset{\eta}{\longrightarrow} & T \end{array}$$

in $[\mathscr{D}, \mathscr{C}]$. Es gibt genau eine natürliche Transformation $\tau\colon S \to R$ von Funktoren $R, S\colon \mathscr{D} \to \mathscr{C}$ mit $\sigma\tau = \varrho\tau = 1_S$. Dabei ist τ genau dann ein Isomorphismus, wenn τ_A für alle $A \in |\mathscr{D}|$ isomorph ist (2.6.7 und 3.4.3). Damit folgt die erste Behauptung aus 7.8.9, die zweite ist dual dazu.

10.1.5 Korollar. *Ist $\mathscr{C}$ endlich vollständig, endlich covollständig und ausgeglichen (d. h. jeder Bimorphismus isomorph), so ist dies auch für $[\mathscr{D}, \mathscr{C}]$ der Fall.*

10.1.6 Die Voraussetzungen von 10.1.2 bis 10.1.5 sind insbesondere für $\mathscr{C} = Ens$ erfüllt. In Ens gestattet jeder Morphismus $f\colon M \to N$ eine kanonische Zerlegung $M \overset{f'}{\twoheadrightarrow} f(M) \overset{i}{\rightarrowtail} N$, $f = if'$, wobei i die Inklusion der Bildmenge ist. f' ist epimorph. Ist

$$
\begin{array}{ccc}
M & \overset{f'}{\longrightarrow} & N \\
{\scriptstyle u}\downarrow & & \downarrow{\scriptstyle v} \\
P & \overset{g}{\longrightarrow} & Q
\end{array}
$$

kommutativ in Ens, so ergibt v durch Restriktion eine Abbildung $v'\colon f(M) \to g(P)$ mit $g'u = v'f'$ und $jv' = vi$, wenn $g = jg'$ die kanonische Zerlegung von g ist. Nach dem zuvor Gesagten folgt unmittelbar

Satz. *Jeder Morphismus $\eta\colon S \to T$ in $[\mathscr{C}, Ens]$ besitzt eine kanonische Zerlegung $\eta = \iota\pi$, wobei π epimorph und ι monomorph ist. (Vgl. auch später 12.4.10.)*

10.1.7 Satz. *In $[\mathscr{C}, Ens]$ ist jeder Epimorphismus $\eta\colon S \to H^X$ eine Retraktion.*

Beweis. Wegen 10.1.4 gibt es $a \in S(X)$ mit $\eta_X(a) = 1_X$. Nach 4.2.1 existiert $\alpha\colon H^X \to S$ mit $\alpha_X(1_X) = a$, und es ist $\eta\alpha = 1_{H^X}$.

10.1.8 Satz. *Es sei $\mathscr{C}$ eine $\mathfrak{U}$-Kategorie. Die volle Einbettung $Ens \to \mathscr{ENS}$ induziert eine volle Einbettung $i\colon [\mathscr{C}, Ens] \to [\mathscr{C}, \mathscr{ENS}]$. Diese Einbettung respektiert und entdeckt Limites und Colimites und daher auch Mono- und Epimorphismen. Ist T Objekt von $[\mathscr{C}, Ens]$ und $\eta\colon S \to i(T)$ ein Monomorphismus in $[\mathscr{C}, \mathscr{ENS}]$, so gibt es einen Monomorphismus $\mu\colon R \to T$ in $[\mathscr{C}, Ens]$ und einen Isomorphismus $\varrho\colon S \to i(R)$ mit $\eta = i(\mu)\varrho$. Entsprechend ist jeder Epimorphismus $\eta\colon i(T) \to S$ von der Form $\eta = \varrho\,i(\mu)$, wobei ϱ isomorph und μ epimorph ist. Ein Funktor $T\colon \mathscr{C} \to Ens$ ist genau dann darstellbar, wenn $iT\colon \mathscr{C} \to \mathscr{ENS}$ es ist.*

Beweis. Daß i eine volle Einbettung ist, folgt unmittelbar daraus, daß Ens volle Unterkategorie von $\mathscr{ENS}$ ist. Limites und Colimites werden respektiert wegen der „punktweisen" Konstruktion. Sie werden entdeckt, weil i völlig treu ist. Die beiden nächsten Aussagen behaupten, daß keine neuen „Unterobjekte" und „Quotienten" entstehen. Das erste folgt aus 10.1.6 mit Bildmengen, das letzte entsprechend mit Quotientenmengen, weil für jede Menge in Ens alle Quotientenmengen zu Ens gehören. Die letzte Behauptung folgt wieder daraus, daß i eine volle Einbettung ist.

10.1.9 Der additive Fall. Sind $\mathscr{C}$ und $\mathscr{D}$ additive Kategorien, so gelten 10.1.1 bis 10.1.5 entsprechend für $Add\,(\mathscr{D}, \mathscr{C})$, weil Limites und Colimites additiver Funktoren wieder additiv sind. 10.1.6 überträgt sich bei beliebigem $\mathscr{C}$ auf $[\mathscr{C}, Ab]$ und bei additivem $\mathscr{C}$ auf $Add\,(\mathscr{C}, Ab)$ Auf $Add\,(\mathscr{C}, Ab)$ überträgt sich auch 10.1.7. Entsprechend überträgt sich 10.1.8 auf die Einbettungen, die von der Inklusion $Ab \to \mathscr{A}\mathscr{B}$ herrühren. 10.1.8 bedeutet, grob gesagt, daß die in der Wahl von Universen liegende Willkür keinen Einfluß auf die Resultate hat.

10.2 Die Yoneda-Einbettung $H_* : \mathscr{C} \to [\mathscr{C}^o, Ens]$

10.2.1 Satz. *Es sei $\mathscr{C}$ eine kleine Kategorie. Jeder Funktor $T: \mathscr{C} \to Ens$ ist in $[\mathscr{C}, Ens]$ Colimes von darstellbaren Funktoren, genauer Colimesobjekt eines Funktors $F: \Sigma \to [\mathscr{C}, Ens]$, bei dem Σ eine kleine Kategorie ist und jedes Objekt von Σ in einen kovarianten Hom-Funktor (der Gestalt H^A mit $A \in |\mathscr{C}|$) übergeht. Ist $\mathscr{C}$ nicht klein, so gilt die entsprechende Aussage mit einer Kategorie Σ.*

Beweis. Ist T der konstante Funktor $\emptyset_{\mathscr{C}}$, so ist T initial in $[\mathscr{C}, Ens]$ und Colimes des trivialen Funktors F, bei dem Σ die leere Kategorie ist. Sei nun $T \neq \emptyset_{\mathscr{C}}$.

Es sei Σ die folgende Kategorie: Objekte sind natürliche Transformationen $\alpha: H^A \to T$ für $A \in |\mathscr{C}|$, Morphismen von $\beta: H^B \to T$ nach $\alpha: H^A \to T$ sind Tripel (β, α, f) mit $f: A \to B$ in $\mathscr{C}$ und $\beta = \alpha H^f$.

$$(1) \qquad
\begin{array}{c}
H^B \\
{\scriptstyle H^f}\Big\downarrow \;\searrow^{\beta} \\
\nearrow_{\alpha}\; T \\
H^A
\end{array}
\qquad f: A \to B$$

$F: \Sigma \to [\mathscr{C}, Ens]$ bilde $\alpha: H^A \to T$ in H^A und (β, α, f) in H^f ab. (1) ergibt eine natürliche Transformation $\lambda: F \to T_\Sigma$ mit $\lambda_\alpha = \alpha$. Sei nun $R: \mathscr{C} \to Ens$ ein beliebiger Funktor und $\psi: F \to R_\Sigma$ eine natürliche Transformation für Funktoren $\Sigma \to [\mathscr{C}, Ens]$. ψ_α ist ein $[\mathscr{C}, Ens]$-Morphismus $F(\alpha) \to R$, also eine natürliche Transformation $\alpha':$ $H^A \to R$. Hat β' die entsprechende Bedeutung für β, so ist

$$(2) \qquad
\begin{array}{c}
H^B \\
{\scriptstyle H^f}\Big\downarrow \;\searrow^{\beta'} \\
\nearrow_{\alpha'}\; R \\
H^A
\end{array}$$

kommutativ, vgl. 8.1.1 (1). Die Yoneda-Abbildung Y von 4.2.1 bewirkt nun eine Abbildung

$$(3) \quad \sigma_A: T(A) \to R(A) \quad \text{vermöge} \quad a \mapsto (Y^{-1}(a) = \alpha) \mapsto \alpha' \mapsto Y(\alpha').$$

Nach Theorem 4.2.4 besteht der Isomorphismus $Y: [H^?, T] \to T(?)$ und (1) besagt, daß $T(f)[Y(\alpha)] = Y(\beta)$ ist (vgl. 4.2.4 (7)). Aus (2) folgt entsprechend $R(f)[Y(\alpha')] = Y(\beta')$. Damit ergibt (3), daß $\{\sigma_A\}$ eine natürliche Transformation $\sigma\colon T \to R$ ist. Für beliebiges $\alpha\colon H^A \to T$ gilt $\sigma\alpha = \alpha'$ wegen (3) und 4.2 (2). Umgekehrt folgt hieraus (3), also ist σ eindeutig bestimmt und (T, λ) Colimes von F.

Sei nun $\mathscr{C}$ klein. Dann ist $|\Sigma|$ die Vereinigung der disjunkten Mengen $[H^A, T]$ für $A \in |\mathscr{C}|$ und damit $\mathfrak{U}$-Menge. Damit folgt, daß die Morphismen von β nach α eine $\mathfrak{U}$-Menge bilden, und diese Mengen sind paarweise disjunkt. Ist $\mathscr{C}$ nicht klein, so ist Σ vermöge der Yoneda-Abbildung Y isomorph zu einer $\mathfrak{U}$-Kategorie. Y bewirkt nämlich Bijektionen

$$(4) \qquad \{\alpha\,|\,\alpha\colon H^A \to T,\ A \in |\mathscr{C}|\} \twoheadrightarrow \{(A, a)\,|\,a \in T(A),\ A \in |\mathscr{C}|\},$$

$$(5) \qquad \{(\beta, \alpha, f)\,|\,\beta = \alpha H^f\} \twoheadrightarrow \{(f, T(f))\colon (A, a) \to (B, b)\,|\,b = T(f)a\}.$$

Man erkennt übrigens, daß der Satz nur ausdrückt, daß T durch die Elemente aller $T(A)$ und die Wirkung der Abbildungen $T(f)$ bestimmt ist. Die Aussage des Satzes ist nicht diese Trivialität, sondern die Beziehung zum Colimes-Begriff.

10.2.2 Korollar. *Sei $\mathscr{C}$ klein. Sind $R, T\colon \mathscr{C} \to Ens$ Funktoren, so ist $[T, R]_{[\mathscr{C},\, Ens]}$ Limesobjekt des kontravarianten Funktors $G\colon \Sigma \to Ens$, für den $G(\alpha) = R(A)$ und $G(\beta, \alpha, f) = R(f)$ ist. Hierbei haben Σ, α und β dieselbe Bedeutung wie in* (1). *Ist $\mathscr{C}$ nicht klein, so erhält man $[T, R]$ als Limes in $\mathscr{ENS}$.*

Beweis. Ist T initial und damit Σ leer, so ist $[T, R]$ einelementig, also terminal in Ens. Sei nun T nicht initial. Nach 10.2.1 und 8.7.3 ist $[T, R]$ Limesobjekt des kontravarianten Funktors $[F(?), R]\colon \Sigma \to Ens$, und vermöge der Yoneda-Abbildung 4.2.4 ist $[F(?), R]$ isomorph zu $R(F(?)) = G$.

10.2.3 Bemerkung. Die in 10.2.1 und 10.2.2 benutzte Kategorie Σ läßt sich folgendermaßen beschreiben: Man betrachtet in $[\mathscr{C}, Ens]$ die Kategorie der „Objekte vor T" gemäß 6.5.3 und in ihr diejenige Unterkategorie, die sich vermöge der Yoneda-Einbettung $H^*\colon \mathscr{C}^\circ \to [\mathscr{C}, Ens]$ von 4.2.2 ergibt. Wir bezeichnen diese Kategorie Σ in Zukunft mit $\mathscr{C}^\circ/_T$.

10.2.4 Die kontravarianten Funktoren $\mathscr{C} \to Ens$ „sind" die kovarianten $\mathscr{C}^\circ \to Ens$. Ersetzt man in 10.2.1 und 10.2.2 $\mathscr{C}$ durch $\mathscr{C}^\circ$, so erhält man nach den Bemerkungen in 8.7.1 entsprechende Aussagen für kontravariante Funktoren $\mathscr{C} \to Ens$, wobei nur H^A, H^f durch H_A, H_f und $\beta = \alpha H^f$ durch $\alpha = \beta H_f$ zu ersetzen sind. Man beachte, daß dann bei 10.2.1 wieder ein Colimes, bei 10.2.2 wieder ein Limes vorliegt.

10.2.5 Theorem. *Die Yoneda-Einbettung $H_*\colon \mathscr{C} \to [\mathscr{C}^\circ, Ens]$ respektiert Limites.*

Beweis. Sei zunächst Z terminal in $\mathscr{C}$. Für jedes $A \in |\mathscr{C}|$ ist dann $H_Z(A) = [A, Z]$ einelementig. Hieraus folgt, daß H_Z terminal in

$[\mathscr{C}^o, Ens]$ ist. Sei nun $T: \Sigma \to \mathscr{C}$ ein nicht-leeres Diagramm. Wegen der Vollständigkeit von $[\mathscr{C}^o, Ens]$ besitzt $H_* T: \Sigma \to [\mathscr{C}^o, Ens]$ einen Limes. Dieser wird „punktweise" konstruiert. Nun ist $H_* T = [?, T(??)]_\mathscr{C}$ mit ? aus $\mathscr{C}$ und ?? aus Σ. An der „Stelle" $A \in |\mathscr{C}|$ ergibt sich $H^A T$, und wegen 7.7.1 erhält man als Limes $N_T(A)$ mit evidenten Projektionen. Es folgt, daß $N_T(?)$ Limesobjekt von $H_* T$ ist. Ein Limes (L, λ) von T in $\mathscr{C}$ ist wegen 7.1.4 der Isomorphismus $\varrho: H_L \to N_T$ mit $\varrho_L(1_L) = \lambda$, was die Behauptung ergibt.

10.2.6 Anmerkung. H_* entdeckt Limites und Colimites, weil H_* völlig treu ist. Jedoch respektiert H_* im allgemeinen nicht Colimites. Dies folgt noch nicht aus 10.2.1 bis 10.2.3, weil entweder $\mathscr{C}$ klein und damit im allgemeinen nicht covollständig ist oder aber Colimites bezüglich einer nicht kleinen Kategorie gebildet werden.

Es sei $\mathscr{C} = Ab$, $A = B = \mathbf{Z}$, $C = \mathbf{Z}_2$, $m: A \to B$ die Multiplikation mit 2 und $c: B \to C$ der Cokern von m. Die Einbettung $H_*: Ab \to [Ab^o, Ens]$ liefert folgendes Diagramm:

$$[?, \mathbf{Z}]_{Ab} \underset{[?, 0]}{\overset{[?, m]}{\rightrightarrows}} [?, \mathbf{Z}]_{Ab}.$$

Der Colimes an der Stelle $\mathbf{Z}_2$ ist die einelementige Menge $[\mathbf{Z}_2, \mathbf{Z}]$ (mit ihrer identischen Abbildung). Dagegen hat $[\mathbf{Z}_2, \mathbf{Z}_2]$ zwei Elemente. Es ist also $[?, \mathbf{Z}_2]$ nicht Colimes.

Es wird sich später (17.3.2) ergeben, daß H_* die in $\mathscr{C}$ vorhandenen Colimites vergißt.

10.2.7 Der additive Fall. Ist $\mathscr{C}$ eine additive Kategorie, so gilt 10.2.5 entsprechend für $Add(\mathscr{C}, Ab)$ und $[\mathscr{C}, Ab]$. Beim Beweis wird die additive Variante von 7.7.1 gemäß 7.7.8 benutzt. 10.2.1 und 10.2.2 gelten nicht für $[\mathscr{C}, Ab]$, weil Colimites additiver Funktoren stets additiv sind (8.5.3). Im Beweis macht sich das dadurch bemerkbar, daß die Yoneda-Abbildung nicht für $[\mathscr{C}, Ab]$ zur Verfügung steht. Für $Add(\mathscr{C}, Ab)$ gelten 10.2.1 und 10.2.2 im allgemeinen nur dann, wenn $\mathscr{C}$ endliche Produkte besitzt. Damit kann (vgl. später 12.2.6 und 17.2.10) geschlossen werden, daß σ_A in (3) homomorph ist. Andernfalls braucht das nicht zuzutreffen. Besitzt $\mathscr{C}$ als einziges Objekt die additive Gruppe $\mathbf{Z}$ der ganzen Zahlen und als Morphismen die Endomorphismen von $\mathbf{Z}$, so ist $Add(\mathscr{C}, Ab)$ isomorph zu Ab, und es gilt 10.2.1 beispielsweise nicht für den Funktor, der dem einzigen Objekt von $\mathscr{C}$ die Gruppe $\mathbf{Z} \times \mathbf{Z}$ in Ab zuordnet. Man erhält als Colimes gemäß 8.2.4 und 8.3.2 vielmehr eine direkte Summe (Coprodukt) von abzählbar vielen Summanden $\mathbf{Z}$.

10.3 Der allgemeine Darstellungssatz

10.3.1 Definition. Ein Funktor $T: \mathscr{C} \to Ens$ heißt *eigentlich*, wenn es in $\mathscr{C}$ eine Menge $\mathfrak{D}$ von Objekten mit der folgenden Eigenschaft gibt:

Ist X ein beliebiges Objekt von $\mathscr{C}$ und $x \in T(X)$, so gibt es für ein geeignetes Objekt D in $\mathfrak{D}$ ein $d \in T(D)$ und einen Morphismus $f\colon D \to X$ mit $x = T(f)d$.

$\mathfrak{D}$ heißt dann *dominierende Menge* für T. Die Definition gilt entsprechend für additive Kategorien und additive Funktoren mit Werten in *Ab*.

10.3.2 Die Definition gestattet eine „funktorielle" Formulierung. Zu einem Funktor $T\colon \mathscr{C} \to Ens$ und einer beliebigen Menge $\mathfrak{D}$ von Objekten aus $\mathscr{C}$ sei $\mathfrak{D}(T)$ die Menge aller Paare (D, δ), die aus einem $D \in \mathfrak{D}$ und einer natürlichen Transformation $\delta\colon H^D \to T$ bestehen. Ferner sei $a\colon \mathfrak{D}(T) \to [\mathscr{C}, Ens]$ die Abbildung $(D, \delta) \mapsto H^D$, also $a(D, \delta) = H^D$. Es besteht der kanonische Morphismus

$$\psi(\mathfrak{D}, T)\colon \coprod_{\mathfrak{D}(T)} a(D, \delta) \to T$$

mit $\psi(\mathfrak{D}, T)i_{(D, \delta)} = \delta\colon H^D \to T$. (Ist $\mathfrak{D}(T)$ leer, so ist unter dem Coprodukt natürlich der initiale Funktor zu verstehen.) Nun gilt:

Satz. $T\colon \mathscr{C} \to Ens$ *ist genau dann eigentlich mit dominierender Menge* $\mathfrak{D}$, *wenn* $\psi(\mathfrak{D}, T)$ *epimorph ist.*

Beweis. Der Morphismus $\psi(\mathfrak{D}, T)$ ist wegen 10.1.4 (mit $[\mathscr{C}, Ens]$ statt $[\mathscr{D}, \mathscr{C}]$) genau dann epimorph, wenn er es an jeder Stelle $X \in |\mathscr{C}|$ ist, d. h. wenn es zu jedem $x \in T(X)$ ein $(D, \delta) \in \mathfrak{D}(T)$ und ein $f \in \in H^D(X) = [D, X)_{\mathscr{C}}$ gibt mit $\delta_X(f) = x$. Wegen des Yoneda-Lemmas 4.2.1 (2) ist das gerade die Bedingung der Definition.

10.3.3 Beispiele. Ist T darstellbar mit darstellendem Objekt A, so ist T eigentlich mit dominierender Menge $\{A\}$.

Ist $\mathscr{C}$ klein, so ist jeder Funktor $\mathscr{C} \to Ens$ eigentlich.

Ein etwas weniger naheliegendes Beispiel bildet man wie folgt: Man ordnet jeder Gruppe die ihrer Kommutatorgruppe zugrunde liegende Menge zu und erhält so einen mengenwertigen Funktor K auf der Kategorie der Gruppen. K ist eigentlich mit dominierender Menge $\{F_n \mid n \geq 1\}$, wobei mit F_n eine freie Gruppe vom Rang n bezeichnet ist.

10.3.4 Es sei $\mathscr{C}$ eine nicht-leere Kategorie. Für $A \in |\mathscr{C}|$ respektiert $H^A\colon \mathscr{C} \to Ens$ alle in $\mathscr{C}$ vorhandenen Limites nach 7.7.4. Die Yoneda-Einbettung $H^*\colon \mathscr{C}^0 \to [\mathscr{C}, Ens]$ induziert daher eine volle Einbettung $H^*_{\mathfrak{R}}\colon \mathscr{C}^0 \to \mathfrak{R}[\mathscr{C}, Ens]$, wobei $\mathfrak{R}[\mathscr{C}, Ens]$ die Bedeutung von 7.6.5 hat, und es ist H^* das Kompositum von $H^*_{\mathfrak{R}}$ und der Inklusion

$$\mathfrak{R}[\mathscr{C}, Ens] \subset [\mathscr{C}, Ens].$$

Aus 7.6.5 und 10.2.5 folgt unmittelbar, daß $H^*_{\mathfrak{R}}$ die in $\mathscr{C}^0$ vorhandenen Limites respektiert.

10.3.5 Satz. *Mit den vorangehenden Bezeichnungen gilt: Colimites in $\mathscr{C}^0$ von Diagrammen, deren Typ dual zu einem der Klasse $\mathfrak{R}$ ist, werden von*

$H_{\mathfrak{H}}^*$: $\mathscr{C}^0 \to \mathfrak{R}[\mathscr{C}, Ens]$ respektiert, insbesondere respektiert $H_{\mathscr{L}}^*$: $\mathscr{C}^0 \to \mathscr{L}[\mathscr{C}, Ens]$ Colimites, H_l^*: $\mathscr{C}^0 \to l[\mathscr{C}, Ens]$ endliche Colimites, H_π^*: $\mathscr{C}^0 \to_\pi[\mathscr{C}, Ens]$ endliche Coprodukte.

Beweis. Sei Σ ein Diagrammschema aus $\mathfrak{R}$ und $D: \Sigma \to \mathscr{C}$ ein Diagramm, das einen Limes (L, λ) in $\mathscr{C}$ hat. Damit ist gleichwertig, daß $(\mathrm{Op}(L), \mathrm{Op}\,\lambda)$ Colimes von $\mathrm{Op}\,D\,\mathrm{Op}: \Sigma^0 \to \mathscr{C}^0$ ist. Für einen beliebigen Funktor $T: \mathscr{C} \to Ens$ gilt wegen Theorem 4.2.4 $[H^*\mathrm{Op}D, T] \cong TD:$ $\Sigma \to Ens$. Für $T \epsilon |\mathfrak{R}[\mathscr{C}, Ens]|$ ist $(T(L), T\lambda)$ Limes von TD und damit $([H^L, T], [H^\lambda, T])$ Limes von $[H^*\mathrm{Op}D, T]$ wieder nach 4.2.4. $H^*\mathrm{Op}D$ kann als kontravariantes Diagramm $H_{\mathfrak{H}}^*\mathrm{Op}D: \Sigma \to \mathfrak{R}[\mathscr{C}, Ens]$ aufgefaßt werden. Wegen 8.7.5 ist (H^L, H^λ) in $\mathfrak{R}[\mathscr{C}, Ens]$ Colimes des Diagramms $H_{\mathfrak{H}}^*\mathrm{Op}D\,\mathrm{Op}$, was die Behauptung ergibt.

10.3.6 Bemerkung. Die Inklusion $\mathscr{L}[\mathscr{C}, Ens] \subset [\mathscr{C}, Ens]$ respektiert Limites nach 7.6.4, dagegen Colimites im allgemeinen nicht (vgl. 10.2.6). Der vorangehende Beweis ergibt zusammen mit 8.7.5, daß $\mathscr{L}[\mathscr{C}, Ens]$ die größte volle Unterkategorie von $[\mathscr{C}, Ens]$ ist, für die H^* eine Colimites respektierende Einbettung induziert.

10.3.7 Korollar. *Ist $\mathscr{C}$ endlich vollständig und respektiert $T: \mathscr{C} \to Ens$ endliche Limites, so ist $\mathscr{C}^0/_T$ in 10.2.3 filtrierend.*

Beweis. $\mathscr{C}^0/_T$ kann hier in $l(\mathscr{C})$ gebildet werden. Wegen 10.3.5 folgen daher die Bedingungen (i), (ii), (iii) von 9.2.4 der Reihe nach aus der Existenz von Pullbacks, Differenzkernen und endlichen Produkten in $\mathscr{C}$. Außerdem ist $T \neq \Phi_{\mathscr{C}}$, weil T terminale Objekte respektiert, und daher ist $\mathscr{C}^0/_T \neq \Phi$.

10.3.8 Satz. *$\mathscr{C}$ sei endlich vollständig, $T: \mathscr{C} \to Ens$ respektiere endliche Limites. T ist genau dann eigentlich, wenn T Colimes-Objekt eines (kleinen) Diagramms darstellbarer Funktoren in $[\mathscr{C}, Ens]$ ist.*

Beweis. Sei T eigentlich mit dominierender Menge $\mathfrak{D}$. Mit $\mathfrak{D}/T$ bezeichnen wir die volle Unterkategorie von $\mathscr{C}^0/_T$, deren Objekte die natürlichen Transformationen $\delta: H^D \to T$ für $D \epsilon \mathfrak{D}$ sind. Nach 9.3.9, 10.3.7 und dem Yoneda-Lemma 4.2.1 besagt die Bedingung der Definition 10.3.1, daß $\mathfrak{D}/T$ final in $\mathscr{C}^0/_T$ ist, so daß 9.1.2 zusammen mit 10.2.1 die eine Behauptung liefert.

Ist umgekehrt T Colimes-Objekt eines Diagramms darstellbarer Funktoren, so zeigt die Konstruktion von 8.4.2, daß T epimorphes Bild eines Coproduktes einer Menge darstellbarer Funktoren ist, woraus nach 10.3.2 die Eigentlichkeit von T folgt.

10.3.9 Theorem. *$\mathscr{C}$ sei eine vollständige Kategorie. Ein Funktor $T:$ $\mathscr{C} \to Ens$ ist genau dann darstellbar, wenn gilt:*

(i) *T ist eigentlich,*

(ii) *T respektiert Limites.*

Beweis. Ist A darstellendes Objekt für T, so ist $\{A\}$ dominierende Menge für T, und T respektiert Limites nach 7.7.4.

Gelten umgekehrt (i), (ii) für T, so ist T nicht der initiale Funktor $\emptyset_\mathscr{C}$, weil $\mathscr{C}$ ein terminales Objekt besitzt und T Limites respektiert. Nach 10.3.8 ist T Colimes-Objekt eines Diagramms $D\colon \Sigma \to [\mathscr{C}, Ens]$, so daß jedes $D(e)$ für $e \in |\Sigma|$ die Form H^A für geeignetes $A \in |\mathscr{C}|$ hat. Daher besteht ein zugehöriges kontravariantes Diagramm $D'\colon \Sigma \to \mathscr{C}$, das wegen der Vollständigkeit von $\mathscr{C}$ einen Limes (L, λ) hat. Nach 10.3.5 hat $H^*_\mathscr{C}\mathrm{Op}\,D'$ den Colimes $(H^L, \{H^{\lambda_e}\})$. Weil T in $\mathscr{L}[\mathscr{C}, Ens]$ liegt, $H^*_\mathscr{C}\mathrm{Op}\,D'$ vermöge $\mathscr{L}[\mathscr{C}, Ens] \subset [\mathscr{C}, Ens]$ in D übergeht und diese volle Einbettung Colimites entdeckt (8.7.6), sind H^L und T isomorph.

10.3.10 Für additive Kategorien $\mathscr{C}$ und additive Funktoren $\mathscr{C} \to Ab$ gilt das Vorangehende entsprechend, insbesondere 10.3.9. Die für 10.3.8 benötigte additive Version von 10.2.1 kann man wegen 10.3.7 hier auch aus 9.3.8 und der „punktweisen" Konstruktion von Colimites in Funktorkategorien erhalten. Die additive Version von 10.3.9 folgt unmittelbar aus 4.4.10 und 7.7.9.

10.3.11 Die Bedingung, daß T eigentlich ist, ist in 10.3.9 wesentlich. Sei $\mathscr{C}$ die geordnete Klasse der Kardinalzahlen in $\mathfrak{U}$. $\mathscr{C}^0$ ist vollständig (vgl. 14.1). Ein terminaler Funktor $\mathscr{C}^0 \to Ens$ respektiert Limites und ist nicht darstellbar, weil $\mathscr{C}$ kein terminales Objekt besitzt. Siehe jedoch unten 10.6.5.

Sei $\mathscr{C}$ eine beliebige Kategorie. Der Funktor F in 10.2.1 hat die Form H^*F' mit $F'\colon \Sigma \to \mathscr{C}^0$. Nun gilt: T ist genau dann darstellbar, wenn $\mathrm{Op}\,F'\,\mathrm{Op}$ einen Limes besitzt und T diesen Limes respektiert. Das folgt durch Verallgemeinerung von 7.6.5 und 10.3.5.

10.4 Projektive und injektive Objekte

10.4.1 Definition. Ein Objekt P der Kategorie $\mathscr{C}$ heißt *projektiv*, wenn H^P Epimorphismen respektiert. Gleichwertig damit ist: Für jedes Diagramm

$$
(1) \qquad
\begin{array}{ccc}
 & & P \\
 & & \downarrow{\scriptstyle g} \\
A & \xrightarrow{f} & B
\end{array}
$$

mit epimorphem f gibt es mindestens einen Morphismus $h\colon P \to A$ mit $fh = g$.

10.4.2 Beispiele. In Ens und Ens_* ist jedes Objekt projektiv, in Top und Top_* jeder diskrete Raum, in Ab jede freie additive Gruppe, in $_R Mod$ jeder freie Modul. In der Kategorie der Gruppen ist jede freie Gruppe projektiv. Jedes initiale Objekt ist trivialerweise projektiv.

Für $A \in |\mathscr{C}|$ ist H^A projektiv in $[\mathscr{C}, Ens]$. Es gilt sogar (vgl. das Duale zu 7.8.9):

10.4.3 Satz. *Ist $F\colon \mathscr{C} \to Ens$ darstellbar, so respektiert $H^F = [F,?]_{[\mathscr{C},\,Ens]}\colon$ $[\mathscr{C}, Ens] \to \mathscr{ENS}$ Colimites bezüglich $\mathfrak{U}$.*

Beweis. Ist $D: \Sigma \to [\mathscr{C}, Ens]$ ein Diagramm und $A \in |\mathscr{C}|$, so besteht nach 4.2.4 der Yoneda-Isomorphismus

$$H^{H^A}D = [H^A, D(?)]_{[\mathscr{C}, Ens]} \cong D(?)(A).$$

Das bedeutet, daß D an der „Stelle A" betrachtet wird, und aus der punktweisen Konstruktion von Colimites in Funktorkategorien folgt die Behauptung für $F = H^A$ und damit allgemein.

Man beachte, daß H^F für darstellbares F zu einem Funktor $[\mathscr{C}, Ens] \to Ens$ isomorph ist.

Der Satz gilt entsprechend für $Add(\mathscr{C}, Ab)$, wenn $\mathscr{C}$ additiv ist.

10.4.4 Satz. *Jedes Coprodukt projektiver Objekte ist projektiv. Jeder Retrakt eines projektiven Objektes ist projektiv.*

Beweis. Das erste folgt unmittelbar aus der Definition für Coprodukte. Ist $r: U \to P$ eine Retraktion, so gibt es $i: P \to U$ mit $ri = 1_P$. Liegt die Situation von (1) vor und ist U projektiv, so gibt es $k: U \to A$ mit $fk = gr$, und es ist $fki = gri = g$, also P projektiv.

10.4.5 Bemerkung. Wir verstehen hier und im folgenden unter Coprodukten und Produkten jeweils entsprechende Colimes- bzw. Limesobjekte. Wie bisher ist ein initiales bzw. terminales Objekt (falls vorhanden) als Coprodukt bzw. Produkt mit leerer Indexmenge aufzufassen.

10.4.6 Satz. *Ist $j: A \to P$ epimorph und P projektiv, so ist j eine Retraktion. Besitzt die Kategorie $\mathscr{C}$ ein Nullobjekt, so ist das Coprodukt $P = \coprod P_e$ nur dann projektiv, wenn jedes P_e projektiv ist.*

Beweis. Die erste Aussage folgt aus (1) mit $f = j$ und $g = 1_P$, die zweite wegen 10.4.4 daraus, daß die Injektionen für ein Coprodukt hier Coretraktionen sind (7.3.4 dual), die P_c also Retrakte von P sind.

10.4.7 Definition. Eine Kategorie $\mathscr{C}$ besitzt (genügend viele) Projektive, wenn jedes Objekt Quotient eines projektiven ist, d. h. wenn es zu $A \in |\mathscr{C}|$ stets einen Epimorphismus $P \twoheadrightarrow A$ mit einem projektiven P gibt.

Die Kategorien Ab, $_R Mod$ und die Kategorie der Gruppen besitzen Projektive (Ens und Top trivialerweise). In Ab sind die Projektiven genau die freien additiven Gruppen, in der Kategorie der Gruppen genau die freien Gruppen. In beiden Fällen ist jede Gruppe Quotient einer freien, eine projektive ist wegen 10.4.6 isomorph zu einer Untergruppe einer freien und damit selbst frei. Ist R kein Hauptidealring, so sind in $_R Mod$ projektive Objekte nicht notwendig freie Moduln. In der Kategorie der Ringe ist der Polynomring $\mathbf{Z}[x]$ frei über x, aber nicht projektiv, wie der Epimorphismus $\mathbf{Z} \subset \mathbf{Q}$ zeigt.

10.4.1⁰ Definition. Ein Objekt Q der Kategorie $\mathscr{C}$ heißt *injektiv*, wenn es projektiv in $\mathscr{C}^0$ ist, wenn also $[?, Q]_{\mathscr{C}}$ Monomorphismen in Epimorphismen überführt oder gleichwertig: Für jedes Diagramm

$$F \overset{f}{\rightarrowtail} A$$
$$\searrow^{g}$$
$$Q$$

mit monomorphem f gibt es $h\colon A \to Q$ mit $hf = g$.

10.4.2°   In *Ens* und *Ens*$_*$ ist jedes nicht-leere Objekt injektiv, in *Top* und *Top*$_*$ jeder nicht-leere Raum mit gröbster Topologie. In der vollen Unterkategorie von *Top*, deren Objekte die kompakten Räume sind, ist das Einheitsintervall injektiv (wegen des Fortsetzungssatzes von Tietze-Urysohn).

In *Ab* sind die additive Gruppe Q der rationalen Zahlen und die Faktorgruppe Q/Z injektiv, ebenso R (reelle Zahlen) und R/Z. *Ab* besitzt (genügend viele) Injektive, jede additive Gruppe ist in eine injektive einbettbar. Für beliebiges R besitzt $_R Mod$ Injektive (siehe 15.3.5). 10.4.4 und 10.4.6 können dualisiert werden.

10.5 Generatoren und Cogeneratoren

10.5.1   Definition.   Eine Menge $\mathfrak{G}$ von Objekten der Kategorie $\mathscr{C}$ heißt *Generatormenge* (*erzeugend*), wenn es für jedes Paar verschiedener Morphismen $f, g\colon A \to B$ mit gleicher Quelle und gleichem Ziel einen Morphismus $h\colon G \to A$ mit $fh \neq gh$ und $G \in \mathfrak{G}$ gibt. Ein Objekt G heißt *Generator*, wenn es allein eine Generatormenge bildet. Damit ist gleichwertig, daß H^G treu ist, also $H^G\colon \mathscr{C} \to Ens$ bzw. $H^G\colon \mathscr{C} \to Ab$ für additives $\mathscr{C}$, eine Einbettung ist.

Bemerkungen.   Die Definition ist gegenstandslos, wenn $\mathscr{C}$ eine vorgeordnete Klasse ist. Hier ist jede Menge von Objekten, auch die leere, erzeugend.

Statt „erzeugend" wäre die Bezeichnung „coseparierend" besser. Sie entspricht erstens dem Sachverhalt, daß verschiedene Elemente von $[A, B]$ als verschieden erkennbar bleiben, und zweitens einer systematischen Benutzung der Vorsilbe „co" bei Objekten, die als kontravariantes Argument des Hom-Funktors auftreten. Von Grothendieck stammt eine andere Definition für Generator, die jedoch in den meisten Anwendungen mit der hier angegebenen zusammenfällt.

10.5.2   Beispiele.   In *Ens* ist jede nicht-leere Menge ein Generator, in *Top* jeder diskrete nicht-leere Raum. In *Ab* ist Z, in $_R Mod$ ist $_R R$ (R als R-Linksmodul) ein Generator. In der Kategorie der Gruppen ist jede freie zyklische Gruppe ein Generator, in der Kategorie der Ringe (mit 1) der Polynomring $Z[x]$. Außer $Z[x]$ sind die angegebenen Generatoren zugleich projektiv. Für eine kleine Kategorie $\mathscr{C}$ ist $|\mathscr{C}|$ Generatormenge, und die Menge aller H^A ist Generatormenge für $[\mathscr{C}, Ens]$ bzw. $Add[\mathscr{C}, Ab]$ im additiven Fall. Sind nämlich $\xi, \eta\colon T \to R$ natürliche Transformationen, so daß für jedes α: $H^A \to T$ stets $\xi\alpha = \eta\alpha$ ist, so folgt aus Theorem 4.2.4, daß $\xi = \eta$ ist. Ist $\mathscr{C}$ nicht klein, so muß für $[\mathscr{C}, Ens]$ ohnehin das Universum gewechselt werden.

10.5.3 Satz. *Ein Coprodukt von Generatoren mit nicht-leerer Indexmenge ist ein Generator. Ist $\mathfrak{G}$ eine Generatormenge und gibt es zu jedem nicht-initialem $A \in |\mathscr{C}|$ für jedes Objekt G aus $\mathfrak{G}$ einen Morphismus $G \to A$, so ist das Coprodukt über alle Objekte aus $\mathfrak{G}$ (falls es existiert) ein Generator.*

Das folgt unmittelbar aus der Definition.

10.5.4 Satz. *$\mathscr{C}$ besitze Coprodukte, also auch ein initiales Objekt. Eine Menge $\mathfrak{G}$ von Objekten ist eine Generatormenge genau dann, wenn für jedes $A \in |\mathscr{C}|$ gilt: Für*

$$(1) \qquad G_A = \coprod_{\substack{e \in \cup [G,\,A] \\ G \in \mathfrak{G}}} G_e, \qquad G_e \ \textit{die Quelle von } e,$$

ist der durch $\pi_A i_e = e$ definierte Morphismus $\pi_A: G_A \to A$ epimorph.

Die Behauptung folgt unmittelbar aus der Definition von Coprodukten und aus 10.5.1. Man beachte, daß $\cup\,[G, A]$ leer sein kann.

10.5.5 Korollar. *Eine Kategorie mit Coprodukten und einer erzeugenden Menge projektiver Objekte besitzt Projektive.*

10.5.1° Definition. Eine Menge $\mathfrak{G}$ von Objekten der Kategorie $\mathscr{C}$ heißt *Cogeneratormenge (coerzeugend)*, wenn $\mathfrak{G}$ für $\mathscr{C}^{\circ}$ eine Generatormenge ist, wenn es also für jedes Paar verschiedener Morphismen $f, g: A \to B$ einen Morphismus $h: B \to G$ mit G aus $\mathfrak{G}$ und $hf \neq hg$ gibt. Ein Objekt G heißt *Cogenerator*, wenn es allein eine Cogeneratormenge bildet. Damit ist gleichwertig, daß der kontravariante Funktor H_G treu ist, also $H_G \mathrm{Op}: \mathscr{C}^{\circ} \to Ens$ (bzw. $\to Ab$) eine Einbettung ist.

10.5.2° Beispiele. In *Ens* ist jede Menge mit mindestens zwei Elementen ein Cogenerator, in *Top* jeder Raum mit gröbster Topologie und mindestens zwei Punkten. In der vollen Unterkategorie von *Top*, deren Objekte die vollständig regulären Räume sind, ist das Einheitsintervall ein Cogenerator. In *Ab* ist $\mathbf{Q/Z}$ ein injektiver Cogenerator. $_R Mod$ besitzt stets einen injektiven Cogenerator, nämlich $[R_R, \mathbf{Q/Z}]_{Ab}$, wobei zunächst nur die additive Gruppe von R betrachtet wird und dann $[R, \mathbf{Q/Z}]$ durch die Rechtsoperation von R auf sich zum R-Linksmodul wird (siehe später 15.3.5).

10.5.3 bis 10.5.5 lassen sich dualisieren, für 10.5.4 ist $\prod G_e$ mit $e \in \cup\,[A, G]$ zu betrachten.

10.6 Lokal kleine Kategorien

10.6.1 Definition. Eine Kategorie $\mathscr{C}$ heißt *lokal klein*, wenn für jedes Objekt A die Äquivalenzklassen von Monomorphismen mit Ziel A (siehe 6.5.4 bis 6.5.8) eine Menge als vollständiges Repräsentantensystem besitzen. „Für jedes Objekt bilden die Unterobjekte eine Menge."

10.6.2 Jede kleine Kategorie ist lokal klein. *Ens, Top, Ab, $_R Mod$* sind lokal klein mit natürlicher Auswahl, ebenso die Kategorien der Gruppen und der Ringe.

10.6.3 Satz. *Eine ausgeglichene Kategorie $\mathscr{C}$ mit endlichen Durchschnitten von Monomorphismen und mit einer Generatormenge ist lokal klein.*

Beweis. Es sei $\{G_\alpha\}$ Generatormenge von $\mathscr{C}$. Es kann angenommen werden, daß $\{G_\alpha\}$ nicht-leer ist, weil sonst $\mathscr{C}$ eine vorgeordnete Klasse ist, deren Morphismen Isomorphismen sind. Für $A \in |\mathscr{C}|$ betrachten wir die Menge M aller Morphismen $G_\alpha \to A$, also $M = \bigcup [G_\alpha, A]$. Jedem Monomorphismus $m: A' \to A$ ordnen wir diejenige Untermenge $N(m)$ von M zu, die aus den über m faktorisierenden Morphismen $G_\alpha \to A$ besteht (also aus denen der Gestalt mf_α). Wir zeigen: Sind $m_1: A_1 \to A$, $m_2: A_2 \to A$ nicht-äquivalente Monomorphismen, so sind $N(m_1)$ und $N(m_2)$ verschieden. Die Behauptung des Satzes folgt hieraus. Wir betrachten den Durchschnitt

$$(1) \qquad \begin{array}{ccc} A_3 & \xrightarrow{\;n_2\;} & A_2 \\ {\scriptstyle n_1}\downarrow & & \downarrow{\scriptstyle m_2} \\ A_1 & \xrightarrow{\;m_1\;} & A \end{array}$$

(Pullback). Hierbei sind n_1 und n_2 monomorph. Sind n_1 und n_2 auch epimorph, so sind n_1 und n_2 isomorph, weil $\mathscr{C}$ ausgeglichen ist, und es sind m_1 und m_2 äquivalent. Sei etwa n_2 nicht epimorph. Dann gibt es Morphismen $u, v: A_2 \to B$ mit $u \ne v$ aber $un_2 = vn_2$. Für geeignetes G_α gibt es einen Morphismus $f: G_\alpha \to A_2$ mit $uf \ne vf$. Nun faktorisiert $m_2 f: G_\alpha \to A$ nicht über m_1, weil andernfalls f nach Definition für Pullbacks über n_2 faktorisierte, was wegen $un_2 = vn_2$ nicht möglich ist.

10.6.4 Satz. *Es sei $\mathscr{B}$ eine kleine und $\mathscr{C}$ eine endlich vollständige, lokal kleine Kategorie. Dann ist $[\mathscr{B}, \mathscr{C}]$ lokal klein. Insbesondere ist $[\mathscr{B}, Ens]$ lokal klein. Im additiven Fall gilt Entsprechendes für $Add(\mathscr{B}, \mathscr{C})$.*

Beweis. Sei $T: \mathscr{B} \to \mathscr{C}$ ein Funktor. Für jedes $A \in |\mathscr{B}|$ sei ein Repräsentantensystem $\mathfrak{M}_A$ für die Monomorphismen mit Ziel $T(A)$ ausgewählt. Ist $\eta: S \to T$ monomorph in $[\mathscr{B}, \mathscr{C}]$, so ist nach 10.1.4 $\eta_A: S(A) \to T(A)$ monomorph für jedes $A \in |\mathscr{B}|$. Es gibt daher $m_A \in \mathfrak{M}_A$ und einen Isomorphismus ϱ_A, so daß $\eta_A = m_A \varrho_A$ ist. Für $f: A \to B$ in $\mathscr{B}$ setze man $S'(f) = \varrho_B S(f)\varrho_A^{-1}$ und $S'(A)$ für die Quelle von m_A. Dann ist S' ein Funktor, $\{\varrho_A\}: S \to S'$ eine Isomorphie und $\{m_A\}:$ $S' \to T$ monomorph. $\{m_A\}$ ist eine Abbildung der Menge $|\mathscr{B}|$ in die Menge $\bigcup \mathfrak{M}_A$, womit die Behauptung folgt. Der additive Fall ergibt sich entsprechend.

10.6.5 Spezieller Darstellungssatz. *Es sei $\mathscr{C}$ eine lokal kleine, vollständige Kategorie mit einer Cogeneratormenge $\mathfrak{G}$. Ein Funktor $T:$*

$\mathscr{C} \to Ens$ *ist genau dann darstellbar, wenn er Limites respektiert. Ist $\mathscr{C}$ außerdem additiv, so gilt dasselbe für additives $T\colon \mathscr{C} \to Ab$.*

Beweis. T respektiere Limites. Wegen 10.3.9 genügt es zu zeigen, daß T eigentlich ist. Sei $\mathfrak{G} = \{G_\alpha\}$. Wir betrachten

$$(2) \qquad P = \prod_{G_\alpha} \prod_{x \in T(G_\alpha)} G_{\alpha,x} \quad \text{mit} \quad G_{\alpha,x} = G_\alpha$$

und Projektionen $pr_{\alpha,x}$, außerdem zu $A \in |\mathscr{C}|$ entsprechend dem Dualen von 10.5.4

$$(3) \qquad Q = \prod_{e \in \cup [A, G_\alpha]} G_e, \qquad G_e \text{ das Ziel von } e,$$

mit Projektionen pr_e. Durch

$$(4) \qquad pr_e \Delta = e$$

wird $\Delta\colon A \to Q$ definiert. Δ ist monomorph (10.5.4 dual). Es kann $T(A) \neq \emptyset$ angenommen werden. $a \in T(A)$ bewirkt Abbildungen $[A, G_\alpha] \to T(G_\alpha)$ für alle G_α vermöge $e \mapsto T(e)(a)$. Damit wird durch

$$(5) \qquad pr_e u = pr_{\alpha, T(e)(a)}, \qquad G_\alpha \text{ das Ziel von } e,$$

ein Morphismus $u\colon P \to Q$ definiert. In $\mathscr{C}$ besteht nun ein Pullback

$$(6) \qquad \begin{array}{ccc} M_a & \overset{m_a}{\rightarrowtail} & P \\ {\scriptstyle v_a}\downarrow & & \downarrow{\scriptstyle u} \\ A & \underset{\Delta}{\rightarrowtail} & Q \end{array}$$

Mit Δ ist auch m_a monomorph. Anwendung von T liefert ein (im allgemeinen nicht natürlich ausgewähltes) Pullback in Ens, wobei $T(P)$ und $T(Q)$ Produkte mit Projektionen $T(pr_{\alpha,x})$ bzw. $T(pr_e)$ sind. In $T(P)$ existiert ein Element y mit

$$(7) \qquad T(pr_{\alpha,x})(y) = x.$$

Für $e\colon A \to G_\alpha$ und $x = T(e)(a)$ folgt damit aus (4) und (5)

$$T(pr_e)\,T(\Delta)(a) = T(e)(a) = T(pr_{\alpha,T(e)(a)})(y) = T(pr_e)\,T(u)(y).$$

also $T(\Delta)(a) = T(u)(y)$. Vergleich mit (6) zeigt, daß es in $T(M_a)$ ein Element z_a gibt mit

$$(8) \qquad T(m_a)(z_a) = y \quad \text{und} \quad T(v_a)(z_a) = a.$$

Durch u und Δ ist (6) nur bis auf Isomorphie bestimmt, also der Monomorphismus m_a nur innerhalb seiner Äquivalenzklasse. Weil $\mathscr{C}$ lokal klein ist, ergibt sich durch Auswahl von Repräsentanten für die Äquivalenzklassen von Monomorphismen mit Ziel P eine dominierende Menge für T.

10.6.6 Bemerkungen. (a) Satz und Beweis gelten auch, wenn $\{G_a\}$ leer ist (vgl. 10.5.1). P und Q sind dann terminale Objekte.

(b) Im vorangehenden Satz ist enthalten, daß $\mathscr{C}$ unter den angegebenen Voraussetzungen ein initiales Objekt besitzt. Man betrachte dazu den konstanten Funktor $Z_\mathscr{C}$, wobei Z eine einelementige Menge ist. In 16.4.9 wird sich sogar ergeben, daß $\mathscr{C}$ auch covollständig ist.

(c) Man betrachte im Beweis von 10.6.5 diejenigen Monomorphismen $m\colon M \to P$, für die es in $T(M)$ ein Element z mit $T(m)(z) = y$ gibt. Sei $n\colon N \to P$ Durchschnitt einer Repräsentantenmenge (und damit aller) dieser Monomorphismen. Weil $T(n)\colon T(N) \to T(P)$ Durchschnitt entsprechender Monomorphismen in *Ens* ist, zeigt Vergleich mit (8), daß T von N allein dominiert wird. Hiermit ergibt sich, daß ein 10.6.5 entsprechender Satz gilt, wenn die Voraussetzung, daß $\mathscr{C}$ lokal klein sei, dadurch ersetzt wird, daß in $\mathscr{C}$ für jede Klasse von Monomorphismen mit gleichem Ziel ein Durchschnitt existiert und daß T auch solche Durchschnitte respektiert. (Für darstellbare Funktoren gilt das tatsächlich wegen 7.7.7).

(d) Ist $\varDelta$ in (4), (6) für jedes $A \in |\mathscr{C}|$ stets ein Differenzkern (vgl. 10.2.1, 10.5.2 und später 17.2.1 für den dualen Fall), so kann in 10.6.5 die Bedingung, daß $\mathscr{C}$ lokal klein sei, dadurch ersetzt werden, daß für jedes $A \in |\mathscr{C}|$ die Klassen äquivalenter Differenzkerne mit Ziel A eine Menge als Repräsentantensystem besitzen. Man bestätigt nämlich leicht: Ist in (6) $\varDelta$ Differenzkern, so ist m_a ein Differenzkern (siehe auch später 12.3.5).

10.6.7 Eine Kategorie $\mathscr{C}$ heißt *lokal coklein*, wenn $\mathscr{C}^\circ$ lokal klein ist. Die Kategorien in 10.6.2 sind auch lokal coklein. 10.6.3 und 10.6.4 lassen sich dualisieren.

10.7 Elementarer Beweis des Darstellungssatzes

1. Schritt. Sei $\mathfrak{D} = \{D_i\}$ eine als Familie aufgefaßte dominierende Menge für T. Ohne Einschränkung der Allgemeinheit kann angenommen werden, daß kein $T(D_i)$ leer ist. $\mathfrak{D}$ kann nicht leer sein wegen (ii). In $\mathscr{C}$ existiert ein Produkt $D = \prod D_i$ mit Projektionen k_i. Anwendung von T zeigt wegen (ii), daß $T(D) \neq \emptyset$ und daß T durch D allein dominiert wird (7.3.4).

2. Schritt. Für $d \in T(D)$ sei $D_d = D$. Es existiert ein Produkt $B = \prod D_d$ mit Projektionen q_d. In dem natürlich ausgewählten Produkt $\prod T(D_d)$ in *Ens* betrachten wir das Element $v' = \{d\}$, d. h. $pr_d v' = d \in T(D_d) = T(D)$. Weil $T(B)$ zu $\prod T(D_d)$ isomorph ist, gibt es in $T(B)$ ein Element v mit $T(q_d)(v) = d \in T(D)$. Hieraus folgt, daß T von dem Objekt B dominiert wird, und zwar so, daß es für $x \in T(X)$ ein $f\colon B \to X$ mit $T(f)(v) = x$ gibt. v ist beinahe universelles Element, aber B ist noch zu groß.

3. Schritt. Es sei M die Menge aller Endomorphismen α von B mit $T(\alpha)(v) = v$. Für $(\alpha, \beta) \in M \times M$ existiert ein Differenzkern $d_{\alpha,\beta}$: $D_{\alpha,\beta} \to B$. Für jedes Paar (α, β) sei ein solcher ausgewählt. Nach 7.8.6 existiert ein Durchschnitt dieser Monomorphismen, d. h. ein Morphismus $m: A \to B$ und Morphismen $m_{\alpha,\beta}: A \to D_{\alpha,\beta}$ mit $d_{\alpha,\beta}m_{\alpha,\beta} = m$, wobei m und damit alle $m_{\alpha,\beta}$ monomorph sind. Bis auf eindeutig bestimmte Isomorphie sind $T(D_{\alpha,\beta})$ und $T(A)$ Teilmengen von $T(B)$, die nach Wahl von M alle das Element v enthalten. Es gibt daher $u \in T(A)$ mit $T(m)(u) = v$.

4. Schritt. Es gibt einen Morphismus $r: B \to A$ mit $T(r)(v) = u$. Nun ist $mr: B \to B$ Element von M, etwa α. Mit $\beta = 1_B$ hat man $mrd_{\alpha,\beta} = d_{\alpha,\beta}$, und durch Vorschalten von $m_{\alpha,\beta}$ ergibt sich $mrm = m$. Weil m monomorph ist, gilt $rm = 1_A$. Also ist r eine Retraktion. Sei nun $h: A \to A$ ein Morphismus mit $T(h)(u) = u$. Dann ist $mhr: B \to B$ Element von M, etwa γ. Mit $mr = \alpha$ gilt $mrd_{\alpha,\gamma} = mhrd_{\alpha,\gamma}$ und damit $mrm = mhrm$. Wegen $rm = 1_A$ folgt $m = mh$ und damit $h = 1_A$, weil m monomorph ist.

5. Schritt. Sei jetzt $x \in T(X)$ beliebig. Es gibt einen Morphismus $f: A \to X$ mit $T(f)(u) = x$ wegen des 2. und 3. Schrittes. Ist für $g: A \to X$ auch $T(g)(u) = x$, so bilde man einen Differenzkern $k: K \to A$ für f und g. Anwendung von T zeigt, daß es $w \in T(K)$ gibt mit $T(k)(w) = u$. Andererseits gibt es $j: A \to K$ mit $T(j)(u) = w$. Es folgt $T(kj)(u) = u$, und wegen des 4. Schrittes ist $kj = 1_A$. Nun ist k eine monomorphe Retraktion, also isomorph. Es folgt $f = g$. Nach dem Yoneda-Lemma wird T durch (A, u) dargestellt.

11. Objekte mit algebraischer Struktur

11.1 Algebraische Strukturen

Algebraische Strukturen auf Mengen entstehen dadurch, daß „algebraische Verknüpfungen" wie Multiplikation oder Addition von je zwei Elementen, Inversenbildung bezüglich einer solchen Verknüpfung und neutrale Elemente definiert werden. Wir beschränken uns dabei auf solche Operationen, die durchweg definiert sind und nicht nur für Elemente von Teilmengen. Das bedeutet insbesondere, daß wir auf Körper und Divisionsalgebren verzichten, weil da die Inversenbildung bezüglich der Multiplikation nicht durchweg definiert ist. Mit dieser Beschränkung lassen sich algebraische Verknüpfungen durch Abbildungen von Produkten und die üblichen Gesetze für solche Verknüpfungen durch kommutative Diagramme beschreiben. Das ist aber in einer beliebigen Kategorie möglich, sofern die benötigten Produkte und ein terminales Objekt vorhanden sind, was im folgenden jeweils unterstellt ist. Durch Dualisierung entstehen coalgebraische Strukturen, wobei Coprodukte und initiale Objekte benötigt werden. Hier sind interessante Beispiele in *Ens* nicht verfügbar, wohl aber in anderen Kategorien.

11.1.1 Definition. Es sei A ein Objekt der Kategorie $\mathscr{C}$. Eine *n-stellige algebraische Operation* auf A ist ein Morphismus $t: \prod_{1 \leq j \leq n} A_j \to A$, wobei $A_j = A$ für $1 \leq j \leq n$ ist. Hierbei ist $n = 0$ zugelassen und dann unter $\prod A_j$ ein terminales Objekt Z von $\mathscr{C}$ zu verstehen. Eine *n*-stellige *coalgebraische Operation* auf A ist ein Morphismus $t: A \to \coprod_{1 \leq j \leq n} A_j$, wobei für $n = 0$ unter $\coprod A_j$ ein initiales Objekt J zu verstehen ist.

11.1.2 Ein mit einer nullstelligen Operation $n : Z \to A$ versehenes Objekt A (d. h. es ist ein solcher Morphismus fixiert) heißt *punktiertes* Objekt. In *Ens* erhält man so gerade punktierte Mengen. Entsprechend ergibt eine nullstellige Operation $A \to J$ ein copunktiertes Objekt, in *Ens* ist hier nur $\emptyset$ möglich.

11.1.3 Ein mit einer zweistelligen Operation $u: A \sqcap A \to A$ versehenes Objekt bezeichnen wir als *multiplikatives Objekt* (später auch als *additives*) und nennen u die zugehörige Multiplikation (Addition). Entsprechend liegt bei $v: A \to A \sqcup A$ ein comultiplikatives Objekt vor.

11.1.4 Für das weitere führen wir einige Notationen ein. Es seien $X_1, X_2, \ldots, X_n, Y$ beliebige Objekte, $f_j: Y \to X_j$ Morphismen. Für den damit bestimmten Morphismus $f: Y \to \prod X_j$ mit $f_j = pr_j f$ (pr_j Projektionen des Produktes) schreiben wir $(f_1, f_2, \ldots, f_n)$. Ist auch $Y = \prod Y_j$ ein Produkt von n Faktoren mit Projektionen q_j und $f_j = g_j q_j$ für $g_j; Y_j \to X_j$, so schreiben wir $g_1 \sqcap g_2 \sqcap \ldots \sqcap g_n$ oder $\prod g_j$ für f. Ist $\{j_1, j_2, \ldots, j_s\}$ eine Teilmenge von $\{1, \ldots, n\}$, so besteht ein Morphismus $(pr_{j_1}, pr_{j_2}, \ldots, pr_{j_s}): \prod X_j \to \prod X_{j_k}$, den wir kurz mit $pr_{j_1 j_2 \ldots j_s}$ bezeichnen und auch Projektion auf das durch $\{j_1, \ldots, j_s\}$ bestimmte Teilprodukt nennen. Für Coprodukte sind $(f_1, f_2, \ldots, f_n)$: $\coprod X_j \to Y$, $\coprod g_j = g_1 \sqcup g_2 \sqcup \ldots \sqcap g_n$: $\coprod X_j \to \coprod Y_j$, $i_{j_1 j_2 \ldots j_s}$: $\coprod X_{j_k} \to \coprod X_j$ entsprechend erklärt.

11.1.5 Es sei A mit einer Multiplikation $u: A \sqcap A \to A$ versehen und vermöge $n: Z \to A$ punktiert. Wir betrachten

(1)

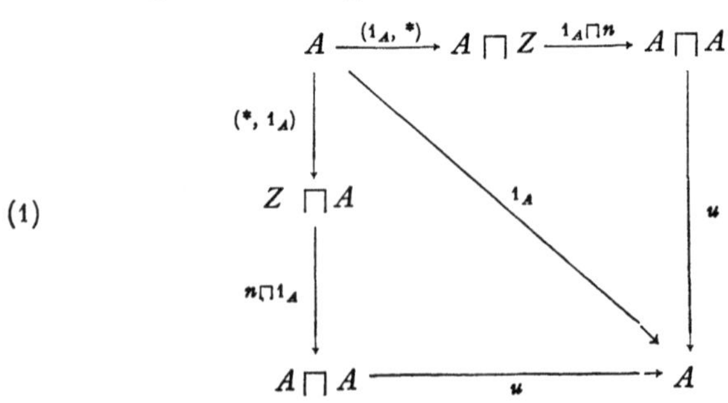

wobei $*\colon A \to Z$ der einzige vorhandene Morphismus ist. Ist in (1) das obere Dreieck kommutativ, so heißt n *rechts-neutral* für u; entsprechend *links-neutral*, wenn das untere Dreieck kommutativ ist, und *neutral*, wenn (1) kommutativ ist.

Ein multiplikatives Objekt mit zugehöriger neutraler Punktierung heißt *H-Objekt* (H zu Ehren von H. HOPF). Ein Co-H-Objekt ist ein comultiplikatives Objekt mit zugehöriger neutraler Copunktierung.

11.1.6 Eine Multiplikation $u\colon A \sqcap A \to A$ heißt *assoziativ*, wenn

$$
\begin{array}{ccc}
A \sqcap A \sqcap A & \xrightarrow{\ u\sqcap 1_A\ } & A \sqcap A \\
{\scriptstyle 1_A\sqcap u}\big\downarrow & & \big\downarrow{\scriptstyle u} \\
A \sqcap A & \xrightarrow{\qquad u \qquad} & A
\end{array}
$$

(2)

kommutativ ist. Hierbei ist $1_A \sqcap u$ in naheliegender Weise durch $(pr_1, u\, pr_{23})$ erklärt, entsprechend $u \sqcap 1_A = (u\, pr_{12}, pr_3)$. Assoziativität einer Comultiplikation wird durch das zu (2) duale Diagramm beschrieben. Ein H-Objekt mit assoziativer Multiplikation heißt *Halbgruppenobjekt* (*Monoid*), Co-Halbgruppen-Objekte sind dazu dual.

11.1.7 Das H-Objekt A sei noch mit einer einstelligen Operation $v\colon A \to A$ versehen. Wir betrachten

$$
\begin{array}{ccc}
A & \xrightarrow{\ (1_A,\, v)\ } & A \sqcap A \\
{\scriptstyle (v,\, 1_A)}\big\downarrow & \searrow{\scriptstyle *}\ \ Z\ \ \searrow{\scriptstyle n} & \big\downarrow{\scriptstyle u} \\
A \sqcap A & \xrightarrow{\qquad u \qquad} & A
\end{array}
$$

(3)

v heißt *Rechts-Inversion* (*Links-Inversion*) für u, wenn das obere (untere) Dreieck kommutativ ist. v heißt *Inversion* für u, wenn es Rechts- und Links-Inversion ist.

Ein *Gruppenobjekt* ist ein Halbgruppenobjekt mit Inversion für die Multiplikation. Ein Cogruppenobjekt ist dual dazu. Gruppenobjekte in *Ens*, *Top*, der Kategorie der differenzierbaren bzw. algebraischen Mannigfaltigkeiten sind Gruppen bzw. topologische Gruppen, Lie-Gruppen, algebraische Gruppen. In der punktierten Homotopie-Kategorie 1.2.6 ist die (reduzierte) Einhängung eines punktierten Raumes ein Cogruppenobjekt.

11.1.8 Eine Multiplikation $u\colon A \sqcap A$ heißt *kommutativ*, wenn

$$
\begin{array}{ccc}
A \sqcap A & \searrow{\scriptstyle u} & \\
{\scriptstyle (pr_2,\, pr_1)}\big\downarrow & & A \\
A \sqcap A & \nearrow{\scriptstyle u} & \\
\end{array}
$$

(4)

kommutativ ist.

Es dürfte klar sein, was ein Ringobjekt, ein Lie-Ringobjekt und ein kommutatives Ringobjekt ist. Die Distributivgesetze sind ebenfalls kommutative Diagramme. Für eine n-stellige algebraische Operation mit $n > 2$ lassen sich ebenfalls zugehörige neutrale Operationen erklären (mit Produkten, bei denen $n - 1$ Faktoren terminal sind), Assoziativitätsbedingungen entstehen durch verschiedene Auswahlen von n Faktoren aus Produkten mit $2n - 1$ Faktoren, Kommutativitätsbedingungen entstehen durch Permutation der Faktoren in n-fachen Produkten.

11.1.9 Definition. In einer Kategorie $\mathscr{C}$ mit endlichen Produkten und einem terminalen Objekt Z ist ein Objekt mit algebraischer Struktur ein Objekt A, das mit einer Menge $\{t_j\}$ von algebraischen Operationen versehen ist, zwischen denen noch Relationen der folgenden Art bestehen sollen: Es werden Kommutativitätsbedingungen an eine Menge endlicher Diagramme $D_i\colon\ \Sigma_i \to \mathscr{C}$ gestellt, bei denen Ecken auf Produkte von endlich vielen Exemplaren von A und Z abgebildet werden; bezeichnen ferner für eine Ecke e von Σ_i $pr_1, \ldots, pr_k$ die Projektionen von $D_i(e)$ auf seine Faktoren, so soll ein Pfeil $p\colon\ e' \to e$ von Σ_i auf einen Morphismus $D_i(p)$ abgebildet werden, bei dem sich die $pr_e D_i(p)$ jeweils aus einer Projektion von $D_i(e')$ auf ein Teilprodukt und einer Operation t_j oder 1_A oder dem kanonischen Morphismus ,,*'' mit Ziel Z (darunter fallen $*\colon\ A \to Z$ und 1_Z) zusammensetzen.

Es dürfte klar sein, was Objekte mit algebraischer Struktur desselben Typs $\mathfrak{S}$, kurz $\mathfrak{S}$-*Objekte*, sind und was unter dem Typ einer algebraischen Struktur zu verstehen ist.

Wird ein Objekt A der Kategorie $\mathscr{C}$ mit einer algebraischen Struktur vom Typ $\mathfrak{S}$ versehen, so sagt man, daß A der *Träger* des entstehenden $\mathfrak{S}$-Objektes ist.

11.2 Operation eines Objektes auf einem anderen

11.2.1 Definition. Eine *Operation* des Objektes K auf dem Objekt A ist ein Morphismus $w\colon\ K \sqcap A \to A$.

Es kann sein, daß K oder A algebraische Operationen besitzen und daß dann w Bedingungen unterworfen ist, die durch kommutative Diagramme beschrieben werden, wobei die Beschreibung der Diagramme in 11.1.9 in naheliegender Weise zu ergänzen ist. Besitzt K eine Multiplikation $u\colon\ K \sqcap K \to K$ und ist

$$(5)\qquad \begin{array}{ccc} K \sqcap K \sqcap A & \xrightarrow{\ u\,\sqcap\,1_A\ } & K \sqcap A \\[2pt] {\scriptstyle 1_K \sqcap w}\big\downarrow & & \big\downarrow{\scriptstyle w} \\[2pt] K \sqcap A & \xrightarrow{\qquad w \qquad} & A \end{array}$$

kommutativ, so bezeichnet man w als *Linksoperation* von K auf A. Ersetzt man in der oberen Zeile von (5) u in $u \sqcap 1_A$ durch $u(pr_2, pr_1)$:

$K \sqcap K \to K$ und ist das so entstehende Diagramm kommutativ, so spricht man von einer *Rechtsoperation*. Üblicherweise betrachtet man dann statt $w\colon K \sqcap A \to A$ den Morphismus $w\,(pr_2, pr_1)$:

$$A \sqcap K \to K \sqcap A \to A\,.$$

Ist die Multiplikation auf K kommutativ, so fallen diese beiden Begriffe zusammen.

11.2.2 Beispiele. Links- und Rechtsmoduln ordnen sich 11.2.1 unter, ebenso Algebren über einem kommutativen Ring und Operation einer topologischen Gruppe auf einem topologischen Raum. Für Objekte A, B einer Kategorie $\mathscr{C}$ operiert $[A, A]$ von rechts, $[B, B]$ von links auf $[A, B]$, vgl. 1.5.2.

11.2.3 Es ist klar, daß auf einem Objekt mehrere andere operieren können und daß dabei Verträglichkeitsbedingungen wieder kommutative Diagramme sind, z. B. bei Bimoduln.

Das Duale einer Operation ist eine *Cooperation* $w\colon A \to K \sqcup A$, die genauer eine Links- oder Rechts-Cooperation sein kann. Beispiele hierfür finden sich in der Homotopietheorie.

11.2.4 Ein terminales Objekt Z gestattet jeden Typ algebraischer Struktur, weil Produkte von beliebig vielen Faktoren Z stets isomorph zu Z sind. Ebenso gestattet Z jede Art Operation von Objekten auf Z. Für einelementige Mengen, also terminale Objekte von *Ens*, ist das wohlbekannt.

11.3 Homomorphismen

11.3.1 Definition. Die Objekte A und A' der Kategorie $\mathscr{C}$ seien mit algebraischen Strukturen desselben Typs $\mathfrak{S}$ versehen. Ein Morphismus $f\colon A \to A'$ heißt $\mathfrak{S}$-*Homomorphismus* (auch einfach Homomorphismus, wenn kein Zweifel über $\mathfrak{S}$ besteht), wenn für jedes Paar sich entsprechender algebraischer Operationen $t\colon \prod A_j \to A$ und $t'\colon \prod A_j \to A'$

$$
(6) \qquad
\begin{array}{ccc}
\prod A_j & \xrightarrow{\;\prod f_j\;} & \prod A_j' \\
{\scriptstyle t}\big\downarrow & & \big\downarrow{\scriptstyle t'} \\
A & \xrightarrow{\quad f \quad} & A'
\end{array}
\qquad \text{mit} \quad f_j = f \ \text{für alle } j
$$

kommutativ ist.

Für Gruppen, Halbgruppen, Ringe (als Objekte mit algebraischer Struktur in *Ens*) erhält man so die übliche Definition von Homomorphismen.

Man beachte bei (6), daß in $\prod f_j\colon \prod A_j \to \prod A_j'$ die Projektionen der beiden Produkte einbezogen sind nach Definition von $\prod f_j$. Die Beschreibung der zu einer algebraischen Struktur gehörigen Diagramme in 11.1.9 zeigt, daß ein Homomorphismus natürliche Transformationen zwischen sich entsprechenden Diagrammen bewirkt.

11.3.2 Satz. *Für eine algebraische Struktur vom Typ $\mathfrak{S}$ bilden die $\mathfrak{S}$-Objekte einer Kategorie $\mathscr{C}$ die Objekte, die $\mathfrak{S}$-Homomorphismen zwischen ihnen die Morphismen einer Kategorie $\mathscr{C}_\mathfrak{S}$. Wir nennen sie die Kategorie der $\mathfrak{S}$-Objekte über $\mathscr{C}$.*

Der Satz folgt unmittelbar aus der Definition 11.3.1. Man beachte dabei, daß ein Objekt in $\mathscr{C}$ möglicherweise mit verschiedenen Strukturen vom Typ $\mathfrak{S}$ versehen werden kann, wodurch verschiedene $\mathfrak{S}$-Objekte entstehen. Beispielsweise kann eine Menge im allgemeinen mit verschiedenen Gruppenstrukturen versehen werden. *Ab*, die Kategorie der Gruppen oder der Ringe entstehen aus *Ens*. $\mathscr{C}_\mathfrak{S}$ ist nicht Unterkategorie von $\mathscr{C}$. Es besteht aber ein Vergißfunktor $\mathscr{C}_\mathfrak{S} \to \mathscr{C}$. Es besteht auch ein Vergißfunktor $\mathscr{C}_\mathfrak{S} \to \mathscr{C}_{\mathfrak{S}'}$, wenn $\mathfrak{S}$ aus $\mathfrak{S}'$ durch Hinzunahme weiterer algebraischer Operationen oder Diagrammbedingungen entsteht. Beispielsweise besteht ein Vergißfunktor von der Kategorie der abelschen Gruppen in die Kategorie der Gruppen, auch ein Vergißfunktor von der Kategorie der Ringe nach *Ab*.

Aus (6) folgt unmittelbar

11.3.3 Satz. *Der Vergißfunktor $\mathscr{C}_\mathfrak{S} \to \mathscr{C}$ ist treu, und er entdeckt Isomorphismen.*

11.3.4 Theorem. *Der Funktor $T: \mathscr{C} \to \mathscr{D}$ respektiere endliche Produkte (einschließlich terminaler Objekte). T induziert einen Funktor $T_\mathfrak{S}: \mathscr{C}_\mathfrak{S} \to \mathscr{D}_\mathfrak{S}$ für jeden Typ algebraischer Strukturen. Ist T treu und $T(A)$ mit einer $\mathfrak{S}$-Struktur versehen, so gibt es höchstens eine $\mathfrak{S}$-Struktur für A, die vermöge T in die $\mathfrak{S}$-Struktur von $T(A)$ übergeht. Es gibt sicher eine, wenn T völlig treu ist und $\mathscr{C}$ endliche Produkte besitzt.*

Beweis. Die erste Aussage ist unmittelbar klar, weil jeder Funktor kommutative Diagramme respektiert. Ist T treu, so führt T nichtkommutative Diagramme in nichtkommutative über. T entdeckt also die Kommutativität von Diagrammen. Außerdem gibt es höchstens einen Morphismus $t: \prod A_j \to A$ mit vorgegebenem Bild $t': T(\prod A_j) \to T(A)$. Ist T völlig treu und besitzt $\mathscr{C}$ endliche Produkte, so gibt es ein solches t. Wir haben hierbei benutzt, daß $T(\prod A_j)$ ein Produkt (nicht notwendig natürlich ausgewählt) mit Projektionen $T(pr_j)$ ist und daß dieses Produkt bis auf Isomorphie eindeutig bestimmt ist.

11.3.5 Korollar. *Es sei $\mathscr{C}$ eine beliebige Kategorie. Vermöge der Yoneda-Einbettung $A \mapsto H_A$, $f \mapsto H_f$ von $\mathscr{C}$ in $[\mathscr{C}^o, Ens]$ überträgt sich jede $\mathfrak{S}$-Struktur für $A \in |\mathscr{C}|$ in eine $\mathfrak{S}$-Struktur für H_A. Dabei gehen $\mathfrak{S}$-Homomorphismen in solche in $[\mathscr{C}^o, Ens]$ über. Hat $\mathscr{C}$ endliche Produkte, so erhält man auf diese Weise alle $\mathfrak{S}$-Strukturen für die kontravarianten Funktoren H_A.*

Beweis. $[\mathscr{C}^o, Ens]$ ist vollständig. Die Einbettung ist völlig treu nach 4.2.2 und respektiert Limites nach 10.2.5.

11.3.6 Zu jedem Typ $\mathfrak{S}$ einer algebraischen Struktur gehört ein dualer Typ einer coalgebraischen Struktur. Wir sprechen einfach von der Co-struktur vom Typ $\mathfrak{S}$. Dualisiert man 11.3.5 vermöge der durch $A \mapsto H^A$, $f \mapsto H^f$ bewirkten Einbettung $\mathscr{C}^0 \to [\mathscr{C}, Ens]$, so erhält man entsprechende Aussagen für $\mathfrak{S}$-Costrukturen für Objekte von $\mathscr{C}$ und $\mathfrak{S}$-Strukturen für die Funktoren H^A. 11.3.2 bis 11.3.4 dualisieren sich selbstverständlich zu Sätzen über coalgebraische Strukturen. Es können bei 11.3.4 auch kontravariante Funktoren wie soeben einbezogen werden.

11.3.7 Entsprechend 11.3.1 lassen sich Homomorphismen für Operationen $w\colon K \sqcap A \to A$ definieren, wobei K und A noch mit algebraischen Strukturen vom Typ $\mathfrak{R}$ bzw. $\mathfrak{S}$ versehen sind. Liegt der entsprechende Sachverhalt bei $w'\colon K' \sqcap A' \to A'$ vor, so besteht ein mit $\mathfrak{R}$- und $\mathfrak{S}$-Strukturen verträglicher *Operationshomomorphismus* aus einem Paar (k, f) mit $k\colon K \to K'$, $f\colon A \to A'$, so daß

$$(7) \qquad \begin{array}{ccc} K \sqcap A & \overset{w}{\longrightarrow} & A \\ {\scriptstyle k \sqcap f}\Big\downarrow & & \Big\downarrow{\scriptstyle f} \\ K' \sqcap A' & \overset{w'}{\longrightarrow} & A' \end{array}$$

kommutativ und k ein $\mathfrak{R}$-Homomorphismus, f ein $\mathfrak{S}$-Homomorphismus ist.

11.3.2 bis 11.3.6 übertragen sich sinngemäß. Wir überlassen die Formulierung dem Leser.

Ein einfaches Beispiel für Operationshomomorphismen ergibt sich bei Moduln. Hier sind K und K' Ringe, A und A' additive Gruppen, w und w' ergeben Linksmodulstrukturen. Man erhält ,,Modulhomomorphismen mit Ringwechsel''.

11.3.8 Man kann 11.3.5, 11.3.6 und die Analoga für Operationen und Cooperationen zum Anlaß nehmen, 11.1.9 und 11.2.1 abzuschwächen und etwa von einer schwachen $\mathfrak{S}$-Struktur bzw. $\mathfrak{S}$-Costruktur für $A \in |\mathscr{C}|$ sprechen, wenn H_A bzw. H^A mit einer $\mathfrak{S}$-Struktur versehen ist.

11.4 Reduktion auf *Ens*

Mit 11.3.5 und 11.3.6 lassen sich Untersuchungen algebraischer bzw. coalgebraischer Strukturen auf die Unterkategorie der darstellbaren Funktoren von $[\mathscr{C}^0, Ens]$ bzw. $[\mathscr{C}, Ens]$ zurückführen. Damit entsteht sogar eine Reduktion auf *Ens*, denn es gilt allgemein:

11.4.1 Satz. *Die Kategorie $\mathscr{D}$ besitze endliche Produkte. Ist der Funktor $T\colon \mathscr{C} \to \mathscr{D}$ als Objekt von $[\mathscr{C}, \mathscr{D}]$ mit einer algebraischen Struktur vom Typ $\mathfrak{S}$ versehen, so liegt an jeder Stelle $A \in |\mathscr{C}|$ eine $\mathfrak{S}$-Struktur für $T(A)$ vor, und für jeden Morphismus $f\colon A \to A'$ ist $T(f)$ ein $\mathfrak{S}$-Homomorphismus. Ist umgekehrt für jedes $A \in |\mathscr{C}|$ eine $\mathfrak{S}$-Struktur für $T(A)$ so fixiert, daß für beliebiges $f\colon A \to A'$ stets $T(f)\colon T(A) \to T(A')$ ein*

S-Homomorphismus ist, so besitzt T eine eindeutig bestimmte S-Struktur, die an jeder Stelle $A \in |\mathscr{C}|$ mit der vorgegebenen übereinstimmt.

Besitzt $\mathscr{D}$ endliche Coprodukte, so gilt dasselbe für coalgebraische Strukturen.

Zusatz. Die erste Aussage des Satzes bedeutet, daß T die Gestalt $T = VT_{\mathfrak{S}}$ hat, wobei $V\colon \mathscr{D}_{\mathfrak{S}} \to \mathscr{D}$ Vergißfunktor und $T_{\mathfrak{S}}$ ein wohlbestimmter Funktor $\mathscr{C} \to \mathscr{D}_{\mathfrak{S}}$ ist.

Beweis. Morphismen in $[\mathscr{C}, \mathscr{D}]$ sind natürliche Transformationen. Sie und ihre Kompositionen sind „punktweise" definiert ebenso wie Produkte von Funktoren (7.5.2). Hieraus folgt unmittelbar, daß jede zum Strukturtyp $\mathfrak{S}$ gehörige algebraische Operation t für T eine solche an jeder Stelle A ist und daß für $T(f)\colon T(A) \to T(A')$ die Bedingung (6) in 11.3.1 mit entsprechender Umbezeichnung erfüllt ist. Eine Kommutativitätsaussage für ein Diagramm ist eine Aussage, daß gewisse Morphismen gleich sind (vgl. 6.2), und für natürliche Transformationen $\xi, \eta\colon T_1 \to T_2$ ist $\xi = \eta$ gleichwertig mit $\xi_A = \eta_A$ für alle $A \in |\mathscr{C}|$. Damit ergibt sich die erste Aussage des Satzes und auch die Umkehrung, weil hier gerade gefordert ist, daß sich die an jeder Stelle vorgegebenen algebraischen Operationen zu entsprechenden natürlichen Transformationen $\prod T_j \to T$ zusammensetzen.

11.4.2 Nach dem oben Bemerkten lassen sich nun wohlbekannte Resultate über algebraische Strukturen auf Mengen und deren Homomorphismen übertragen auf Objekte mit entsprechender algebraischer Struktur in beliebigen Kategorien und zugehörige Homomorphismen. Wir führen an:

(1) Zu einer Multiplikation $u\colon A \sqcap A \to A$ gibt es höchstens eine neutrale Operation, genauer: Besitzt u eine links- und eine rechtsneutrale Operation, so stimmen diese (als Punktierungen) überein.

(2) Für eine assoziative Multiplikation besteht Assoziativität für Multiplikation bei endlich vielen Faktoren, für eine assoziative und kommutative Multiplikation besteht Kommutativität für Multiplikation bei endlich vielen Faktoren.

(3) Für eine assoziative Multiplikation u mit Neutralem gibt es höchstens eine Inversion, genauer: Besitzt u eine Links- und eine Rechts-Inversion, so stimmen beide überein.

(4) Besitzt eine assoziative Multiplikation u eine links-neutrale Operation n und eine Links-Inversion v, so ist n neutral und v Inversion. Es liegt also ein Gruppenobjekt vor. Außerdem ist vv der identische Morphismus.

(5) Es seien $\mathscr{C}_G$, $\mathscr{C}_H$, $\mathscr{C}_M$ die Kategorien der Gruppen- bzw. H- bzw. multiplikativen Objekte über der Kategorie $\mathscr{C}$. $V_1\colon \mathscr{C}_G \to \mathscr{C}_H$, $V_2\colon \mathscr{C}_H \to \mathscr{C}_M$ seien die zugehörigen Vergißfunktoren. Es sind V_1 und V_2V_1 völlig treu, V_2 ist treu. Für Gruppen ist nämlich eine Abbildung der Trägermengen schon dann ein Homomorphismus, wenn sie mit den

Gruppenmultiplikationen verträglich ist. Außerdem sind verschiedene Abbildungen für H-Mengen auch verschieden, wenn die H-Mengen nur als M-Mengen betrachtet werden.

11.4.3 Es gelten selbstverständlich die dualen Aussagen für co-algebraische Strukturen wegen 11.3.6. Außerdem lassen sich offenbar auch Operationen eines Objektes auf einem anderen (beide möglicherweise mit zusätzlicher algebraischer Struktur) und Cooperationen (mit zusätzlicher coalgebraischer Struktur) auf Operationen für Mengen zurückführen.

11.5 Limites und filtrierende Colimites

11.5.1 Satz. *Besitzt die Kategorie $\mathscr{C}$ endliche Produkte bzw. Produkte oder ist $\mathscr{C}$ endlich vollständig bzw. vollständig, so gilt das Entsprechende für die Kategorie $\mathscr{C}_{\mathfrak{S}}$ der $\mathfrak{S}$-Objekte über $\mathscr{C}$ für jeden Typ $\mathfrak{S}$ einer algebraischen Struktur.*

Beweis. Wir zeigen genauer: Existieren in $\mathscr{C}$ endliche Produkte und Limites für beliebige Diagramme eines festen Typs Σ, so auch in $\mathscr{C}_{\mathfrak{S}}$. Da nämlich Limites vom Typ Σ mit Produkten vertauschbar sind und da natürliche Transformationen zwischen Diagrammen vom Typ Σ Morphismen zwischen den Limesobjekten induzieren, folgt unmittelbar aus den Definitionen, daß man einen Limes für ein Diagramm D: $\Sigma \to \mathscr{C}_{\mathfrak{S}}$ wie folgt erhält: Man bildet einen Limes (L, λ) für VD: $\Sigma \to \mathscr{C}$, wobei V: $\mathscr{C}_{\mathfrak{S}} \to \mathscr{C}$ den Vergißfunktor bezeichnet, und stellt fest, daß L Träger einer kanonischen $\mathfrak{S}$-Struktur wird, bezüglich derer jedes λ_e: $L \to D(e)$ (e Ecke von Σ) ein Homomorphismus ist. Hierbei ist benutzt, daß Z_Σ für terminales Z den Limes $(Z, \{1_Z\})$ besitzt (7.1.7).

11.5.2 Beispiel. Es seien A und B Mengen, die mit einer Multiplikation u: $A \times A \to A$ und v: $B \times B \to B$ versehen seien. Für $(a_1, a_2) \in A \times A$ schreiben wir $a_1 a_2$ statt $u(a_1, a_2)$, entsprechend $b_1 b_2$ für $v(b_1, b_2)$. Die von u und v herrührende Multiplikation u'' für $A \times B$ ergibt sich aus

$$
\begin{array}{ccc}
(A \times B) \times (A \times B) & \xrightarrow{\;pr_1 \times pr_1\;} & A \times A \\
\Big\downarrow{\scriptstyle u''} & & \Big\downarrow{\scriptstyle u} \\
A \times B & \xrightarrow{\qquad pr_1 \qquad} & A
\end{array}
$$

und der entsprechenden Bedingung für pr_2 und v. Man erhält $(a_1, b_1) \times (a_2, b_2) = (a_1 a_2, b_1 b_2)$. Gehören zu den Multiplikationen u und v neutrale Elemente e bzw. 0, so ist $(e, 0)$ neutral für u''.

11.5.3 Korollar. *Der Vergiß-Funktor V: $\mathscr{C}_{\mathfrak{S}} \to \mathscr{C}$ respektiert und entdeckt endliche Produkte bzw. Produkte, endliche Limites, Limites, wenn $\mathscr{C}$ endliche Produkte bzw. Produkte, endliche Limites, Limites besitzt.*

Beweis. Das Respektieren folgt aus der Konstruktion, das Entdecken aus 11.3.3 und der Definition von Limites.

11.5.4 Korollar. *Für $A \in |\mathscr{C}|$ sei der kontravariante Funktor H_A: $\mathscr{C} \to Ens$ mit einer algebraischen Struktur vom Typ $\mathfrak{S}$ versehen, womit ein kontravarianter Funktor $H_{A\mathfrak{S}}$: $\mathscr{C} \to Ens_{\mathfrak{S}}$ entsteht. Ist (L, λ) Colimes des Diagramms T: $\Sigma \to \mathscr{C}$, so ist $(H_{A\mathfrak{S}}(L), H_{A\mathfrak{S}}\lambda)$ Limes des kontravarianten Diagramms $H_{A\mathfrak{S}}T$.*

Mit anderen Worten: Die von H_A herrührende algebraische Struktur auf $[L, A]_{\mathscr{C}}$ ist diejenige, die man als Struktur des Limesobjektes $[L, A]$ von $H_A T$ erhält.

Beweis. H_A führt Colimites in Limites über (8.7.3), daher folgt die Behauptung aus 11.5.3.

11.5.5 Beispiel. Es sei u: $H_A \sqcap H_A \to H_A$ gegeben und damit u_X: $[X, A] \times [X, A] \to [X, A]$ für jedes $X \in |\mathscr{C}|$. Ist das Coprodukt $X \sqcup Y$ in $\mathscr{C}$ vorhanden, so geht die Abbildung

$$u_{X \sqcup Y}\colon \quad [X \sqcup Y, A] \times [X \sqcup Y, A] \to [X \sqcup Y, A]$$

vermöge des Isomorphismus $[X \sqcup Y, A] \to [X, A] \times [Y, A]$ über (vgl. 11.5.2) in

$$[X, A] \times [Y, A] \times [X, A] \times [Y, A] \xrightarrow{\;1 \times \tau \times 1\;}$$

$$[X, A] \times [X, Y] \times [Y, A] \times [Y, A] \xrightarrow{\;u_X \times u_Y\;} [X, A] \times [Y, A],$$

wobei $1 \times \tau \times 1$ die beiden mittleren Faktoren des ersten Produktes vertauscht. (Das ist eine Vertauschung von Limites mit Limites, vgl. auch 11.5.2.) Wird die Multiplikation an jeder Stelle X mit einem Punkt bezeichnet, so erhält man

$$(x, y) \cdot (x', y') = (x \cdot x', y \cdot y')$$

für $x, x' \in [X, A]$ und $y, y' \in [Y, A]$.

11.5.6 Bemerkungen. 11.5.1 macht deutlich, warum die Beschränkung auf durchweg definierte algebraische Operationen (Anfang von 11.1) notwendig war: Die Kategorie der Körper hat keine Produkte. Wie die Kategorie der Ringe (mit 1-Element) für $\mathscr{C} = Ens$ zeigt, braucht $\mathscr{C}_{\mathfrak{S}}$ nicht Nullmorphismen und Kerne zu besitzen. Besitzt jedoch $\mathfrak{S}$ genau eine nullstellige Operation und ist $\mathscr{C}$ endlich vollständig, so besitzt $\mathscr{C}_{\mathfrak{S}}$ ein Nullobjekt und Kerne. Auf die Existenz von Coprodukten kann nicht allgemein geschlossen werden, wie der Vergleich der in keiner Beziehung zueinander stehenden Coprodukte in Ens, Ab und der Kategorie der Gruppen zeigt. Differenzcokerne lassen sich ebenfalls nicht erhalten. Es gilt jedoch:

11.5.7 Theorem. *Die Kategorie $\mathscr{C}$ sei endlich vollständig und besitze filtrierende Colimites, und es seien filtrierende Colimites mit endlichen*

Limites vertauschbar. Dann gilt dasselbe für die Kategorie $\mathscr{C}_{\mathfrak{S}}$ der $\mathfrak{S}$-Objekte über $\mathscr{C}$ für jeden Typ $\mathfrak{S}$ einer algebraischen Struktur.

Beweis. Für eine kleine filtrierende Kategorie $\mathscr{X}$ wird ein Funktor $T: \mathscr{X} \to \mathscr{C}_{\mathfrak{S}}$ betrachtet. V sei der Vergiß-Funktor $\mathscr{C}_{\mathfrak{S}} \to \mathscr{C}$. Man bildet den Colimes (L, λ) von VT. Nach Voraussetzung ist das Bilden endlicher Produkte mit dem Bilden filtrierender Colimites in $\mathscr{C}$ vertauschbar. Die algebraischen Operationen für das Colimesobjekt von VT und die Kommutativität der zur Struktur gehörigen Diagramme ergeben sich daraus, daß natürliche Transformationen von Funktoren $\mathscr{X} \to \mathscr{C}$ eindeutig bestimmte Morphismen für die Colimesobjekte induzieren. Die natürliche Transformation $\lambda: VT \to L_{\mathscr{X}}$ ergibt für jedes $e \in |\mathscr{X}|$ einen $\mathfrak{S}$-Homomorphismus. Hierbei ist benutzt, daß $Z_{\mathscr{X}}$ bei filtrierendem, also zusammenhängendem $\mathscr{X}$ den Colimes $(Z, \{1_Z\})$ besitzt (9.1.7).

Für $\mathscr{C} = Ens$ wurde in 9.3.7 und 9.3.8 eine explizite Konstruktion gegeben, sie sich jetzt als Spezialfall erweist.

11.5.8 Korollar. *Unter den Voraussetzungen von 11.5.7 respektiert und entdeckt der Vergißfunktor $\mathscr{C}_{\mathfrak{S}} \to \mathscr{C}$ filtrierende Colimites.*

11.5.9 Auf Operationen eines Objektes auf einem anderen lassen sich 11.5.1 und 11.5.7 übertragen. Dabei ergibt sich für Modulhomomorphismen mit Ringwechsel (vgl. 11.3.6) aus 11.5.7 ein klassisches Resultat.

11.6 Homomorph verträgliche Strukturen

11.6.1 Theorem. *Die Kategorie $\mathscr{C}$ besitze endliche Produkte. Das Objekt A in $\mathscr{C}$ sei mit zwei H-Strukturen (u, n) und (u', n') versehen. Ist $u': A \sqcap A \to A$ homomorph bezüglich der Multiplikation u auf A und der von u herrührenden Multiplikation auf $A \sqcap A$, so ist $u = u'$, $n = n'$, und es ist u assoziativ und kommutativ.*

Beweis. Wegen 11.3.5 und 11.4.1 genügt der Beweis für $\mathscr{C} = Ens$. Sei also A eine Menge. Für $(x, y) \in A \times A$ schreiben wir xy statt $u(x, y)$ und $x + y$ statt $u'(x, y)$. n und n' bestimmen eindeutig je ein neutrales Element e bzw. 0 von A, also $xe = ex = x$ und $x + 0 = 0 + x = x$ für alle $x \in A$. Die von u herrührende Multiplikation von $A \times A$ bezeichnen wir mit u''. Gemäß 11.5.2 wird sie durch $u''(x_1, x_2, x_3, x_4) = (x_1 x_3, x_2 x_4)$ beschrieben. Die Voraussetzung über u' besagt nach 11.3.1 (6), daß

$$(8) \qquad \begin{array}{ccc}
(A \times A) \times (A \times A) & \xrightarrow{\ u' \times u'\ } & A \times A \\
\Big\downarrow{\scriptstyle u''} & & \Big\downarrow{\scriptstyle u} \\
A \times A & \xrightarrow{\qquad u' \qquad} & A
\end{array}$$

kommutativ ist, also gilt

$$(x_1 + x_2)(x_3 + x_4) = (x_1 x_3) + (x_2 x_4).$$

Hieraus folgt der Reihe nach

(1) $e = ee = (e + 0)(0 + e) = (e0) + (0e) = 0 + 0 = 0$

(2) $xy = (x + 0)(0 + y) = (x + e)(e + y) = (xe) + (ey) = x + y$

(3) $xy = (0 + x)(y + 0) = (e + x)(y + e) = (ey) + (xe) = y + x$

(4) $(x + y) + z = (x + y) + (0 + z) = (x + y)(e + z) = (xe)$

$\quad + (yz) = x + (y + z)$

11.6.2 Korollar. *Es sei $\mathscr{C}$ eine Kategorie mit endlichen Produkten. Die H-Objekte der Kategorie $\mathscr{C}_H$ sind diejenigen Objekte von $\mathscr{C}_H$, deren H-Struktur kommutativ und assoziativ ist. Insbesondere: Für die Kategorie der Gruppen sind H-Objekte die abelschen Gruppen.*

11.6.3 Korollar. *Es seien A und B Objekte der Kategorie $\mathscr{C}$, und es seien H^A und H_B mit H-Strukturen versehen. Existiert $A \sqcup A$ oder $B \sqcap B$ in $\mathscr{C}$, so stimmen die von H^A und H_B herrührenden H-Strukturen auf $[A, B]_{\mathscr{C}}$ überein, und sie sind assoziativ und kommutativ.*

Beweis. Sei etwa $A \sqcup A$ vorhanden. Weil $A \mapsto H^A$, $f \mapsto H^f$ eine völlig treue Einbettung von $\mathscr{C}^0$ in $[\mathscr{C}, Ens]$ bewirkt, welche Produkte respektiert, rührt die Multiplikation der H-Struktur von H^A von einer eindeutig bestimmten Comultiplikation $v\colon A \to A \sqcup A$ her (11.3.4). $u\colon H_B \sqcap H_B \to H_B$ sei die Multiplikation für H_B.

$$
\begin{array}{ccc}
[A \sqcup A, B] \times [A \sqcup A, B] & \xrightarrow{[v, B] \times [v, B]} & [A, B] \times [A, B] \\
\Big\downarrow{\scriptstyle u_{A \sqcup A}} & & \Big\downarrow{\scriptstyle u_A} \\
[A \sqcup A, B] & \xrightarrow{\quad [v, B] \quad} & [A, B]
\end{array}
$$

ist kommutativ, weil u eine natürliche Transformation ist. Mit dem eindeutig bestimmten Isomorphismus $[A \sqcup A, B] \to [A, B] \times [A, B]$ folgt die Behauptung aus 11.6.1 für den betrachteten Fall. Der andere ist dazu dual.

11.6.4 Korollar. *Für jedes $A \in |\mathscr{C}|$ seien H_A und H^A mit H-Strukturen versehen. Ist in $\mathscr{C}$ stets $A \sqcup A$ oder stets $A \sqcap A$ vorhanden, so ist $\mathscr{C}$ in eindeutig bestimmter Weise semiadditiv (vgl. 1.5), wobei die Addition in $[A, B]$ diejenige algebraische Operation ist, die von der Multiplikation für H^A stammt.*

Beweis. Nach 11.6.3 besitzt jedes $[A, B]$ eine durch H^A und auch durch H_B eindeutig bestimmte kommutative Halbgruppenstruktur, deren Kompositionsgesetz als Addition aufgefaßt ist. Für $b\colon B \to B'$ ist H_b homomorph, weil die Struktur von H^A herrührt, für $a\colon A \to A'$ ist entsprechend H^a homomorph.

11.6.5 Eine Kategorie mit endlichen Produkten oder endlichen Coprodukten kann nach 11.6.4 auf höchstens eine Weise zu einer semiadditiven Kategorie gemacht werden. Ist nämlich $\mathscr{C}$ semiadditiv, so besitzt jedes H_A und H^A eine davon herrührende H-Struktur nach Definition von semiadditiv (1.5). Könnte $\mathscr{C}$ mit zwei verschiedenen semiadditiven Strukturen versehen werden, so ergäbe sich ein Widerspruch zu 11.6.4. Auf die Existenz dieser Produkte oder Coprodukte in 11.6.3 und 11.6.4 kann nicht verzichtet werden.

Gegenbeispiel. Die Ringe $\mathbf{Z}$ und $\mathbf{Z}[x]$ (Polynomring) besitzen isomorphe multiplikative Struktur, weil sie dieselben Einheiten ± 1, eindeutige Primfaktorzerlegung und abzählbar unendlich viele Primelemente besitzen. Diese multiplikative Struktur kann als Morphismenkomposition einer Kategorie mit nur einem Objekt aufgefaßt werden. Diese Kategorie kann auf verschiedene Weise zu einer additiven gemacht werden, denn es sind $\mathbf{Z}$ und $\mathbf{Z}[x]$ als Ringe nicht isomorph, $\mathbf{Z}$ ist Hauptidealring, $\mathbf{Z}[x]$ nicht.

11.6.6 Bekannte Spezialfälle von 11.6.1 sind:

(1) Fundamentalgruppen von H-Räumen (H-Objekte in *Top* oder der zugehörigen Homotopiekategorie), insbesondere von topologischen Gruppen, sind kommutativ. Die Gruppenkomposition für Homotopiegruppen von H-Räumen läßt sich auch mit der H-Struktur des Raumes beschreiben.

(2) Doppelte Einhängungen sind in der punktierten Homotopiekategorie kommutative Co-Gruppen (11.6.1 dual). Insbesondere ist dabei die Sphäre S^n für $n \geq 2$ eine kommutative Co-Gruppe. Daher sind, abgesehen von der Fundamentalgruppe, Homotopiegruppen abelsch.

12. Abelsche Kategorien

12.1 Überblick

12.1.1 Definition. Eine Kategorie heißt *abelsch*, wenn sie folgenden Axiomen genügt:

A 0   Es gibt ein Null-Objekt.
A 1   Es gibt endliche Produkte.
A 1°   Es gibt endliche Coprodukte.
A 2   Jeder Morphismus hat einen Kern.
A 2°   Jeder Morphismus hat einen Cokern.
A 3   Jeder Monomorphismus ist Kern.
A 3°   Jeder Epimorphismus ist Cokern.

12.1.2 Als Konsequenz wird sich ergeben: Eine abelsche Kategorie ist in eindeutiger Weise semiadditiv und damit sogar additiv. Sie ist daher auch endlich vollständig und endlich covollständig (7.2.6, 7.4.2 und dual).

12.1.3 Weitere Konsequenz ist: Endliche Produkte sind auch endliche Coprodukte. Mit Injektionen i_j und Projektionen pr_j gilt für $\coprod A_j = \prod A_j$ mit $j = 1, 2, \ldots, n$ und $n \geq 1$

$$(1) \qquad pr_k i_j = \delta_{kj} = \begin{cases} 0 & \text{für } j \neq k \\ 1_{A_k} & \text{für } j = k \end{cases}$$

$$(2) \qquad \sum_{j=1}^{n} i_j pr_j = 1_{\prod A_j}$$

12.1.4 Jeder Morphismus besitzt eine bis auf Isomorphie eindeutige „natürliche'' Zerlegung in einen Epimorphismus und einen anschließenden Monomorphismus. Abelsche Kategorien sind der geeignete Rahmen zur Betrachtung exakter Folgen, sie sind in der Tat die Grundlage der homologischen Algebra. Ab, $_R Mod$ und Mod_R sind abelsche Kategorien.

12.1.5 Die Axiome in 12.1.1 gehen bei Dualisierung in sich über. Die duale einer abelschen Kategorie ist ebenfalls abelsch.

12.1.6 Satz. *Ist $\mathscr{C}$ eine beliebige, $\mathscr{A}$ eine abelsche Kategorie, so ist $[\mathscr{C}, \mathscr{A}]$ abelsch und auch $Add(\mathscr{C}, \mathscr{A})$, falls $\mathscr{C}$ additiv ist.*

Beweis. Dies folgt aus der „punktweisen'' Konstruktion von Limites und Colimites in Funktorkategorien, wenn man 10.1.4, 12.1.2 und unten 12.4.3 berücksichtigt, wonach jeder Mono- bzw. Epimorphismus in $\mathscr{A}$ Kern bzw. Cokern seines Cokerns bzw. Kerns ist.

12.1.7 Die Kategorie der Gruppen erfüllt alle Axiome außer $A\,3$, Ens_* erfüllt alle außer A 3°. Das zeigt, daß bei Abschwächung der Definition wesentliche Eigenschaften verloren gehen. Wir werden trotzdem bei Einzelbetrachtungen nur Teile des Axiomensystems, gelegentlich zusammen mit semiadditiver Struktur, heranziehen und damit nützliche Hilfssätze gewinnen. Wir verzichten aber darauf, dem axiomatischen Puzzle-Spiel in alle Verästelungen zu folgen.

12.1.8 Das Axiomensystem 12.1.1 läßt sich noch reduzieren. Man kann auf A 1 oder auf A 1° verzichten. Außerdem gibt es äquivalente Axiomensysteme. Wir begnügen uns mit diesen Hinweisen.

12.2 Semiadditive Struktur

12.2.1 Es sei $A = A_1 \sqcup A_2 \sqcup \ldots \sqcup A_m$ ein Coprodukt mit Injektionen i_j und $B = B_1 \sqcap B_2 \sqcap \ldots \sqcap B_n$ ein Produkt mit Projektionen pr_k. Ist für jedes Paar (k, j) ein Morphismus $f_{kj}\colon A_j \to B_k$ gegeben, so gibt es genau einen Morphismus $f\colon A \to B$ mit $pr_k f i_j = f_{kj}$. Wir bezeichnen f durch die Matrix

$$(3) \qquad (f_{kj}) = \begin{pmatrix} f_{11} \cdots f_{1m} \\ f_{n1} \cdots f_{nm} \end{pmatrix}$$

Man beachte die Spezialfälle $m = 1$ bzw. $n = 1$.

12.2.2 Satz. *Die Kategorie $\mathscr{C}$ besitze ein Nullobjekt und endliche Produkte und Coprodukte. Für jedes Paar (A, B) von Objekten sei ein Produkt und ein Coprodukt ausgewählt. Dann ist*

$$(4) \qquad \varrho_{A,B} = \begin{pmatrix} 1_A & 0 \\ 0 & 1_B \end{pmatrix} : A \sqcup B \to A \sqcap B$$

eine natürliche Transformation der Bifunktoren $\sqcup$, $\sqcap : \mathscr{C} \times \mathscr{C} \to \mathscr{C}$.

Beweis. $\sqcup$ und $\sqcap$ sind in der Tat Bifunktoren, wie aus 7.3.3, 8.3.3 folgt. Für $f \colon A \to X$, $g \colon B \to Y$ ist

$$(f \sqcap g)\, \varrho_{A,B} = \begin{pmatrix} f & 0 \\ 0 & g \end{pmatrix} = \varrho_{X,Y}\,(f \sqcup g)\,.$$

Auf Null-Morphismen kann hierbei nicht verzichtet werden, wie *Ens* mit $A = \emptyset$, $B \neq \emptyset$ zeigt. Im allgemeinen ist $\varrho = \{\varrho_{A,B}\}$ weder mono- noch epimorph.

12.2.3 Satz. *Ist unter den Voraussetzungen von 12.2.2 die natürliche Transformation ϱ isomorph, so besitzt $\mathscr{C}$ eine eindeutig bestimmte semi-additive Struktur.*

Beweis. Jedes $A \in |\mathscr{C}|$ besitzt eine Multiplikation

$$u \colon \quad A \sqcap A \xrightarrow{\;\varrho^{-1}\;} A \sqcup A \xrightarrow{\;(1,1)\;} A\,.$$

Für diese ist $0 \to A$ rechtsneutral, wie aus

$$(5) \qquad \begin{array}{ccccccc}
A & \xrightarrow{\binom{1}{0}} & A \sqcap 0 & \xrightarrow{\varrho^{-1}} & A \sqcup 0 & \xrightarrow{(1,0)} & A \\
& & \Big\downarrow{\scriptstyle 1_A \sqcap 0} & & \Big\downarrow{\scriptstyle 1_A \sqcup 0} & & \Big\downarrow{\scriptstyle 1_A} \\
& & A \sqcap A & \xrightarrow{\varrho^{-1}} & A \sqcup A & \xrightarrow{(1,1)} & A
\end{array}$$

folgt: Die obere Zeile besteht aus Isomorphismen mit Inversen pr_1, ϱ, i_1 (7.3.5 und Duales). Wegen $pr_1 \varrho\, i_1 = 1_A$ ist 1_A das Kompositum der oberen Zeile. Die beiden Rechtecke sind kommutativ, wobei hier nur je zwei Produkte und Coprodukte fixiert sein müssen. Nach 11.1.5 ist $0 \to A$ rechtsneutral für u, entsprechend auch linksneutral. Damit hat A und auch H_A eine H-Struktur. Dual hierzu erhält man eine Co-H-Struktur für A und damit eine H-Struktur für H^A. Aus 11.6.4 folgt die Behauptung.

12.2.4 Hilfssatz. *Es sei $\mathscr{C}$ semiadditiv. Es ist $A_1 \xleftarrow{pr_1} A \xrightarrow{pr_2} A_2$ genau dann Produkt von A_1 und A_2, wenn es Morphismen $i_j \colon A_j \to A$ für $j = 1, 2$ gibt mit $pr_k i_j = \delta_{kj}$ (d. h. 1_{A_k} für $k = j$, 0 für $k \neq j$) und $i_1 pr_1 + i_2 pr_2 = 1_A$.*

Beweis. Es liege ein Produkt vor. Man definiere $i_1\colon A_1 \to A$ durch $\binom{1}{0}$, entsprechend i_2. Dann gilt $pr_k i_j = \delta_{kj}$. Es folgt $pr_j(i_1 pr_1 + i_2 pr_2) = pr_j$ und damit $i_1 pr_1 + i_2 pr_2 = 1_A$ nach Definition für Produkte. Seien umgekehrt i_1, i_2 mit den angegebenen Eigenschaften vorhanden. Sind $f_j\colon B \to A_j$ gegeben, so setze man $f = i_1 f_1 + i_2 f_2$. Es folgt $pr_j f = f_j$, und hieraus folgt umgekehrt $f = i_1 f_1 + i_2 f_2$. Also liegt ein Produkt vor.

12.2.5 Satz. *Eine semiadditive Kategorie mit Nullobjekt besitzt endliche Produkte genau dann, wenn sie endliche Coprodukte besitzt. Ist dies der Fall, so sind die endlichen Coprodukte zugleich Produkte, wobei die obigen Formeln (1) und (2) gelten.*

Beweis. 12.2.4 gilt offenbar entsprechend für beliebige endliche Produkte mit mindestens einem Faktor, ebenso das Duale, womit die Behauptung folgt. Der Fall mit leerer Indexmenge ist trivial.

12.2.6 Vereinbarung. In einer semiadditiven Kategorie mit endlichen Produkten erfolge die Auswahl von endlichen Coprodukten stets so, daß die Objekte mit den entsprechenden Produkten zusammenfallen und die Formeln (1), (2) von 12.1.3 gelten (vgl. 8.3.2). Wir sprechen dann von *Biprodukten* und bezeichnen sie auch mit $\bigoplus A_j$.

12.2.1 beschreibt jetzt einen Morphismus von Biprodukten. Komposition solcher Morphismen ist gerade die Matrizenmultiplikation. Die Addition solcher Morphismen ist die Matrizenaddition. Beides bestätigt man mit (1) und (2). Wir benötigen nur die Fälle $n \leq 2$, $m \leq 2$. Mit Δ bezeichnen wir

$$\text{die } \textit{Diagonalabbildung}\colon \quad \Delta = \binom{1}{1}\colon \quad A \to A \oplus A\,,$$

mit ∇ die *Codiagonalabbildung* $\nabla = (1, 1)\colon A \oplus A \to A$.

Die Addition von $f, g\colon A \to B$ wird nach dem Gesagten durch jede der folgenden drei Kompositionen beschrieben

$$(6) \qquad A \xrightarrow{\;\Delta\;} A \oplus A \xrightarrow{\;(f,\,g)\;} B,$$

$$(7) \qquad A \xrightarrow{\;\binom{f}{g}\;} B \oplus B \xrightarrow{\;\nabla\;} B,$$

$$(8) \qquad A \xrightarrow{\;\Delta\;} A \oplus A \xrightarrow{\;\left(\begin{smallmatrix} f & 0 \\ 0 & g \end{smallmatrix}\right)\;} B \oplus B \xrightarrow{\;\nabla\;} B.$$

12.2.7 Satz. *Es seien $\mathscr{C}$ und $\mathscr{D}$ semiadditive Kategorien. Ein additiver Funktor $T\colon \mathscr{C} \to \mathscr{D}$ respektiert Produkte (einschließlich Null-Objekt, falls vorhanden). Besitzt $\mathscr{D}$ ein Nullobjekt und $\mathscr{C}$ endliche Produkte, so ist jeder Funktor $T\colon \mathscr{C} \to \mathscr{D}$, der endliche Produkte respektiert, additiv.*

Beweis. Ist T additiv, so respektiert T Nullmorphismen und daher auch Nullobjekte, weil diese durch $1_0 = 0$ charakterisiert sind. T respektiert endliche Produkte wegen 12.2.4, 12.2.5.

Sei umgekehrt das der Fall, und es seien endliche Produkte in $\mathscr{C}$ vorhanden. Dann respektiert T Nullobjekte und damit Nullmorphismen. Der Beweis von 12.2.4 zeigt, daß T Biprodukte respektiert. Wegen (6) ist T additiv.

12.2.8   Bemerkungen. Unter den Voraussetzungen von 12.2.2 läßt sich leicht folgern, daß eine H-Struktur mit Multiplikation u für das Objekt A genau dann vorliegt, wenn

$$A \sqcup A \xrightarrow{\ \varrho_{A,A}\ } A \sqcap A$$

mit ∇ und u nach A

kommutativ ist. Ist $\varrho_{A,A}$ isomorph, so existiert genau ein solches u.

Eine semiadditive Kategorie $\mathscr{C}$ läßt sich zu einer Kategorie von Matrizen über $\mathscr{C}$ erweitern (in 12.2.1 sind A und B durch m-tupel bzw. n-tupel zu ersetzen). Die Erweiterung besitzt endliche Produkte. Additive Funktoren setzen sich auf die Erweiterungen fort.

12.3 Kerne und Cokerne

Es sei durchweg ein Nullobjekt vorhanden.

12.3.1   Es hat hier Sinn, von Kernen und Cokernen zu sprechen. Einen ausgewählten Kern $k\colon K \to A$ von $f\colon A \to B$ bezeichnen wir mit ker f, entsprechend coker f für einen Cokern. Jeder Kern ist monomorph (7.2 2). Im Sinne der Vorordnung 6.5.4 von Monomorphismen mit Ziel A ist ker f unter den durch f annullierten Monomorphismen ein größter. ker f ist auch dadurch charakterisiert, daß

(9)
$$\begin{array}{ccc} K & \longrightarrow & 0 \\ {\scriptstyle k}\downarrow & & \downarrow \\ A & \xrightarrow{\ f\ } & B \end{array}$$

ein Pullback ist. 1_A sei stets als Kern von $A \to 0$ und als Cokern von $0 \to A$ ausgewählt.

12.3.2   Ist $m\colon B \to C$ monomorph, so haben $f\colon A \to B$ und mf dieselben Kerne, denn für $u\colon X \to A$ ist $mfu = 0$ gleichwertig mit $fu = 0$.

12.3.3   Ist m monomorph, so ist ker $m = 0$. Insbesondere gilt ker $(\text{ker } f) = 0$. Das folgt aus (9) und 7.8.2.

12.3.4 Theorem. *In*

$$
\begin{array}{ccc}
A_1 \xrightarrow{\ a_1\ } A_2 \xrightarrow{\ a_2\ } A_3 \\
\Downarrow \qquad \downarrow f_2 \qquad \downarrow f_3 \\
K \xrightarrow{\ \ker g\ } B_2 \xrightarrow{\ g\ } B_3
\end{array}
$$

(10)

sei das Viereck rechts kommutativ und $a_2 a_1 = 0$.

(a) *Es gibt genau einen Morphismus* $f_1\colon A_1 \to K$, *so daß links ein kommutatives Viereck entsteht.*

(b) *Ensteht links ein Pullback, so ist* a_1 *Kern von* a_2.

(c) *Ist* a_1 *Kern von* a_2 *und* f_3 *monomorph, so entsteht links ein Pullback.*

(d) *Ist das rechte Viereck ein Pullback, so ist* a_1 *genau dann Kern von* a_2, *wenn* f_1 *isomorph ist.*

Beweis. (a) folgt wegen $g f_2 a_1 = 0$ unmittelbar aus der Definition für Kerne.

(b) Ist $v\colon X \to A_2$ mit $a_2 v = 0$ gegeben, so ist $g f_2 v = f_3 a_2 v = 0$, und es gibt genau einen Morphismus $u\colon X \to K$ mit $(\ker g)u = f_2 v$. Nach Pullback-Eigenschaft gibt es genau einen Morphismus $w\colon X \to A_1$ mit $a_1 w = v$ und $f_1 w = u$. Wegen 7.8.2 ist a_1 monomorph und daher w bereits durch $a_1 w = v$ eindeutig bestimmt. Also ist a_1 Kern von a_2.

(c) Sind $u\colon X \to K$ und $v\colon X \to A_2$ mit $(\ker g)u = f_2 v$ gegeben, so ist $0 = g(\ker g)u = g f_2 v = f_3 a_2 v$. Weil f_3 monomorph ist, ist $a_2 v = 0$. Daher gibt es genau ein $w\colon X \to A_1$ mit $a_1 w = v$. Es ist $(\ker g)f_1 w = f_2 a_1 w = f_2 v = (\ker g)u$ und damit $f_1 w = u$, weil $\ker g$ monomorph ist. Das ergibt die Behauptung.

(d) Mit $0\colon K \to A_3$ entsteht ein eindeutig bestimmter Morphismus $h\colon K \to A_2$ mit $a_2 h = 0$ und $f_2 h = \ker g$. Liegt $v\colon X \to A_2$ mit $a_2 v = 0$ vor, so ist $g f_2 v = 0$, und es gibt eindeutig $w\colon X \to K$ mit $f_2 v = (\ker g)w = f_2 h w$. Mit $a_2 v = 0 = a_2 h w$ folgt aus der Pullback-Eigenschaft $v = hw$. Also ist h Kern von a_2. Speziell für $v = a_1$ und $a_1 = hw$ folgt $f_2 a_1 = f_2 h w = (\ker g)w$ und damit $w = f_1$ wegen (a). Aus $a_1 = h f_1$ ergibt sich (d).

12.3.5 Bemerkung. 12.3.4 (a) bis (c) lassen sich auf Differenzkerne übertragen. An Stelle von a_2 und g treten je zwei Morphismen a_2, a_2' bzw. g, g' mit $a_2 a_1 = a_2' a_1$, $f_3 a_2 = g f_2$ und $f_3 a_2' = g' f_2$. An Stelle von $\ker g$ tritt ein Differenzkern von g und g'. Die Beweise sind fast wörtlich dieselben.

12.3.6 Ist $k\colon K \to A$ Kern von $f\colon A \to B$ und $p\colon A \to C$ Cokern von k, so ist k auch Kern von p. In der Kategorie der Monomorphismen mit Ziel A (6.5.4, 6.5.6) gilt also $\ker f \cong \ker \mathrm{coker} \ker f$.

Beweis. Wegen $f k = 0$ gibt es genau einen Morphismus $q\colon C \to B$ mit $qp = f$ nach Definition Cokern. Außerdem ist $pk = 0$. Liegt $v\colon X \to A$ mit $pv = 0$ vor, so ist $qpv = fv = 0$, und es gibt genau einen Morphismus $w\colon X \to K$ mit $v = kw$. Also ist k Kern von p.

12.3.7 Definition. Es seien ein Nullobjekt, Kerne und Cokerne vorhanden. Für $f\colon A \to B$ setzen wir $\operatorname{im} f = \ker(\operatorname{coker} f)$ und $\operatorname{coim} f =$ $= \operatorname{coker}(\ker f)$ und nennen $\operatorname{im} f$ *Bild*, $\operatorname{coim} f$ *Cobild* von f.

12.3.8 Satz. *Die Kategorie $\mathscr{C}$ besitze ein Nullobjekt, Kerne und Cokerne. Für $f\colon A \to B$ gibt es eine Zerlegung*

(11)

$$
\begin{array}{ccc}
\bar{A} & \xrightarrow{\ \bar{f}\ } & B' \\
{\scriptstyle \operatorname{coim} f}\uparrow & & \downarrow{\scriptstyle \operatorname{im} f} \\
A & \xrightarrow{\ f\ } & B \\
{\scriptstyle \ker f}\uparrow & & \downarrow{\scriptstyle \operatorname{coker} f} \\
\bullet & & \bullet
\end{array}
$$

mit eindeutig bestimmten $\bar{f}$, so daß $f = (\operatorname{im} f)\,\bar{f}\,(\operatorname{coim} f)$ ist. Ist

(12)

$$
\begin{array}{ccc}
A & \xrightarrow{\ f\ } & B \\
{\scriptstyle h_1}\downarrow & & \downarrow{\scriptstyle h_2} \\
C & \xrightarrow{\ g\ } & D
\end{array}
$$

kommutativ, so setzt sich (12) in eindeutiger Weise zu einer natürlichen Transformation des Diagramms (11) in das entsprechende für $g\colon C \to D$ fort.

Beweis. Wegen $f(\ker f) = 0$ gibt es $u\colon \bar{A} \to B$ mit $f = u(\operatorname{coim} f)$ nach Definition von $\operatorname{coim} f$. Es folgt $(\operatorname{coker} f)\,u = 0$, weil $(\operatorname{coker} f)\,f = 0$ und $\operatorname{coim} f$ epimorph ist. Daher gibt es $\bar{f}$ mit $u = (\operatorname{im} f)\bar{f}$. Die Eindeutigkeit von $\bar{f}$ folgt daraus, daß $\operatorname{coim} f$ epimorph und $\operatorname{im} f$ monomorph ist. Zum Beweis der zweiten Aussage lasse man $\bar{f}$ in (11) zunächst fort. Die Fortsetzung von (12) zu einer natürlichen Transformation ergibt sich dann aus den Definitionen für Kerne und Cokerne und 12.3.7. Fügt man wieder $\bar{f}$ und $\bar{g}$ hinzu, so ergibt sich die Kommutativität des entstehenden Dachvierecks daraus, daß $\operatorname{coim} f$ epimorph und $\operatorname{im} g$ monomorph ist. Man schaltet $\operatorname{coim} f$ vor und fügt $\operatorname{im} g$ an und nützt die Kommutativität der übrigen Seiten des Würfels aus, der aus dem Oberteil von (11) vermöge (12) entsteht (vgl. 6.2.4).

12.3.9 Bemerkungen. Sind in $\mathscr{C}$ Kerne und Cokerne ausgewählt, so besagt die zweite Aussage von 12.3.8, daß ein Funktor der Kategorie der $\mathscr{C}$-Morphismen (6.5.1) in eine Kategorie kommutativer Diagramme über $\mathscr{C}$ vorliegt (*natürliche Zerlegung*). Mit Untergruppen als Kernen und Faktorgruppen als Cokernen ist dies insbesondere bei Ab der Fall, entsprechend bei $_R Mod$, wobei $\bar{f}$ ein Isomorphismus ist.

Ohne zusätzliche Bedingungen ist $\bar{f}$ nicht monomorph oder epimorph, wie Ens_*, Top_* und die Kategorie der Gruppen zeigen. In der Tat ist 12.3.7 und damit die Bezeichnung in 12.3.8 ohne Zusatzbedingungen nicht korrekt, wenn man Bild und Cobild allgemein so definieren will, daß sie durch Extremalbedingungen charakterisiert und natürlich sind.

12.4 Zerlegung von Morphismen

In den folgenden Hilfssätzen geben wir die Voraussetzungen in den Bezeichnungen von 12.1.1 an.

12.4.1 Aus A0, A2, A3 folgt: Monomorphismen mit gleichem Ziel haben endliche Durchschnitte.

Beweis. Ist $m: K \to B_2$ monomorph, so ist m Kern, etwa von g: $B_2 \to B_3$. Ist auch $f_2: A_2 \to B_2$ monomorph, so folgt die Behauptung aus 12.3.4 (c) mit $f_3 = 1_{B_3}$ und $a_2 = gf_2$ für Durchschnitte von zwei Monomorphismen, was nach 7.8.6 genügt.

12.4.2 Aus A0, A1, A2, A3 folgt endliche Vollständigkeit, insbesondere die Existenz von Differenzkernen und Pullbacks.

Beweis. 12.4.1 und 7.8.8.

12.4.3 A0, A2, A2^o, A3: Ist m monomorph, so ist m Kern von coker m. Ist außerdem coker $m = 0$, so ist m isomorph. Jeder Bimorphismus ist isomorph. (Die Kategorie ist ausgeglichen.)

Beweis. Die erste Behauptung folgt aus A3 und 12.3.6. Ist coker $m = 0$ für $m: A \to B$, so ist m und auch 1_B Kern von coker m, also m isomorph. Ist m bimorph, so ist coker $m = 0$ (12.3.3 dual).

12.4.4 Lemma. *Es seien* A0 *und* A2^o *erfüllt. Die Zuordnung* $m \mapsto$ coker m *(bei ausgewählten Cokernen) ergibt einen Funktor* γ *von der Kategorie der Monomorphismen mit Ziel* A *(6.5.4) in die Kategorie der Epimorphismen mit Quelle* A. *Sind auch* A2 *und* A3 *erfüllt. so induziert* γ *eine injektive Abbildung, wenn zu Äquivalenzklassen von Monomorphismen und von Epimorphismen übergegangen wird. Diese Abbildung ist bijektiv, wenn noch* A3^o *gilt.*

Beweis. In

$$(13)$$

$$\begin{array}{ccccc} K_1 & \xrightarrow{m_1} & A & \xrightarrow{p_1} & L_1 \\ \downarrow{\scriptstyle t} & & \| {\scriptstyle 1_A} & & \\ K_2 & \xrightarrow{m_2} & A & \xrightarrow{p_2} & L_2 \end{array}$$

sei $m_1 = m_2 t$ und es seien m_1 und m_2, also auch t, monomorph. Ferner sei $p_j =$ coker m_j für $j = 1, 2$. Es ist $p_2 m_1 = 0$ und nach Definition Cokern gibt es genau einen Morphismus $\gamma(t): L_1 \to L_2$ mit $\gamma(t) p_1 = p_2$. Offenbar liegt damit ein Funktor vor, insbesondere ist $\gamma(t)$ isomorph, wenn t isomorph ist. Gelten A2 und A3, so ist m_j ein Kern von p_j (12.4.3), und je zwei Kerne von p_j sind äquivalent. Der Rest folgt aus 12.4.3 dual. Die Umkehrabbildung für Äquivalenzklassen wird von $p \mapsto$ ker p induziert.

12.4.5 A0, A2, A2º, A3: Es seien $f\colon A \to B$ und ein Monomorphismus $m\colon M \to B$ gegeben. Es ist f genau dann von der Gestalt $f = mg$, wenn $(\operatorname{coker} m)f = 0$. Ist dies der Fall, so ist $\operatorname{im} f$ von der Form $\operatorname{im} f = mh$, also ist $\operatorname{im} f$ ein kleinster Monomorphismus, über den f faktorisiert.

Beweis. Aus $(\operatorname{coker} m)m = 0$ folgt $(\operatorname{coker} m)mg = 0$. Sei nun $(\operatorname{coker} m)f = 0$. Dann gibt es $g\colon A \to M$ mit $f = mg$ wegen 12.4.3 nach Definition für Kerne. Nach Definition Cokern gibt es q mit $q(\operatorname{coker} f) = \operatorname{coker} m$. Nach Definition Kern und 12.4.3 gibt es h mit $\operatorname{im} f = mh$, und es ist $\operatorname{im} f$ kleiner als m im Sinne von 6.5.4.

12.4.6 Es seien A0, A2, A2º, A3 erfüllt und Differenzkerne vorhanden (also etwa noch A1 erfüllt (12.4.2) oder die Kategorie additiv (7.2.6)). Dann gilt

(a) Gleichwertig sind:

    (i) $f\colon A \to B$ ist epimorph

    (ii) $\operatorname{im} f = 1_B$

    (iii) $\operatorname{coker} f = 0$

(b) In der Zerlegung $f = (\operatorname{im} f)f'$ ist f' epimorph.

Beweis. (a) (ii) und (iii) sind gleichwertig nach 12.4.3. Aus (i) folgt (iii) nach 12.3.3 dual. Sei jetzt $\operatorname{coker} f = 0$, und es seien $u, v\colon B \to X$ mit $uf = vf$ gegeben. $m\colon M \to B$ sei Differenzkern von u und v. Dann hat f die Gestalt $f = mg$. Nach 12.4.5 und (ii) ist 1_B von der Form mh. Daher sind m und 1_B äquivalente Monomorphismen mit Ziel B. Also ist m isomorph Es folgt $u = v$ und damit (i).

(b) Wir setzen $\operatorname{im} f\colon B' \to B$ und $f' = \bar{f}(\operatorname{coim} f)$ gemäß 12.3.8. Es seien $u, v\colon B' \to X$ mit $uf' = vf'$ gegeben, und es sei $m'\colon M \to B'$ Differenzkern von u und v. Dann ist f' von der Form $m'g'$ und m' monomorph, also auch $m = (\operatorname{im} f)m'$. Nach 12.4.5 sind $\operatorname{im} f$ und m äquivalente Monomorphismen mit Ziel B. Also ist m' isomorph, $u = v$ und daher f' epimorph.

12.4.7 A0, A2, A2º, A3: Es sei

$$(14)\qquad
\begin{array}{ccc}
A & \xrightarrow{\;a\;} & B \\
{\scriptstyle \bar{a}}\big\downarrow & & \big\downarrow{\scriptstyle b} \\
D & \xrightarrow[\;\bar{b}\;]{} & C
\end{array}$$

kommutativ, a epimorph und $\bar{b}$ monomorph. Dann gibt es genau einen Morphismus $d\colon B \to D$ mit $\bar{a} = da$ und $b = \bar{b}d$. Dabei ist d epimorph (monomorph), falls $\bar{a}$ epimorph (b monomorph) ist. d ist isomorph, wenn es bimorph ist.

Beweis. Es sei $c\colon C \to E$ Cokern von $\bar{b}$. Dann ist $0 = cb\bar{a} = cba$. Weil a epimorph ist, folgt $cb = 0$. Nach 12.4.3 ist $\bar{b}$ Kern von c. Daher gibt es genau einen Morphismus d mit $b = \bar{b}d$. Es folgt $\bar{b}da = ba = \bar{b}\bar{a}$ und damit $da = \bar{a}$, weil $\bar{b}$ monomorph ist. Die nächste Behauptung folgt aus 5.1.5° bzw. 5.1.5, die letzte aus 12.4.3.

12.4.8 Satz. *Es seien* A0, A2, A2°, A3 *erfüllt. Läßt sich ein Morphismus in einen Epimorphismus und anschließenden Monomorphismus zerlegen, so ist die Zerlegung bis auf Isomorphie eindeutig. Existiert die Zerlegung für jeden Morphismus (vgl. 12.4.6), so ist sie natürlich. Genauer: Es sei*

$$(15)\qquad
\begin{array}{ccc}
A \xrightarrow{\;a\;} B & \xrightarrow{\;b\;} & C \\[2pt]
\Big\downarrow{\scriptstyle h}\quad\xrightarrow{\;c\;} & & \Big\downarrow{\scriptstyle k} \\[2pt]
X \xrightarrow{\;x\;} Y & \xrightarrow{\;y\;} & Z
\end{array}$$

kommutativ, a und x seien epimorph, b und y monomorph. Es gibt genau einen Morphismus $d\colon B \to Y$ mit $da = xh$ und $yd = kb$. Dabei ist d epimorph (monomorph), wenn h epimorph (k monomorph) ist. d ist isomorph, wenn es bimorph ist.

Die Behauptungen folgen unmittelbar aus 12.4.7.

12.4.9 Satz. *Es seien* A0, A2, A2°, A3, A3° *erfüllt. Besitzt f eine Zerlegung $f = f''f'$ mit epimorphem f' und monomorphem f'', so ist f' Cokern von* ker f *und f'' Kern von* coker f. *In der Zerlegung 12.3.8 ist $\bar{f}$ isomorph.*

Zusatz. Die Zerlegung $f = f''f'$ existiert für beliebiges f, wenn Differenzkerne oder Differenzcokerne vorhanden sind, insbesondere wenn noch A1 oder A1° erfüllt oder die Kategorie additiv ist.

Beweis. Nach 12.3.2 ist ker f auch Kern von f', und nach 12.4.3 dual ist f' Cokern von ker f. Dualerweise ist f'' Kern von coker f. Die letzte Behauptung ist damit evident. Der Zusatz folgt aus 12.4.6 (b) und seinem Dualen.

12.4.10 Bemerkung. In der Kategorie $\mathscr{C}$ sei jeder Morphismus bis auf Isomorphie eindeutig in einen Epimorphismus und anschließenden Monomorphismus zerlegbar (was z. B. auch in *Ens* und jeder Kategorie $[\mathscr{C}, Ens]$ gilt). Ist (14) kommutativ mit epimorphem a und monomorphem $\bar{b}$, so gibt es genau einen Morphismus $d\colon B \to D$ mit $\bar{a} = da$ und $b = d\bar{b}$. Das folgt, wenn man $\bar{a}$ und b in Epi- und Monomorphismus zerlegt und die Zerlegung von $ba = \bar{b}\bar{a}$ betrachtet. 12.4.8 gilt entsprechend, auch daß jeder Bimorphismus $f\colon A \to B$ isomorph ist, was mit $1_B f = f 1_A$ vermöge 5.3.4 folgt.

Aus der Natürlichkeit der Morphismenzerlegung in der Kategorie $\mathscr{C}$ folgt eine kanonische Zerlegung in jeder Funktorkategorie $[\mathscr{D}, \mathscr{C}]$ bzw. $Add(\mathscr{D}, \mathscr{C})$, vgl. 10.1.6, 10.1.9. Die Zerlegung in Epi- und Monomorphismus ist bis auf Isomorphie sicher dann eindeutig, wenn 10.1.5 gilt.

112

12.5 Die additive Struktur

12.5.1 A 0: Für das Coprodukt $A \sqcup B$ mit Injektionen i_1, i_2 ist $(0, 1)$: $A \sqcup B \to B$ Cokern von i_1.

Beweis. Für (u, v): $A \sqcup B \to X$ sei $(u, v)i_1 = 0$. Das ist gleichwertig mit $u = 0$ nach Definition von (u, v) in 12.2.1. Nach Definition Coprodukt ist $(0, v) = v(0, 1)$ für v: $B \to X$, denn durch Vorschalten von i_1 bzw. i_2 entsteht beiderseits 0 bzw. v. Aus $v(0, 1) = w(0, 1)$ folgt $w = v$ und damit die Behauptung.

12.5.2 A 0, A 2, A 2°, A 3: Ist $A \sqcup B$ vorhanden, so ist

$$(1) \qquad
\begin{array}{ccc}
0 & \longrightarrow & B \\
\downarrow & & \downarrow{\scriptstyle i_2} \\
A & \underset{i_1}{\longrightarrow} & A \sqcup B
\end{array}$$

ein Pullback.

Beweis. Man betrachte

$$
\begin{array}{ccccc}
0 & \longrightarrow & B & \overset{1_B}{\longrightarrow} & B \\
\downarrow & & \downarrow{\scriptstyle i_2} & & \downarrow{\scriptstyle 1_B} \\
A & \underset{i_1}{\longrightarrow} & A \sqcup B & \underset{(0,\,1)}{\longrightarrow} & B
\end{array}$$

Das Diagramm ist kommutativ. Nach 12.4.3 und 12.5.1 ist i_1 Kern von $(0, 1)$. Da $0 \to B$ Kern von 1_B ist, folgt die Behauptung aus 12.3.4 (c). (1) ist übrigens auch ein Pushout.

12.5.3 In einer abelschen Kategorie ist

$$\varrho = \begin{pmatrix} 1 & 0 \\ 0 & 1 \end{pmatrix} : \quad A \sqcup B \to A \sqcap B \quad \text{isomorph.}$$

Beweis. Es ist $pr_2\varrho = (0, 1)$ und i_1 Kern von $pr_2\varrho$. Sei k: $K \to A \sqcup B$ Kern von ϱ. Dann ist $pr_2\varrho k = 0$, und es gibt genau einen Morphismus k_1: $K \to A$ mit $k = i_1 k_1$. Entsprechend ist $k = i_2 k_2$. Wegen 12.5.2 ist $k = 0$. Aus 12.4.6 dual folgt, daß ϱ monomorph ist. Dualerweise ist ϱ epimorph und damit isomorph nach 12.4.3.

12.5.4 Die nach 12.5.3 und 12.2.3 vorhandene, eindeutig bestimmte semiadditive Struktur einer abelschen Kategorie ist sogar additiv.

Beweis. Es sei f: $A \to B$ gegeben. Wir können jetzt Produkte als Biprodukte auffassen und betrachten

$$h = \begin{pmatrix} 1 & 0 \\ f & 1 \end{pmatrix} : \quad A \oplus B \to A \oplus B.$$

Es ist coker $h = 0$. Für $(u, v)\colon A \oplus B \to X$ ist nämlich $(u, v)h =$
$= (u + vf, v)$, und das ist nur dann 0, wenn $v = 0$ und $u = 0$ ist.
Dualerweise ist ker $h = 0$. Damit folgt aus 12.4.3, daß h isomorph ist.
Das Inverse von h kann als Matrix geschrieben werden. Aus

$$\begin{pmatrix} 1 & 0 \\ 0 & 1 \end{pmatrix} = \begin{pmatrix} 1 & 0 \\ f & 1 \end{pmatrix} \begin{pmatrix} a & b \\ c & d \end{pmatrix} = \begin{pmatrix} a & b \\ fa + c & fb + d \end{pmatrix}$$

folgt $a = 1_A$ und damit $f + c = 0$.

Also ist $[A, B]$ eine additive Gruppe.

12.6 Idempotente

12.6.1 Definition. Ein Endomorphismus $h\colon A \to A$ heißt *idempotent*,
wenn $hh = h$ ist.

Man bestätigt unmittelbar

12.6.2 Ist $r\colon A \to B$ eine Retraktion mit $ri = 1_B$, so ist $ir\colon A \to A$
idempotent. Ist in einer additiven Kategorie $h\colon A \to A$ idempotent, so
ist auch $1_A - h$ idempotent.

12.6.3 **Satz.** *Sei $\mathscr{C}$ eine additive Kategorie.*

(a) *Ist $r\colon A \to B$ Retraktion mit $ri = 1_B$, so ist i Kern von $1_A - ir$.*

(b) *Ist $h\colon A \to A$ idempotent, $i_1\colon A_1 \to A$ Kern von h und $i_2\colon A_2 \to$*
   Kern von $1_A - h$, so ist A Biprodukt von A_1 und A_2 mit Injektionen
   i_1, i_2.

Beweis. (a) Es ist $(1_A - ir)\,i = 0$. Ist $u\colon X \to A$ gegeben mit $(1_A - ir)\,u =$
$= 0$, so gilt $u = i\,(ru)$. Weil i monomorph ist, ist i Kern von $(1_A - ir)$.
(b) Wegen $h\,(1 - h) = 0$ gibt es $p_1\colon A \to A_1$ mit $i_1 p_1 = 1_A - h$ nach
Definition Kern. Ebenso gibt es $p_2\colon A \to A_2$ mit $i_2 p_2 = h$. Es folgt
$i_1 p_1 + i_2 p_2 = 1_A$, $i_1 p_1 i_1 = i_1 - h i_1 = i_1$ und damit $p_1 i_1 = 1_{A_1}$, weil
i_1 monomorph ist, ebenso $i_1 p_1 i_2 = (1 - h) i_2 = 0$ und damit $p_1 i_2 = 0$.
Man erhält ebenso $p_2 i_2 = 1_{A_2}$, $p_2 i_1 = 0$ und damit (b) nach 12.2.4
dual.

13. Exakte Folgen

13.1 Exakte Folgen in exakten Kategorien

13.1.1 Definition. In einer Kategorie mit Nullobjekt und Kernen heißt
eine *Folge* von zwei Morphismen

(1) $$A \xrightarrow{f} B \xrightarrow{g} C$$

exakt, wenn gilt

(i) $gf = 0$,

(ii) In der wegen (i) vorhandenen Zerlegung $f = (\ker g)f'$ ist f' epimorph.

Eine Folge von Morphismen

$$\longrightarrow A_{n-1} \xrightarrow{a_{n-1}} A_n \xrightarrow{a_n} A_{n+1} \xrightarrow{a_{n+1}} A_{n+2} \longrightarrow \cdots$$

heißt exakt an der Stelle A_n, wenn a_{n-1} und a_n (i) und (ii) erfüllen. Sie heißt exakt, wenn sie an jeder Stelle exakt ist.

Diese Definition ist auch für Gruppen korrekt. Im Hinblick auf die beabsichtigten Anwendungen begnügen wir uns jedoch mit stärkeren Voraussetzungen für die betrachteten Kategorien.

13.1.2 Definition. Eine Kategorie heißt *exakt*, wenn sie den Axiomen A0, A2, A2°, A3, A3° in 12.1.1 genügt und wenn jeder Morphismus in einen Epimorphismus und einen anschließenden Monomorphismus zerlegbar ist.

Wir schließen uns hier der Terminologie von MITCHELL an. Additive exakte Kategorien oder sogar abelsche sind exakte Kategorien im ursprünglichen Sinn (BUCHSBAUM). Die angegebene Zerlegbarkeit der Morphismen braucht dann nicht besonders gefordert zu werden.

Für die Zerlegung der Morphismen gelten 12.4.8 und 12.4.9. Jeder Bimorphismus ist isomorph (12.4.3). Die duale einer exakten Kategorie ist ebenfalls exakt. In einer exakten Kategorie sind folgende Aussagen für (1) gleichwertig

(E_1) (1) ist exakt, d. h. f besitzt eine Zerlegung $f = (\ker g)f'$ mit epimorphem f'.

(E_1^0) g besitzt eine Zerlegung $g = g''(\mathrm{coker}\, f)$ mit monomorphem g''.

(E_2) im f ist Kern von g.

(E_2^0) coim g ist Cokern von f.

(E_3) im f ist Kern von coim g.

(E_4) ker g ist Kern von coker f

und die zu (E_3) und (E_4) dualen Aussagen.

Beweis. g und coim g besitzen nach 12.3.2 dieselben Kerne, und im f ist Kern von coker f. Wegen 12.4.9 ist (E_1), (E_2), (E_3), (E_4) stets die Aussage, daß g, coim g und coker f dieselben Kerne besitzen. Wegen 12.4.4 ist (E_3) gleichwertig damit, daß coim g Cokern von im f ist. Das ist das Duale von (E_3). Die zu (E_1) bis (E_4) dualen Aussagen sind ebenfalls gleichwertig, weil die duale einer exakten Kategorie exakt ist.

13.1.3 In einer exakten Kategorie gilt

(a) $0 \to A \xrightarrow{m} B$ ist genau dann exakt, wenn m monomorph ist.

(a°) $A \xrightarrow{p} B \to 0$ ist genau dann exakt, wenn p epimorph ist.

(b) $0 \to A \xrightarrow{j} B \to 0$ ist genau dann exakt, wenn j isomorph ist.

(c) $0 \to A \xrightarrow{m} B \xrightarrow{f} C$ ist genau dann exakt, wenn m Kern von f ist.

(c°) $A \xrightarrow{f} B \xrightarrow{p} C \to 0$ ist genau dann exakt, wenn p Cokern von f ist.

Beweis. (a) Es ist 1_A Cokern von $0 \to A$. Damit folgt (a) unmittelbar aus (E_1^0), (a°) ist dual dazu. (b) folgt aus (a) und (a°). Ist bei (c) m Kern von f, so ist Exaktheit an der Stelle A wegen (a) und an der Stelle B wegen (E_1) vorhanden. Die Umkehrung folgt ebenfalls aus (a) und (E_1). (c^o) ist zu (c) dual.

13.1.4 Satz. *Es liege vor*

$$(2) \qquad A \xrightarrow{f} B \xrightarrow{g} C \xrightarrow{h} D.$$

(a) *Ist h monomorph, so ist (2) an der Stelle B genau dann exakt, wenn* $A \xrightarrow{f} B \xrightarrow{hg} D$ *exakt ist.*

(b) *Ist g Cokern von f und* $A \xrightarrow{f} B \xrightarrow{hg} D$ *exakt, so ist h monomorph.*

(c) *Ist g monomorph und* $A \xrightarrow{gf} C \xrightarrow{h} D$ *exakt, so ist* $A \xrightarrow{f} B \xrightarrow{hg} D$ *exakt.*

Beweis. (a) folgt unmittelbar aus (E_2) wegen 12.3.2. (b) folgt aus (E_2^0) und 12.4.9. Bei (c) ist $f = (\mathrm{im}\, f)\, f'$ mit epimorphem f'. Wir betrachten:

$$(3) \qquad \begin{array}{ccccc}
B' & \xrightarrow{\mathrm{im}\, f} & B & \xrightarrow{hg} & D \\
{\scriptstyle 1_{B'}}\downarrow & & {\scriptstyle g}\downarrow & & \downarrow{\scriptstyle 1_D} \\
B' & \xrightarrow{g(\mathrm{im}\, f)} & C & \xrightarrow{h} & D
\end{array}$$

Aus den Voraussetzungen folgt wegen (E_1), daß $g\,(\mathrm{im}\, f)$ Kern von h ist. Das Kompositum in der oberen Zeile von (3) ist 0, das rechte Viereck ist kommutativ und das linke ist ein Pullback, weil g monomorph ist. Damit folgt aus 12.3.4 (b) die Behauptung.

13.1.5 Das Diagramm

$$(4) \qquad \begin{array}{ccccc}
A_1 & \xrightarrow{a_1} & A_2 & \xrightarrow{a_2} & A_3 \\
{\scriptstyle f_1}\downarrow\!\!\downarrow & & {\scriptstyle f_2}\downarrow & & \downarrow{\scriptstyle f_3} \\
B_1 & \xrightarrow[b_1]{} & B_2 & \xrightarrow[b_2]{} & B_3
\end{array}$$

sei kommutativ, f_1 epimorph, f_2 monomorph und die untere Zeile exakt.

(a) Ist f_3 monomorph, so ist die obere Zeile exakt.

(b) Ist a_2 Cokern von a_1, so ist f_3 monomorph.

Beweis. Nach dem Dualen von 13.1.4 (a) ist auch

$$A_1 \to B_2 \xrightarrow{b_2} B_3$$

exakt mit $b_1 f_1 = f_2 a_1 \colon A_1 \to B_2$. Wegen 13.1.4 (c) ist

$$A_1 \xrightarrow{a_1} A_2 \to B_3$$

exakt mit $b_2 f_2 = f_3 a_2 \colon A_2 \to B_3$. Damit folgen die Behauptungen aus 13.1.4 (a), (b).

13.2 Kurze exakte Folgen

13.2.1 Eine *kurze exakte Folge* ist eine exakte Folge der Gestalt

$$(5) \qquad 0 \to A \xrightarrow{\; m \;} B \xrightarrow{\; p \;} C \to 0.$$

Exakte Folgen sind spezielle Diagramme. Damit ist klar, was natürliche Transformationen und Isomorphismen von exakten Folgen sind. In Anlehnung an den Sachverhalt bei Ab schreibt man für (5) oder eine zu (5) isomorphe kurze exakte Folge auch

$$0 \to A \to B \to B/A \to 0.$$

13.2.2 Zu jedem Morphismus $f\colon A \to B$ gehören zwei kurze exakte Folgen

$$(6) \qquad 0 \to K \xrightarrow{\;\ker f\;} A \xrightarrow{\;\operatorname{coim} f\;} \bar{A} \to 0 \quad \text{und}$$

$$(7) \qquad 0 \to B' \xrightarrow{\;\operatorname{im} f\;} B \xrightarrow{\;\operatorname{coker} f\;} K' \to 0$$

mit einem Isomorphismus $\bar{f}\colon \bar{A} \to B'$ (12.4.9).

Daß $A \xrightarrow{\; f \;} B \xrightarrow{\; g \;} C$ exakt ist, läßt sich gemäß (E_2), (E_2^0) durch die Isomorphie zweier kurzer, zu f und g gehöriger exakter Folgen beschreiben.

13.2.3 Man kann längere exakte Folgen

$$\cdots \to A_{n-1} \to A_n \xrightarrow{\; a_n \;} A_{n+1} \to \cdots$$

$$\begin{array}{ccc} & \searrow \quad \nearrow & \\ & C & \\ & \nearrow \quad \searrow & \\ 0 & & 0 \end{array}$$

zu zwei exakten Folgen aufbrechen, indem man einen Morphismus in einen Epimorphismus und anschließenden Monomorphismus zerlegt (13.1.3). Umgekehrt kann man eine mit $C \to 0$ endende exakte Folge mit einer mit $0 \to C$ beginnenden verkoppeln.

13.2.4 Man sagt, daß die kurze exakte Folge (5) *aufspaltet*, wenn p eine Retraktion ist. Für exakte additive Kategorien besagt 12.6.3: Spaltet (5) auf, so ist B Biprodukt von A und C, wobei m eine der Injektionen, p eine der Projektionen ist. Die zu C gehörige Injektion ist im allgemeinen nicht eindeutig bestimmt, wie man etwa an $B = Z \oplus Z$ in Ab sieht.

13.2.5 **Satz.** *In einer exakten additiven Kategorie $\mathscr{C}$ sind gleichwertig*

(a) $0 \to A \xrightarrow{\; f \;} B \xrightarrow{\; g \;} C$ *ist exakt.*

(b) $0 \to [X, A] \to [X, B] \to [X, C]$ *ist exakt in Ab für jedes $X \in |\mathscr{C}|$.*

Wegen 13.1.3 (c) folgt dies unmittelbar aus 7.7.3. Die duale Fassung lautet:

$A \to B \to C \to 0$ ist genau dann exakt, wenn $0 \to [C, X] \to [B, X] \to [A, X]$ exakt in Ab ist für alle $X \in |\mathscr{C}|$.

In Ab ist $0 \to \mathbf{Z} \xrightarrow{f} \mathbf{Z} \xrightarrow{p} \mathbf{Z}_2 \to 0$ exakt, wenn f die Multiplikation mit 2 und p Cokern von f ist.

$$0 \to [\mathbf{Z}_2, \mathbf{Z}] \to [\mathbf{Z}_2, \mathbf{Z}] \to [\mathbf{Z}_2, \mathbf{Z}_2] \to 0$$

und

$$0 \to [\mathbf{Z}, \mathbf{Z}_2] \to [\mathbf{Z}, \mathbf{Z}_2] \to [\mathbf{Z}_2, \mathbf{Z}_2] \to 0$$

sind nicht exakt. Der Satz und sein Duales lassen sich also nicht auf beliebige exakte Folgen ausdehnen.

13.2.6 Nach 13.1.3 (a$^{\circ}$) und (c) und nach 10.4.1 ist ein Objekt P einer exakten additiven Kategorie genau dann projektiv, wenn für jede kurze exakte Folge $0 \to A \to B \to C \to 0$ stets $0 \to [P, A] \to [P, B] \to [P, C] \to 0$ exakt in Ab ist.

13.2.7 Satz. *In einer exakten additiven Kategorie $\mathscr{C}$ sind gleichwertig*:

(a) $0 \to A \xrightarrow{f} B \xrightarrow{g} C \to 0$ *ist eine aufspaltende kurze exakte Folge*;

(b) *für jedes $X \in |\mathscr{C}|$ ist $0 \to [X, A] \to [X, B] \to [X, C] \to 0$ exakt in Ab.*

Beweis. Offenbar folgt (b) aus (a). Gilt (b), so folgt wegen 13.2.5 zunächst die Exaktheit von $0 \to A \xrightarrow{f} B \xrightarrow{g} C$; wählt man in (b) $X = C$, so folgt, daß g eine Retraktion ist. Dabei ist g epimorph, und die Bedingung von 13.2.4 ist erfüllt.

13.3 Exakte und treue Funktoren

13.3.1 Definition. Ein Funktor $T\colon \mathscr{C} \to \mathscr{D}$ zwischen exakten Kategorien heißt *linksexakt*, wenn er Kerne respektiert, *rechtsexakt*, wenn er Cokerne respektiert, und *exakt*, wenn er links- und rechtsexakt ist. T heißt *halbexakt*, wenn für jede kurze exakte Folge (5) in $\mathscr{C}$ gilt, daß $T(A) \to T(B) \to T(C)$ exakt ist.

13.3.2 Satz. *Es seien $\mathscr{C}$ und $\mathscr{D}$ exakte Kategorien und $T\colon C \to D$ ein Funktor.*

(a) *T ist genau dann linksexakt (rechtsexakt), wenn für jede kurze exakte Folge (5) stets*

$$0 \to T(A) \xrightarrow{T(m)} T(B) \xrightarrow{T(p)} T(C)$$

(bzw. $T(A) \to T(B) \to T(C) \to 0$)

exakt ist.

(b) *T ist genau dann exakt, wenn T exakte Folgen in exakte Folgen überführt.*

(c) *Ist $\mathscr{C}$ abelsch, $\mathscr{D}$ exakt additiv und $T\colon \mathscr{C} \to \mathscr{D}$ additiv, so ist T genau dann linksexakt, wenn T endliche Limites respektiert.*

(d) *Ist $\mathscr{C}$ abelsch, $\mathscr{D}$ exakt additiv, so ist jeder halbexakte Funktor $T\colon \mathscr{C} \to \mathscr{D}$ additiv.*

Beweis. (a) Ist T linksexakt, so folgt die Aussage für kurze exakte Folgen aus 13.1.3 (c). Zur Umkehrung betrachten wir für $f\colon A \to B$ die beiden zu f gehörigen kurzen exakten Folgen (6), (7) zusammen mit dem Isomorphismus $\bar{f}\colon \bar{A} \to B'$. Dann ist $T\,(\mathrm{im}\,f)$ monomorph, also auch $T\,(\mathrm{im}\,f)\,T\,(\bar{f})$. Wegen $f = (\mathrm{im}\,f)\bar{f}\,(\mathrm{coim}\,f)$ haben $T\,(f)$ und $T\,(\mathrm{coim}\,f)$ dieselben Kerne (12.3.2). Damit folgt aus (6), daß $T\,(\ker f)$ Kern von $T\,(f)$ ist. Der rechtsexakte Fall ist dual zum linksexakten.

(b) folgt unmittelbar aus (a) und 13.2.3.

(c) folgt aus 7.4.5 wegen 12.2.7.

(d) Für beliebiges $A \in |\mathscr{C}|$ ist $0 \to A \xrightarrow{1_A} A \to 0$ exakt. Weil T halbexakt ist, ist $T\,(0) \to T\,(A)$ ein Null-Morphismus. T respektiert daher Null-Morphismen. Null-Objekte 0 sind durch $1_0 = 0$ charakterisiert. Daher respektiert T auch Null-Objekte. Ist $A \oplus B$ ein Biprodukt in $\mathscr{C}$ mit Injektionen i_1, i_2 und Projektionen pr_1, pr_2, so ist $T\,(pr_k)\,T\,(i_j) = \delta_{kj}$ und daher $T\,(pr_j)$ Retraktion, $T\,(i_j)$ Coretraktion. Wegen 12.5.1 und der Halbexaktheit von T ist

$$0 \to T\,(A) \xrightarrow{T(i_1)} T\,(A \oplus B) \xrightarrow{T(pr_2)} T\,(B) \to 0$$

exakt, weil $T\,(i_1)$ monomorph, $T\,(pr_2)$ epimorph ist. Wegen 13.2.4 ist $T\,(A \oplus B)$ Biprodukt mit Injektionen $T\,(i_j)$ und Projektionen $T\,(pr_j)$. Wegen 12.2.7 ist T additiv.

13.3.3 Für eine exakte additive Kategorie $\mathscr{C}$ ist die Einbettung $H_*\colon \mathscr{C} \to Add(\mathscr{C}^\circ, Ab)$ linksexakt nach 13.2.5, aber nicht exakt.

13.3.4 Satz. *In abelschen Kategorien sind endliche Produkte von exakten Folgen wieder exakt. Dabei wird unter dem Produkt zweier Folgen*

$$\cdots \to A_{n-1} \xrightarrow{a_{n-1}} A_n \xrightarrow{a_n} A_{n+1} \to \cdots \quad und$$

$$\cdots \to B_{n-1} \xrightarrow{b_{n-1}} B_n \xrightarrow{b_n} B_{n+1} \to \cdots \quad die\ Folge$$

$$\cdots \to A_{n-1} \oplus B_{n-1} \xrightarrow{\begin{pmatrix} a_{n-1} & 0 \\ 0 & b_{n-1} \end{pmatrix}} A_n \oplus B_n \xrightarrow{\begin{pmatrix} a_n & 0 \\ 0 & b_n \end{pmatrix}} A_{n+1} \oplus B_{n+1}$$

verstanden.

Beweis. Offenbar genügt es, die Behauptung für das Produkt zweier kurzer exakter Folgen zu beweisen. Mit 12.6.3 (c), (c°) läßt sich das leicht nachrechnen. Es folgt aber auch so: Wegen 7.6.3 ist das Bilden von Produkten vertauschbar mit dem Bilden von Kernen, und es gilt das Duale für Coprodukte und Cokerne. Außerdem fallen endliche Produkte und endliche Coprodukte zusammen.

13.3.5 Satz. *Es sei $T: \mathscr{C} \to \mathscr{D}$ ein treuer Funktor.*

(a) *Sind $\mathscr{C}$, $\mathscr{D}$ beliebige Kategorien, so entdeckt T Mono- und Epimorphismen, ebenso kommutative Diagramme. T entdeckt terminale und initiale Objekte, insbesondere Null-Objekte, falls vorhanden.*

(b) *Besitzen $\mathscr{C}$ und $\mathscr{D}$ Null-Morphismen und $\mathscr{C}$ Kerne, so entdeckt T Null-Morphismen und respektiert sie, falls für einen Morphismus f in $\mathscr{C}$ gilt $T(f) = 0$.*

(c) *Sind $\mathscr{C}$ und $\mathscr{D}$ exakt, so führt T nicht-exakte Folgen in nicht-exakte über, entdeckt also exakte Folgen. Insbesondere entdeckt T Kerne und Cokerne.*

(d) *Ist $\mathscr{C}$ abelsch, $\mathscr{D}$ additiv und außerdem T additiv, so entdeckt T endliche Limites und Colimites.*

Beweis. (a) Zu $m: B \to C$ in $\mathscr{C}$ mögen f, g mit $mf = mg$ vorliegen. Ist $T(m)$ monomorph, so ist $T(f) = T(g)$. Weil T treu ist, ist $f = g$ und m monomorph. Der epimorphe Fall ist dual dazu. Eine Kommutativitätsbedingung für ein Diagramm ist verletzt, wenn zwei gewisse Morphismen mit gleicher Quelle und gleichem Ziel verschieden sind. Bei Anwendung von T bleiben sie verschieden. Die nächste Behauptung folgt ebenso aus den Definitionen.

(b) Ist $n: A \to B$ ein Null-Morphismus in $\mathscr{C}$, so läßt sich jeder beliebige $X \xrightarrow{0} Y$ über n faktorisieren: $X \xrightarrow{0} A \xrightarrow{n} B \xrightarrow{0} Y$. Es folgt: Respektiert T einen Null-Morphismus, so alle. Für $f: B \to C$ sei nun $T(f) = 0$. Dann ist $f(\ker f) = 0$ und $T(f)\,T(\ker f) = 0$, und T respektiert Null-Morphismen. Für $0: B \to C$ ist also $T(0) = 0$ und daher $f = 0$.

(c) Für $g: A \to B$, $f: B \to C$ sei zunächst $fg \neq 0$. Dann ist $T(f)\,T(g) \neq 0$ wegen (b). Sei jetzt $fg = 0$, $k: K \to B$ Kern von f und $c: B \to D$ Cokern von g. Wir betrachten

$$
\begin{array}{ccccc}
 & & T(K) & & \\
 & & \big\downarrow {\scriptstyle T(k)} & & \\
T(A) & \xrightarrow{\;T(g)\;} & T(B) & \xrightarrow{\;T(f)\;} & T(C) \\
 & & \big\downarrow {\scriptstyle T(c)} & & \\
 & & T(D) & &
\end{array}
$$

Ist die Zeile exakt, so respektiert T Null-Morphismen nach (b). Daher ist $T(f)\,T(k) = 0$ und $T(c)\,T(g) = 0$. Also faktorisiert $T(k)$ über $\ker T(f)$ und $T(c)$ über $\operatorname{coker} T(g)$, und wegen

$$(\operatorname{coker} T(g))(\ker T(f)) = 0 \text{ ist } T(ck) = 0$$

und damit $ck = 0$. Daher faktorisiert k über $\operatorname{im} g = \ker c$. Wegen $gf = 0$ faktorisiert $\operatorname{im} g$ über k. Also sind k und $\operatorname{im} g$ äquivalent, und $A \xrightarrow{g} B \xrightarrow{f} C$ ist exakt. Ist $T(g)$ Kern von $T(f)$, so ist g monomorph nach (a) und daher Kern von f. Cokerne sind der duale Fall dazu.

(d) Der Beweis von 12.2.7 zeigt, daß T endliche Produkte als Biprodukte respektiert. Für das endliche Diagramm $D: \Sigma \to \mathscr{C}$ induziert jede natürliche Transformation $\xi: A_\Sigma \to D$ einen eindeutig bestimmten Morphismus $h: A \to \prod D(e)$ mit $\xi_e = pr_e h$, wobei e die Ecken von Σ durchläuft. Sei $c: \prod D(e) \to C$ der Cokern von h. Ist $(T(A), T\xi)$ Limes von TD, so ist $T(h)$ monomorph und auch h wegen (a). Für die natürliche Transformation $\eta: B_\Sigma \to D$ sei $g: B \to \prod D(e)$ der induzierte Morphismus. Faktorisierte g nicht über h, so wäre $cg \neq 0$, denn h ist Kern von c. Es folgte $T(cg) \neq 0$. Wegen $T(ch) = 0$ könnte $T(g)$ nicht über $T(h)$ faktorisieren, also $(T(A), T\xi)$ nicht Limes von TD sein. Daher faktorisiert g über h, und zwar eindeutig, weil h monomorph ist. Damit folgt, daß (A, ξ) Limes von D ist. Die Aussage für Colimites ist dual hierzu.

13.3.6 Bemerkung. Ein treuer Funktor braucht keinen Null-Morphismus zu respektieren. In einer abelschen Kategorie $\mathscr{C}$ sei $A \neq 0$. Man setze $T(f) = \begin{pmatrix} f & 0 \\ 0 & 1_A \end{pmatrix}$.

13.3.7 Es sei $\mathscr{C}$ eine abelsche, $\mathscr{D}$ eine exakte additive Kategorie. Ist $T: \mathscr{C} \to \mathscr{D}$ ein exakter Funktor, der Null-Objekte entdeckt, so ist T treu.

Beweis. Nach 13.3.2 (d) ist T additiv. Es genügt daher zu zeigen: Ist $f \neq 0$, so ist $T(f) \neq 0$. Für $f \neq 0$ ist aber $\operatorname{im} f \neq 0$ und $\operatorname{coim} f \neq 0$. Die beiden zu f gehörigen kurzen exakten Folgen $(13.2.2\ (6),\ (7))$ werden durch T in exakte Folgen übergeführt. Weil T Null-Objekte entdeckt, sind $T(\operatorname{im} f)$, $T(\operatorname{coim} f)$ und damit $T(f)$ nicht 0.

13.4 Exakte Quadrate

In diesem Abschnitt sei die vorliegende Kategorie stets abelsch.

13.4.1 Ein Quadrat

(1)
$$\begin{array}{ccc} C & \xrightarrow{\ a\ } & A \\ {\scriptstyle b}\downarrow & & \downarrow{\scriptstyle \bar{b}} \\ B & \xrightarrow{\ \bar{a}\ } & D \end{array}$$

gibt Anlaß zu Morphismen

(2)
$$C \xrightarrow{\ \binom{a}{b}\ } A \oplus B \xrightarrow{\ (\bar{b},\, -\bar{a})\ } D,$$

und (1) ist genau dann kommutativ, wenn in (2) das Kompositum $\bar{b}a - \bar{a}b$ der Morphismen 0 ist. (1) heißt *exakt*, wenn (2) exakt ist. Pullbacks und Pushouts sind Spezialfälle. Nach 7.8.5 ist (1) genau dann ein Pullback, wenn $\binom{a}{b}$ in (2) Kern von $(\bar{b}, -\bar{a})$ ist, entsprechend ein Pushout, wenn $(\bar{b}, -\bar{a})$ Cokern von $\binom{a}{b}$ ist. Ist (1) zugleich Pullback

und Pushout, so heißt (1) *bicartesisch* (bei FREYD Doolittle-Quadrat).
Das liegt genau dann vor, wenn

$$0 \to C \xrightarrow{\binom{a}{b}} A \oplus B \xrightarrow{(\bar{b},\,-\bar{a})} D \to 0$$

exakt ist.

13.4.2 Bemerkungen. (a) Es sei (1) kommutativ. Bildet man zu $\bar{a}, \bar{b}$
ein Pullback

$$(3) \qquad \begin{array}{ccc} P & \xrightarrow{\;a'\;} & A \\ {\scriptstyle b'}\big\downarrow & & \big\downarrow{\scriptstyle \bar{b}} \\ B & \xrightarrow{\;\bar{a}\;} & D \end{array}$$

so gibt es genau einen Morphismus $c\colon C \to P$ mit $a'c = a$ und $b'c = b$.
Es ist (1) genau dann exakt, wenn c epimorph ist. Das folgt unmittelbar aus (2) und dem Dualen von 13.1.4 (a), (b).

(b) Bildet man für das Pullback (3) das Pushout

$$(4) \qquad \begin{array}{ccc} P & \xrightarrow{\;a'\;} & A \\ {\scriptstyle b'}\big\downarrow & & \big\downarrow{\scriptstyle \bar{b}'} \\ B & \xrightarrow{\;\bar{a}'\;} & Q \end{array}$$

zu a' und b', so ist (4) bicartesisch und der eindeutig bestimmte Morphismus $d\colon Q \to D$ mit $d\bar{a}' = \bar{a}$ und $d\bar{b}' = \bar{b}$ ist monomorph. Das folgt
aus (2) und dem Dualen von (a).

(c) Ist (1) exakt und bildet man zunächst zu a und b das Pushout
und für die beiden entstehenden Morphismen das Pullback, so entsteht
bis auf Isomorphie das bicartesische Quadrat (4). Das folgt aus (2)
und 13.1.2 (E_1), (E_1^0).

13.4.3 Satz.

(a) *Ist (1) exakt und a oder b monomorph, so ist (1) ein Pullback.*

(b) *Ist (1) ein Pullback, so ist b (ker a) Kern von $\bar{a}$. Es ist a genau dann
monomorph, wenn $\bar{a}$ es ist.*

(c) *Ist (1) ein Pullback und $\bar{a}$ epimorph, so ist (1) bicartesisch und a epimorph.*

Beweis. (a) Ist a monomorph, so auch $\binom{a}{b}$ wegen $pr_1\binom{a}{b} = a$, und
aus (2) folgt, daß (1) ein Pullback ist.

(b) Die erste Behauptung ist 12.3.4 (d). Hieraus folgt: Ist a monomorph,
so ist $\ker \bar{a} = 0$ und daher $\bar{a}$ monomorph. Die Umkehrung ist 7.8.2.

(c) folgt aus dem Dualen von (a) und (b).

13.4.4 Bemerkungen. Es gibt kein Analogon zu 13.4.3 (c), wenn a statt
$\bar{a}$ als epimorph vorausgesetzt wird. 7.8.9 liefert Gegenbeispiele. Ist (1)

ein Pullback (bzw. Pushout) in Ens und $\bar{a}$ epimorph (bzw. a monomorph), so ist auch a epimorph (bzw. $\bar{a}$ monomorph). Das folgt daraus, daß Epimorphismen in Ens Retraktionen (bzw. Monomorphismen mit nichtleerer Quelle Coretraktionen) sind. Wegen 10.1.4 und der „punktweisen" Konstruktion von Limites und Colimites gelten entsprechende Aussagen für Pullbacks und Pushouts auch für jede Kategorie $[\mathscr{C}, Ens]$.

13.4.5 Satz. *Sind in*

(5)
$$\begin{array}{ccccc}
A_1 & \xrightarrow{a_1} & A_2 & \xrightarrow{a_2} & A_3 \\
\downarrow{f_1} & & \downarrow{f_2} & & \downarrow{f_3} \\
B_1 & \xrightarrow{b_1} & B_2 & \xrightarrow{b_2} & B_3
\end{array}$$

das linke und das rechte Quadrat exakt bzw. Pullback, Pushout, bicartesisch, so gilt dasselbe für das umfassende Rechteck.

Beweis. Die Behauptung für Pullbacks ist in 7.8.4 enthalten, für Pushouts dual dazu, aus beiden folgt der bicartesische Fall. Seien nun das linke und das rechte Quadrat in (5) exakt. Wir bilden zunächst das Pullback zu b_2 und f_3 und erhalten a_2', f_2' und den Epimorphismus c_2 gemäß 13.4.2 (a). Danach bilden wir zu b_1 und f_2' das Pullback und erhalten

(6) 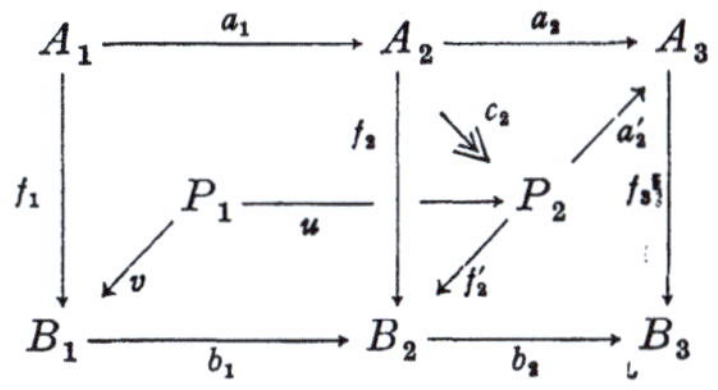
$$\begin{array}{ccccc}
A_1 & \xrightarrow{\quad a_1 \quad} & A_2 & \xrightarrow{\quad a_2 \quad} & A_3 \\
\downarrow{f_1} & & \downarrow{f_2} \quad {}^{c_2}\searrow \quad {}^{a_2'}\nearrow & & \downarrow{f_3} \\
& P_1 \xrightarrow{\quad u \quad} & P_2 & & \\
\downarrow{}^{v}\swarrow & & \swarrow{}^{f_2'} & & \\
B_1 & \xrightarrow{\quad b_1 \quad} & B_2 & \xrightarrow{\quad b_2 \quad} & B_3
\end{array}$$

Schließlich bilden wir das Pullback zu c_2 und u

(7)
$$\begin{array}{ccc}
T & \xrightarrow{w} & A_2 \\
\downarrow{c_1} & & \downarrow{c_2} \\
P_1 & \xrightarrow{u} & P_2
\end{array}$$

Wegen 13.4.3 (c) ist (7) bicartesisch und c_1 epimorph. Bei (6) gilt nun $f_2'(c_2 a_1) = b_1 f_1$, und es gibt genau einen Morphismus $s\colon A_1 \to P_1$ mit $vs = f_1$ und $us = c_2 a_1$. Hieraus folgt wegen (7), daß es genau einen Morphismus $t\colon A_1 \to T$ gibt mit $c_1 t = s$ und $wt = a_1$. Nach der bereits bewiesenen Aussage für Pullbacks ergeben (6) und (7) ein Pullback

$$\begin{array}{ccc}
T & \xrightarrow{\quad w \quad} & A_2 \\
\downarrow{vc_1} & & \downarrow{f_2' c_2 = f_2} \\
B_1 & \xrightarrow{b_1} & B_2
\end{array}$$

Aus 13.4.2 (a) und der Voraussetzung folgt nun, daß t epimorph ist. Damit ist $s = c_1 t$ epimorph. Damit folgt die Behauptung aus (6) wiederum vermöge 13.4.2 (a) und der bereits bewiesenen Aussage für Pullbacks.

13.4.6 Satz. *Es sei (5) kommutativ, a_2 und b_2 seien monomorph, und das umfassende Rechteck sei exakt bzw. ein Pullback, dann ist das linke Quadrat exakt bzw. ein Pullback.*

Beweis. Wir betrachten

$$(8) \qquad \begin{array}{ccccc} A_1 & \xrightarrow{\binom{a_1}{f_1}} & A_2 \oplus B_1 & \xrightarrow{(f_2,\,-b_1)} & B_2 \\ {\scriptstyle 1_{A_1}}\downarrow & & {\scriptstyle u}\downarrow & & \downarrow{\scriptstyle b_2} \\ A_1 & \xrightarrow{\binom{a_2 a_1}{f_1}} & A_3 \oplus B_1 & \xrightarrow{(f_3,\,-b_2 b_1)} & B_3 \end{array}$$

mit $u = \begin{pmatrix} a_2 & 0 \\ 0 & 1 \end{pmatrix}$. Nach Annahme und (2) ist die untere Zeile in (8) exakt, b_2 monomorph und auch u. Außerdem ist (8) kommutativ. Nach 13.1.5 ist in (8) die obere Zeile exakt, also auch das linke Quadrat in (5). Ist das umfassende Rechteck in (5) ein Pullback, so ist $\begin{pmatrix} a_2 a_1 \\ f_1 \end{pmatrix} = u \begin{pmatrix} a_1 \\ f_1 \end{pmatrix}$ monomorph nach 13.4.1 und damit auch $\begin{pmatrix} a_1 \\ f_1 \end{pmatrix}$.

13.4.7 Hilfssatz. *Es sei (1) ein Pullback in einer exakten Kategorie und $a, \bar{a}$ seien monomorph. Man bilde die Cokerne $u, \bar{u}$ von a und $\bar{a}$ und zu ihnen den induzierten Morphismus v.*

$$(9) \qquad \begin{array}{ccccc} C & \stackrel{a}{\rightarrowtail} & A & \stackrel{u}{\twoheadrightarrow} & F \\ {\scriptstyle b}\downarrow & & {\scriptstyle \bar{b}}\downarrow & & \downarrow{\scriptstyle v} \\ B & \stackrel{\bar{a}}{\rightarrowtail} & D & \stackrel{\bar{u}}{\twoheadrightarrow} & G \end{array}$$

Dann ist v monomorph und a Kern von $\bar{u}\bar{b}$.

Beweis. Die zweite Behauptung folgt aus der ersten und 13.1.4 (a). Zum Beweis der ersten zerlegen wir $\bar{u}\bar{b}$ in einen Epimorphismus u' und einen anschließenden Monomorphismus v'. Wegen 12.3.4 (c) entsteht aus $\bar{a}, \bar{b}$ mit ker u' ein Pullback. Daher ist auch a Kern von u' und u' Cokern von a. Also unterscheiden sich u und u', also auch v und v' nur um einen Isomorphismus.

13.4.8 Theorem. *In einer abelschen Kategorie sei das Quadrat (1) exakt. a und $\bar{a}$ seien in einem Epimorphismus und einen anschließenden Monomorphismus zerlegt. Zusammen mit den Kernen $k, \bar{k}$ und Cokernen $u, \bar{u}$ von a und $\bar{a}$ und dem gemäß 12.4.8 bestehenden Morphismus entsteht das*

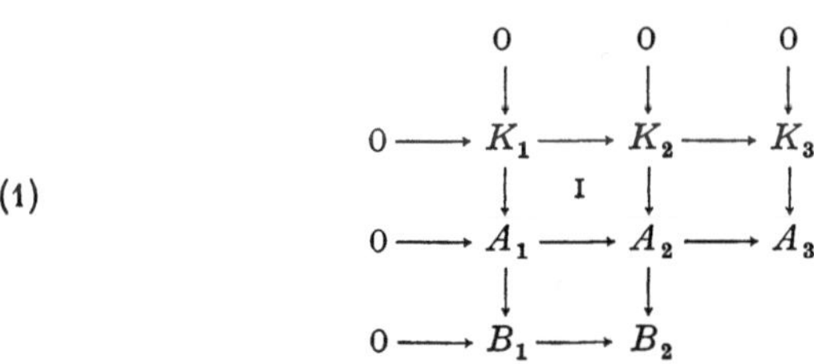

mit $a''a' = a, \bar{a}''\bar{a}' = \bar{a}$. *Hierbei gilt*

(a) $a', b, \bar{a}', b'$ *bilden einen Pushout.*

(b) $a'', b', \bar{a}'', \bar{b}$ *bilden ein Pullback.*

(c) h *ist epimorph, und es ist* $\bar{a}'$ *Cokern von* bk.

(d) v *ist monomorph, und es ist* a'' *Kern von* $\bar{u}\bar{b}$.

(e) *Ist* (1) *ein Pullback, so ist das unter* (a) *genannte Quadrat bicartesisch, und* h *ist isomorph.*

(f) *Ist* (1) *bicartesisch, so sind es die unter* (a) *und* (b) *genannten Quadrate, und es sind* h *und* v *isomorph.*

Beweis. (a) folgt aus 13.4.6 und dem Dualen von 13.4.3 (a).

(b) ist dazu dual. (d) ist 13.4.7, weil a und a'' bzw. $\bar{a}$ und $\bar{a}''$ dieselben Cokerne haben $\bigl(13.1.4$ (a) dual$\bigr)$.

(c) ist dazu dual. (e) folgt aus (a), 13.4.6 und 12.3.4 (d). Schließlich folgt (f) aus (e) und dessen Dualem.

13.5 Einige Diagrammlemmata

Die vorliegende Kategorie sei stets exakt. Teilweise würden schwächere Voraussetzungen genügen.

13.5.1 In dem kommutativen Diagramm

(1)

$$
\begin{array}{ccccc}
& 0 & & 0 & & 0 \\
& \downarrow & & \downarrow & & \downarrow \\
0 \longrightarrow & K_1 & \longrightarrow & K_2 & \longrightarrow & K_3 \\
& \downarrow & \text{\small I} & \downarrow & & \downarrow \\
0 \longrightarrow & A_1 & \longrightarrow & A_2 & \longrightarrow & A_3 \\
& \downarrow & & \downarrow & & \\
0 \longrightarrow & B_1 & \longrightarrow & B_2 & &
\end{array}
$$

seien die Spalten und zweite und dritte Zeile exakt. Dann ist das Quadrat I ein Pullback und die erste Zeile exakt.

Vereinbarung. $B_1 \to B_2$ usw. bezeichne hier und im folgenden jeweils den entsprechenden Morphismus des betrachteten Diagramms.

Beweis. 12.3.4 (c) (angewendet auf die ersten beiden Spalten) ergibt, daß I ein Pullback ist. Weil $K_3 \to A_3$ monomorph ist, ist $K_1 \to K_2 \to K_3 = 0$, und wegen 12.3.4 (b) (angewendet auf die ersten beiden Zeilen) ist $K_1 \to K_2$ Kern von $K_2 \to K_3$, was zu zeigen war.

13.5.2 Zusatz. In (1) seien die Spalten und die mittlere Zeile exakt. Außerdem sei $A_1 \to B_1$ epimorph. Die erste Zeile ist genau dann exakt, wenn es die dritte ist.

Beweis. Ist die erste Zeile exakt, so ist I wieder ein Pullback nach 12.3.4 (c). Aus

$$
\begin{array}{ccccc}
K_1 & \longrightarrow & A_1 & \longrightarrow & B_2 \\
\downarrow & & \downarrow & & \| \\
 & \text{I} & & & \| \\
\downarrow & & \downarrow & & \| \\
K_2 & \longrightarrow & A_2 & \longrightarrow & B_2
\end{array}
$$

mit $A_1 \to B_2 = A_1 \to A_2 \to B_2$ und aus 12.3.4 (b) folgt, daß $K_1 \to A_1$ Kern von $A_1 \to B_2$ ist. Nach 13.1.4 (b) ist $B_1 \to B_2$ monomorph.

13.5.3 Kernlemma. *Es sei*

(2)
$$
\begin{array}{ccccccc}
 & & 0 & & 0 & & 0 \\
 & & \downarrow & & \downarrow & & \downarrow \\
 & & K_1 & & K_2 & & K_3 \\
 & & \downarrow & & \downarrow & & \downarrow \\
0 & \longrightarrow & A_1 & \longrightarrow & A_2 & \longrightarrow & A_3 \\
 & & \downarrow & & \downarrow & & \downarrow \\
0 & \longrightarrow & B_1 & \longrightarrow & B_2 & \longrightarrow & B_3
\end{array}
$$

kommutativ mit exakten Zeilen und Spalten. Es gibt eindeutig bestimmte Ergänzungen $K_1 \to K_2$ und $K_2 \to K_3$, so daß das ergänzte Diagramm kommutativ ist.
Dabei ist $0 \to K_1 \to K_2 \to K_3$ exakt.

Beweis. Die Ergänzung existiert nach Definition für Kerne, der Rest folgt aus 13.5.1.

13.5.4 Viererlemma. *In dem kommutativen Diagramm*

(3)
$$
\begin{array}{ccccccc}
A_1 & \xrightarrow{a_1} & A_2 & \xrightarrow{a_2} & A_3 & \xrightarrow{a_3} & A_4 \\
\downarrow{f_1} & & \downarrow{f_2} & & \downarrow{f_3} & & \downarrow{f_4} \\
B_1 & \xrightarrow[b_1]{} & B_2 & \xrightarrow[b_2]{} & B_3 & \xrightarrow[b_3]{} & B_4
\end{array}
$$

seien die Zeilen exakt, f_1 epimorph, f_2 und f_4 monomorph. Dann ist f_3 monomorph.

Beweis. Die Zeilen werden bei a_2 und b_2 gemäß 13.2.3 aufgebrochen. Mit 12.4.8 entsteht

(4)
$$
\begin{array}{ccc}
 & A_2' & \\
A_2 & \Big| & A_3 \\
\downarrow{f_2} & f_2' & \downarrow{f_3} \\
B_2 & \Big| & B_3 \\
 & B_2' &
\end{array}
$$

Nach 13.1.5 (b) ist f_2' monomorph. Hieraus und aus $\ker f_4 = 0$ folgt $\ker f_3 = 0$ nach 13.5.3.

13.5.5 Fünferlemma. *Es sei*

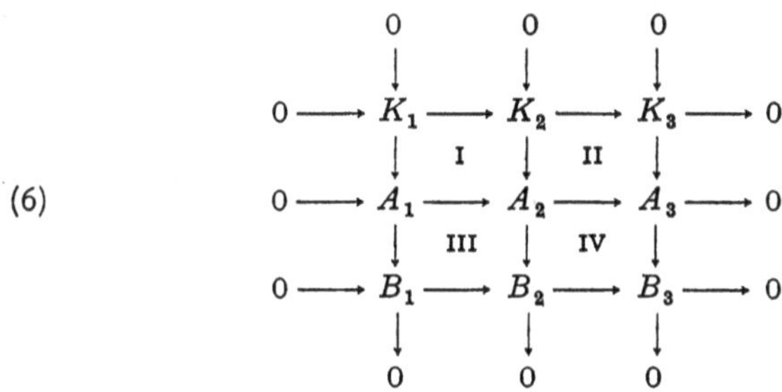

(5)

kommutativ, die Zeilen exakt, f_2 und f_4 seien isomorph, f_1 epimorph, f_5 monomorph. Dann ist f_3 isomorph.

Das folgt aus 13.5.4 und seinem Dualen.

13.5.6 3×3-Lemma (Neunerlemma).

(6)

$$
\begin{array}{ccccccccc}
 & & 0 & & 0 & & 0 & & \\
 & & \downarrow & & \downarrow & & \downarrow & & \\
0 & \longrightarrow & K_1 & \longrightarrow & K_2 & \longrightarrow & K_3 & \longrightarrow & 0 \\
 & & \downarrow & \mathrm{I} & \downarrow & \mathrm{II} & \downarrow & & \\
0 & \longrightarrow & A_1 & \longrightarrow & A_2 & \longrightarrow & A_3 & \longrightarrow & 0 \\
 & & \downarrow & \mathrm{III} & \downarrow & \mathrm{IV} & \downarrow & & \\
0 & \longrightarrow & B_1 & \longrightarrow & B_2 & \longrightarrow & B_3 & \longrightarrow & 0 \\
 & & \downarrow & & \downarrow & & \downarrow & & \\
 & & 0 & & 0 & & 0 & &
\end{array}
$$

(a) *Es sei (6) kommutativ mit exakten Spalten und exakter mittlerer Zeile. Die erste Zeile ist genau dann exakt, wenn es die dritte ist.*

(b) *Es seien die mittlere Zeile und mittlere Spalte exakt. Es ist (6) genau dann kommutativ mit exakten Zeilen und Spalten, wenn I ein Pullback, IV ein Pushout und $K_2 \to K_3 \to A_3$, $A_1 \to B_1 \to B_2$ Zerlegungen von $K_2 \to A_2 \to A_3$, $A_1 \to A_2 \to B_2$ in Epi- und Monomorphismus sind.*

Beweis. (a) Sei die erste Zeile exakt. Dann ist $B_1 \to B_2 \to B_3 \to 0$ exakt nach dem Dualen von 13.5.1. Nach 13.5.2 ist auch $0 \to B_1 \to B_2$ exakt. Der Schluß von dritter auf erste Zeile ist der duale Fall.

(b) Ist (6) kommutativ mit exakten Zeilen und Spalten, so ist I Pullback nach 13.5.1, dual dazu IV Pushout, und die Behauptungen über II und III sind evident. Stellen umgekehrt II und III die geforderten Zerlegungen dar, so läßt sich nach 12.3.4 (c) mit dem Kern von $K_2 \to K_3$ an Stelle I ein Pullback konstruieren. Weil I Pullback sein soll, ist $K_1 \to K_2$ Kern von $K_2 \to K_3$. Aus gleichem Grund ist $K_1 \to A_1$ Kern von $A_1 \to B_1$. Der Schluß für IV ist der duale Fall.

13.5.7 Erster Isomorphiesatz. *Es seien* $N \rightarrowtail M$ *und* $M \rightarrowtail A$ *mono-morph. Dann ist*

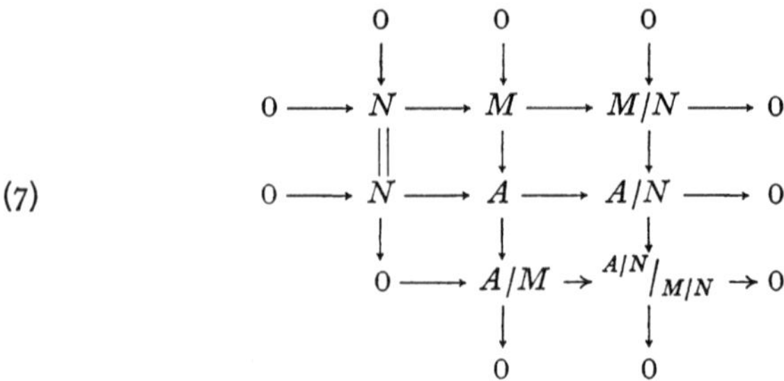

(7)

kommutativ mit exakten Zeilen und Spalten.

Beweis. Die beiden ersten Zeilen und beiden ersten Spalten sind exakt nach Definition Cokern, $M/N \rightarrow A/N$ existiert nach Definition Co-kern und ist monomorph nach 13.1.5 (b). Damit ist die dritte Spalte exakt. Die Morphismen der dritten Zeile existieren nach Definition Cokern. Die Exaktheit folgt aus 13.5.6 (a).

13.5.8 Bemerkung. 13.5.7 ergibt die exakte Folge

$$(8) \qquad 0 \rightarrow N \rightarrow M \rightarrow A/N \rightarrow A/M \rightarrow 0.$$

13.5.9 Satz (*Verbindungslemma*). *Es sei*

(9)
$$\begin{array}{ccccc} A_1 & \longrightarrow & A_2 & \longrightarrow & A_3 & \longrightarrow & 0 \\ \downarrow {\scriptstyle f_1} & & \downarrow {\scriptstyle f_2} & & \downarrow {\scriptstyle f_3} \\ 0 \longrightarrow B_1 & \longrightarrow & B_2 & \longrightarrow & B_3 \end{array}$$

kommutativ mit exakten Zeilen.

(a) *Durch Hinzunahme von Kernen* $k_i\colon K_i \rightarrow A_i$ *und Cokernen* $c_i\colon B_i \rightarrow C_i$ *von* f_i *für* $i = 1, 2, 3$ *ergibt sich mit induzierten Morphismen eine exakte Folge*

$$(10) \qquad K_1 \rightarrow K_2 \rightarrow K_3 \xrightarrow{\ \varDelta\ } C_1 \rightarrow C_2 \rightarrow C_3.$$

(b) *Ist* $A_1 \rightarrow A_2$ *monomorph, so ist auch* $K_1 \rightarrow K_2$ *monomorph. Ist* $B_2 \rightarrow B_3$ *epimorph, so auch* $C_2 \rightarrow C_3$.

(c) *Die Zuordnung von* (10) *zu* (9) *ist natürlich, d. h. eine natürliche Transformation von Diagramm der Gestalt* (9) *induziert eine solche für die zugehörigen exakten Folgen* (10).

Beweis. Wir führen nicht alle Einzelheiten aus. Der wesentliche Teil besteht in der Konstruktion von $\varDelta$.

(a) Wir nehmen zunächst an, daß $A_1 \rightarrow A_2$ monomorph und $B_2 \rightarrow B_3$ epimorph ist. Nach 13.5.3 und seinem Dualen bestehen dann exakte

Folgen

$$(11) \qquad 0 \to K_1 \to K_2 \to K_3 \quad \text{und} \quad C_1 \to C_2 \to C_3 \to 0.$$

Durch Zerlegung in Epi- und Monomorphismus von $K_2 \to K_3$, $C_1 \to C_2$ und $A_i \to B_i$ erhält man

$$(12) \qquad K_2 \twoheadrightarrow K \rightarrowtail K_3; \quad C_1 \twoheadrightarrow C \rightarrowtail C_2,$$

$$A_i \twoheadrightarrow D_i \rightarrowtail B_i.$$

Nach 13.5.1 und seinem Dualen bestehen exakte Folgen

$$(13) \qquad 0 \to D_1 \to D_2 \to E \to 0,$$

$$0 \to F \to D_2 \to D_3 \to 0.$$

Ferner ist $D_1 \to D_2 \to D_3$ ein Nullmorphismus. Nach 13.5.6 bestehen exakte Folgen

$$(14) \qquad 0 \to K \to A_3 \to E \to 0,$$

$$0 \to F \to B_1 \to C \to 0.$$

Nach (8), (12), (13), (14) bestehen exakte Folgen

$$K_2 \to K_3 \to E \to D_3 \to 0,$$

$$(15) \qquad 0 \to D_1 \to F \to E \to D_3 \to 0,$$

$$0 \to D_1 \to F \to C_1 \to C_2.$$

Durch Zerlegung der mittleren Morphismen in (15) erhält man (10) wegen (11) im betrachteten Spezialfall. Der allgemeine Fall läßt sich durch Zerlegung von $A_1 \to A_2$ und $B_2 \to B_3$ hierauf zurückführen.

(b) ist im Beweis von (a) enthalten.

(c) folgt daraus, daß die Morphismenzerlegung natürlich ist, ebenso wie das Bilden von Kernen und Cokernen.

14. Colimites von Monomorphismen

14.1 Vorgeordnete Klassen

14.1.1 Wir erinnern daran, daß eine vorgeordnete Klasse $\mathscr{K}$ eine Kategorie ist, bei der jede Morphismenmenge $[A, B]$ höchstens ein Element besitzt und $[A, B] \neq \emptyset$ durch $A \leq B$ bezeichnet wird. Für eine Familie $\{A_e\}$ von Objekten von $\mathscr{K}$ heißt $C \in \mathscr{K}$ *obere Schranke*, wenn $A_e \leq C$ für alle e gilt. Unter einer *gerichteten Klasse* verstehen wir eine vorgeordnete Klasse, bei der je zwei Objekte eine obere Schranke besitzen. Offenbar hat dann jede nicht-leere endliche Familie von Objekten eine obere Schranke. Jede gerichtete Klasse ist eine spezielle filtrierende Kategorie. Für eine beliebige Menge bilden die endlichen Teilmengen mit ihren Inklusionen eine gerichtete Menge.

14.1.2 In einer vorgeordneten Klasse existieren Differenzkerne und -cokerne trivialerweise und sind stets identische Morphismen. Produkte, soweit sie existieren, sind *Infima*, d. h. größte gemeinsame untere Schranken der beteiligten Objekte. Coprodukte sind entsprechend *Suprema*.

Man bemerkt, daß eine vorgeordnete Menge vollständig sein kann. Umgekehrt gilt:

14.1.3 Jede kleine vollständige oder covollständige Kategorie $\mathscr{K}$ ist eine vorgeordnete Menge.

Beweis. Nehmen wir an, daß eine Morphismenmenge $[A, B]$ mehr als ein Element besitzt. Sei E eine Indexmenge, die höhere Mächtigkeit hat als die Morphismenmenge von $\mathscr{K}$. Existierte $\prod B_e$ mit $B_e = B$ für alle $e \in E$, so lieferte $[A, \prod B_e]$ einen Widerspruch. Entsprechendes gilt für $[\coprod A_e, B]$.

14.1.4 Ist eine vorgeordnete Menge vollständig, so besitzt sie ein kleinstes Element als Infimum aller Objekte. Sie besitzt außerdem ein größtes Element als Infimum der leeren Familie. Hieraus folgt, daß die vorgeordnete Menge auch covollständig ist. Nach Annahme ist für jede Familie von Objekten eine gemeinsame obere Schranke vorhanden. Ein Infimum aller gemeinsamen oberen Schranken ist ein Supremum der Familie, weil jedes Glied der Familie untere Schranke für die Menge der gemeinsamen oberen Schranken ist.

14.1.5 Unter einem *gerichteten Colimes* in einer Kategorie $\mathscr{C}$ verstehen wir den Colimes eines Funktors $T\colon \mathscr{Y} \to \mathscr{C}$, wobei $\mathscr{Y}$ eine gerichtete Menge ist. Jeder gerichtete Colimes ist auch ein filtrierender.

14.1.6 In jeder vorgeordneten Klasse $\mathscr{K}$ ist ein filtrierender Colimes zugleich ein gerichteter. Genauer: Ist $\mathscr{X}$ eine (kleine) filtrierende Kategorie und $T\colon \mathscr{X} \to \mathscr{K}$ ein Funktor, so erkläre man Objekte bzw. Morphismen von $\mathscr{X}$ als äquivalent, wenn sie unter T dasselbe Bild haben. Man erhält einen Quotienten $\mathscr{Y}$ von $\mathscr{X}$ mit Projektion $P\colon \mathscr{X} \to \mathscr{Y}$, und es ist T von der Form $T = RP$, wobei R eine Einbettung ist (6.4.5). Weil $\mathscr{X}$ filtrierend und $\mathscr{K}$ vorgeordnet ist, ist $\mathscr{Y}$ eine gerichtete Klasse (Menge). T besitzt genau dann einen Colimes, wenn das für R der Fall ist. Ein Colimes für T ist nämlich nach 14.1.2 Supremum für $\{T(e)\}_{e \in \mathscr{X}}$, und man erhält dieselben Objekte bei R.

14.1.7 Es sei $\mathscr{K}$ eine vorgeordnete Menge. Werden Objekte A, B als äquivalent erklärt, wenn $A \leq B$ und $B \leq A$ gilt, so bilden die Äquivalenzklassen mit der von $\mathscr{K}$ herrührenden Vorordnung eine geordnete Menge $\dot{\mathscr{K}}$. Es ist $\mathscr{K}$ genau dann gerichtet bzw. endlich vollständig, endlich covollständig, vollständig, covollständig, wenn dies für $\dot{\mathscr{K}}$ der Fall ist. Ist $\mathscr{K}$ eine vorgeordnete Klasse, so erhält man $\dot{\mathscr{K}}$

als Menge des höheren Universums $\mathfrak{B}$. Vollständigkeit bzw. Covollständigkeit beziehen sich dabei (wie bisher) auf $\mathfrak{U}$-Diagramme.

14.2 Vereinigungen von Monomorphismen

14.2.1 Es sei $\mathscr{C}$ eine beliebige Kategorie und $A \in |\mathscr{C}|$. Die Monomorphismen mit (festem) Ziel A bilden eine vorgeordnete Klasse $\mathscr{M}/A$, ihre Äquivalenzklassen eine geordnete Klasse $\dot{\mathscr{M}}/A$. 1_A ist größtes Objekt von $\mathscr{M}/A$. Infima, also Produkte und damit alle Limites, in $\mathscr{M}/A$ sind Durchschnitte (7.8.6). Endliche bzw. beliebige Durchschnitte sind sicher dann vorhanden, wenn $\mathscr{C}$ endlich vollständig bzw. vollständig ist. Man vergleiche auch mit 12.4.1. Für einen Durchschnitt der Familie $\{m_e\colon M_e \rightarrowtail A\}$ von Monomorphismen schreiben wir $\bigcap m_e\colon \bigcap M_e \to A$ (falls er existiert).

14.2.2 Suprema in $\mathscr{M}/A$ bezeichnen wir als *Vereinigungen*. Für diese Vereinigung der Familie $\{m_e\colon M_e \rightarrowtail A\}$ von Monomorphismen schreiben wir $\bigcup m_e\colon \bigcup M_e \to A$ (falls sie existiert). Die Existenz von (endlichen) Vereinigungen folgt ohne Zusatzbedingungen nicht aus (endlicher) Covollständigkeit von $\mathscr{C}$.

14.2.1°—2° Die Kategorie der Epimorphismen mit fester Quelle A bezeichnen wir mit $A/\mathscr{E}$. Bei Übergang von $\mathscr{C}$ zu $\mathscr{C}^\circ$ verwandeln sich Epimorphismen in Monomorphismen mit Umkehrung der Vorordnung. 1_A ist kleinstes Objekt von $A/\mathscr{E}$. Codurchschnitte (8.8.4) sind Suprema. Infima bezeichnen wir als *Covereinigungen*.

14.2.3 Ist $\mathscr{C}$ lokal klein (10.6.1) und besitzt $\mathscr{C}$ Durchschnitte, so sind Vereinigungen von Monomorphismen mit gleichem Ziel A vorhanden. Vermöge $\dot{\mathscr{M}}/A$ folgt dies aus 14.1.3, 14.1.4 und 14.1.7.

14.2.4 Die Kategorie $\mathscr{C}$ erfülle A 0, A 2, A 2°, A 3, A 3° von 12.1.1. Für die Familie $\{m_e\colon M_e \rightarrowtail A\}$ von Monomorphismen existiert $\bigcup m_e$ wegen 12.4.4 genau dann, wenn der Codurchschnitt von $\{\operatorname{coker} m_e\}$ existiert, und es ist dann $\bigcup m_e$ Kern dieses Codurchschnittes. Wegen 12.4.1 und seinem Dualen sind endliche Durchschnitte und endliche Vereinigungen stets vorhanden.

14.2.5 Theorem. *In $\mathscr{C}$ sei jeder Morphismus eindeutig bis auf Isomorphie in einen Epimorphismus f' und anschließenden Monomorphismus f'' zerlegbar. Ist (L, λ) Colimes des Diagramms $T\colon \Sigma \to \mathscr{C}$, $\eta\colon T \to A_\Sigma$ eine natürliche Transformation und $f\colon L \to A$ der eindeutig bestimmte Morphismus mit $f_\Sigma \lambda = \eta$, so ist $f'' = \bigcup \eta_e''$.*

Beweis. Sei zunächst Σ nicht leer.

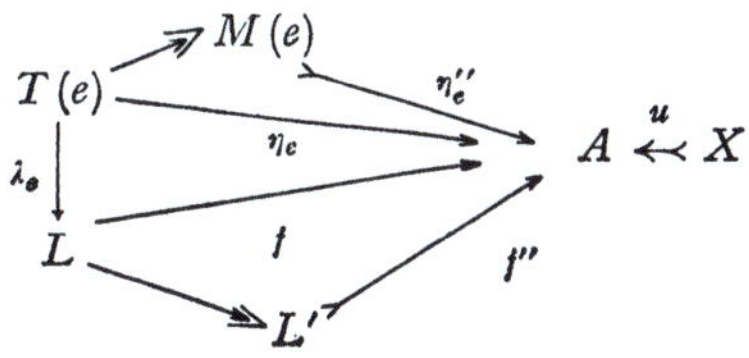

ist kommutativ. Nach 12.4.10 gibt es genau einen Morphismus n_e: $M(e) \to L'$ mit $f'' n_e = \eta_e''$. Also ist f'' obere Schranke von $\{\eta_e''\}$. Ist $u\colon X \rightarrowtail A$ eine obere Schranke für $\{\eta_e''\}$, so faktorisieren alle η_e über u, und weil u monomorph ist, entsteht eine natürliche Transformation $T \to X_\Sigma$. Daher faktorisiert f nach Colimeseigenschaft über u und auch f'' wieder nach 12.4.10. Ist Σ leer, so ist L initial in $\mathscr{C}$ und für $f\colon L \to A$ ist f'' initial in $\mathscr{M}/A$, wie man leicht bestätigt.

14.2.6 Korollar. *Erfüllt $\mathscr{C}$ die Voraussetzung von 14.2.5 und besitzt $\mathscr{C}$ (endliche) Coprodukte, so existieren (endliche) Vereinigungen von Monomorphismen mit gleichem Ziel A.*

Für $\{m_e\colon M_e \rightarrowtail A\}$ setze man $(L, \lambda) = (\coprod M_e, \{i_e\})$.

14.2.7 Korollar. *In einer abelschen Kategorie $\mathscr{C}$ ist für je zwei Monomorphismen $m\colon M \to A$, $n\colon N \to A$*

(1)

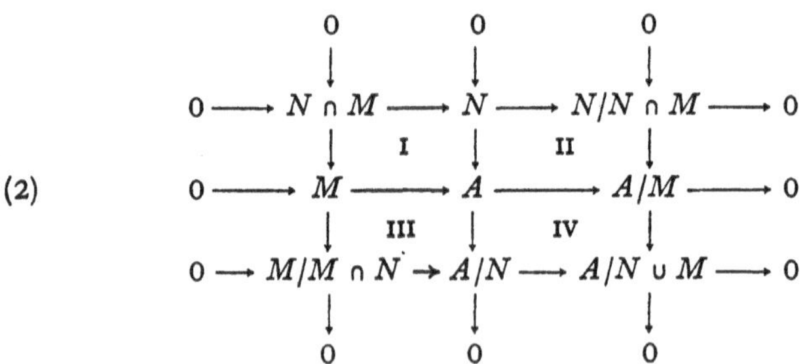

das Quadrat I in (1) bicartesisch.

Das folgt wegen 14.2.5 aus 13.4.2 (b).

Bemerkung. Ist in einer beliebigen Kategorie für $\{m_e\colon M_e \rightarrowtail A\}$ die Vereinigung $\bigcup m_e\colon \bigcup M_e \rightarrowtail A$ vorhanden und für die entstehenden Monomorphismen $M_e \rightarrowtail \bigcup M_e$ der Durchschnitt, so erhält man damit $\bigcap m_e\colon \bigcap M_e \to A$. Weil $\bigcup m_e$ monomorph ist, folgt das aus der Definition der Durchschnitte in 7.8.6.

14.2.8 In einer exakten Kategorie besteht für je zwei Monomorphismen $m\colon M \rightarrowtail A$, $n\colon N \rightarrowtail A$ ein kommutatives Diagramm

(2)

$$
\begin{array}{ccccccccc}
& & 0 & & 0 & & 0 & & \\
& & \downarrow & & \downarrow & & \downarrow & & \\
0 & \longrightarrow & N \cap M & \longrightarrow & N & \longrightarrow & N/N \cap M & \longrightarrow & 0 \\
& & \downarrow \quad \mathrm{I} & & \downarrow \quad \mathrm{II} & & \downarrow & & \\
0 & \longrightarrow & M & \longrightarrow & A & \longrightarrow & A/M & \longrightarrow & 0 \\
& & \downarrow \quad \mathrm{III} & & \downarrow \quad \mathrm{IV} & & \downarrow & & \\
0 & \longrightarrow & M/M \cap N & \to & A/N & \longrightarrow & A/N \cup M & \longrightarrow & 0 \\
& & \downarrow & & \downarrow & & \downarrow & & \\
& & 0 & & 0 & & 0 & &
\end{array}
$$

mit exakten Zeilen und Spalten.

Beweis. I ist ein Pullback, und es sind erste und zweite Zeile ebenso wie erste und zweite Spalte exakt nach Konstruktion. IV wird als Pushout konstruiert, wobei benutzt ist, daß der Codurchschnitt von $A \to A/M$ und $A \to A/N$ nach 14.2.4 den Kern $M \cup N \to A$ hat. In II ist

$N/N \cap M \to A/M$ vorhanden und monomorph nach 13.4.7. Entsprechendes gilt bei III. Damit folgt die Behauptung aus 13.5.6 (b).

14.2.9 Zweiter Isomorphiesatz. *In einer exakten Kategorie existiert zu je zwei Monomorphismen $M \rightarrowtail A$, $N \rightarrowtail A$ ein Isomorphismus $N/M \cap N \twoheadrightarrow M \cup N/N$, mit dem*

(3)
$$
\begin{array}{ccccccccc}
0 & \longrightarrow & M \cap N & \longrightarrow & N & \longrightarrow & N/M \cap N & \longrightarrow & 0 \\
 & & \downarrow & {}^{\text{I}} & \downarrow & & \Downarrow & & \\
0 & \longrightarrow & M & \longrightarrow & M \cup N & \longrightarrow & M \cup N/M & \longrightarrow & 0
\end{array}
$$

kommutativ ist.

Beweis. Nach der Bemerkung in 14.2.7 darf man in (2) A durch $M \cup N$ ersetzen. Man beachte, daß $M \cup N/M \cup N \cong 0$ ist.

Bemerkung. In einer abelschen Kategorie folgt (3) auch aus 14.2.7 und 13.4.8.

14.3 Urbilder von Monomorphismen

14.3.1 Es seien Pullbacks vorhanden. Ist $f\colon A \to B$ gegeben, so ist es nach 7.8.3 möglich, zu jedem Monomorphismus $n\colon N \to B$ einen induzierten Monomorphismus $m\colon M \to A$ zu konstruieren. Liegt keine natürliche Auswahl von Pullbacks vor, so ist m nur bis auf einen vorgeschalteten Isomorphismus bestimmt. Wir treffen dann eine Auswahl und nennen m *Urbild* von n bezüglich f. Wir schreiben $m = f^{-1}(n)$. Ist f ebenfalls monomorph, so ist $f \circ f^{-1}(n) = n \circ n^{-1}(f)$ Durchschnitt von f und n nach Definition Durchschnitt.

Der Übergang zu Urbildern respektiert nach Pullbackeigenschaft die Vorordnung der Monomorphismen mit festem Ziel, insbesondere gehen äquivalente in äquivalente über. Als $f^{-1}(1_B)$ sei stets 1_A ausgewählt. Nach 7.8.4 ist die Konstruktion von Urbildern mit der Komposition von Morphismen bis auf Isomorphie verträglich: Ist fh definiert, so sind $(fh)^{-1}(n)$ und $h^{-1}(f^{-1}(n))$ äquivalent. Wegen der Vertauschbarkeit der Limites (7.6.3) ist das Bilden endlicher Durchschnitte (beliebiger, falls möglich) mit dem Übergang zu Urbildern vertauschbar (bis auf Isomorphie).

14.3.2 Satz. *In Ens ist der Übergang zu Urbildern mit Vereinigungen vertauschbar. Dasselbe gilt für jede Funktorkategorie $[\mathscr{C}, Ens]$.*

Beweis. Das erste ist bekannt. Sei $\{\mu_e\colon S_e \rightarrowtail T\}$ eine Familie von Monomorphismen in $[\mathscr{C}, Ens]$. Nach 10.1.4 ist μ_e an jeder Stelle $A \in |\mathscr{C}|$ monomorph. $\cup\, \mu_e$ werde folgendermaßen konstruiert: Für jedes $A \in |\mathscr{C}|$ wird die Vereinigung $S(A)$ der Bildmengen $\mu_{e,A}(S_e(A)) \subset T(A)$ gebildet. Für $f\colon A \to B$ in $\mathscr{C}$ bewirkt $T(f)$ eine Abbildung $S(f)\colon S(A) \to S(B)$. Wegen 10.1.6 folgt das daraus, daß Mengenabbildungen mit Vereinigungen von Teilmengen vertauschbar sind. Es entsteht ein Funktor S mit Monomorphismus $\mu\colon S \to T$, der an jeder Stelle eine

Inklusion ist. Offenbar ist $\mu = \bigcup \mu_e$. Die Behauptung folgt nun daraus, daß Pullbacks in $[\mathscr{C}, Ens]$ „punktweise" konstruiert werden.

Bemerkung. Ein anderer Beweis ergibt sich daraus, daß Colimites in $[\mathscr{C}, Ens]$ universell sind. Man benutze die Konstruktion 14.2.6 und beachte 7.8.4, 7.8.2 und 13.4.4.

14.3.3 In Ab ist der Übergang zu Urbildern schon nicht mit endlichen Vereinigungen vertauschbar.

Gegenbeispiel. Bezüglich der Diagonalabbildung $Z \xrightarrow{\Delta} Z \oplus Z$ besitzt jede der beiden Injektionen $i_1, i_2 \colon Z \to Z \oplus Z$ das Urbild 0, und es ist $1_{Z \oplus Z}$ die Vereinigung von i_1 und i_2.

14.4 Bilder von Monomorphismen

14.4.1 Generelle Voraussetzung. Jeder Morphismus f besitze eine bis auf Isomorphie eindeutige Zerlegung $f = f''f'$ mit epimorphem f' und monomorphem f''.

14.4.2 Liegen ein Monomorphismus $m \colon M \rightarrowtail A$ und ein Morphismus $f \colon A \to B$ vor, so wählen wir eine Zerlegung $(fm) = (fm)''(fm)'$ aus und bezeichnen dann $(fm)''$ als *Bild* von m bezüglich f. Wir schreiben

$$(fm)'' = f(m) \colon f(M) \rightarrowtail B$$

$$
\begin{array}{ccc}
M & \twoheadrightarrow & f(M) \\
m \downarrow & & \downarrow f(m) \\
A & \xrightarrow{f} & B
\end{array}
$$

(4)

Der Übergang zu Bildern respektiert wegen 12.4.10 die Vorordnung der Monomorphismen, insbesondere gehen äquivalente in äquivalente über. Ist gf definiert, so ist $(gf)(m)$ äquivalent zu $g\big(f(m)\big)$, wie unmittelbar aus (4) folgt.

Bemerkung. In einer exakten Kategorie ist $\operatorname{im} f = f(1_A)$. In einer beliebigen Kategorie, die 14.4.1 erfüllt, läßt sich $\operatorname{im} f$ so definieren. In Kategorien, die 14.4.1 nicht erfüllen, ist zur korrekten Definition von Bildern die Betrachtung spezieller Klassen von Monomorphismen erforderlich. Beispielsweise ist in Top jeder Morphismus bis auf Isomorphie eindeutig in einen Epimorphismus und einen anschließenden Differenzkern zerlegbar. Bilder sind daher in diesem Fall als Differenzkerne zu definieren. Wir begnügen uns mit diesem Hinweis auf allgemeinere Situationen.

14.4.3 Es seien Pullbacks vorhanden und die Voraussetzung 14.4.1 erfüllt. Für $f \colon A \to B$ und Monomorphismen $m \colon M \to A$ und $n \colon N \to B$ gilt

(a) $m \leq f^{-1}\big(f(m)\big)$.

(b) $n \geq f\big(f^{-1}(n)\big)$.

(c) $f(m)$ und $f(f^{-1}(f(m)))$ sind äquivalent.

(d) $f^{-1}(n)$ und $f^{-1}(f(f^{-1}(n)))$ sind äquivalent.

Beweis. (a) folgt aus den Definitionen und der Pullback-Eigenschaft. (b) folgt aus den Definitionen wegen 12.4.10. (c) folgt aus (a) und (b), indem man f auf (a) anwendet und in (b) n durch $f(m)$ ersetzt. (d) ergibt sich entsprechend.

14.4.4 Ist f in (4) monomorph, so ist $f(m) = fm$, und der Übergang zu Bildern bezüglich f bewirkt eine injektive Abbildung $\dot{\mathscr{M}}/A \to \dot{\mathscr{M}}/B$. Dabei sind m und $f^{-1}(f(m))$ äquivalent, was man leicht bestätigt.

14.4.5 Es sei $f\colon A \to B$ ein Morphismus in einer abelschen Kategorie und $m\colon M \rightarrowtail A$ monomorph. Es sind m und $f^{-1}(f(m))$ genau dann äquivalent, wenn $m \geq \ker f$ ist.

Beweis. Wegen $f(m) \geq 0$ ist $f^{-1}(f(m)) \geq \ker f$. Sei nun $m \geq \ker f$. Wegen 14.4.3 (a) besteht folgendes kommutative Diagramm:

$$
\begin{array}{ccccc}
K & \rightarrowtail & M & \twoheadrightarrow & f(M) \\
\| & & \downarrow & & \| \\
K & \rightarrowtail & & \twoheadrightarrow & f(M) \\
\| & & {}_{m}\downarrow\;{}_{f^{-1}(f(m))} & & \downarrow {}_{f(m)} \\
K & \underset{\ker f}{\rightarrowtail} & A & \underset{f}{\longrightarrow} & B
\end{array}
$$

Wegen 13.1.5 (a) sind erste und zweite Zeile exakt. Damit folgt die Behauptung aus 13.5.5.

14.4.6 Es sei $f\colon A \twoheadrightarrow B$ epimorph in einer abelschen Kategorie oder in *Ens* oder in einer Funktor-Kategorie $[\mathscr{C}, Ens]$. Ist $n\colon N \rightarrowtail B$ monomorph, so sind n und $f(f^{-1}(n))$ äquivalent.

Für abelsche Kategorien folgt das aus 13.4.3 (c), für die anderen Fälle aus 13.4.4.

14.4.7 Es seien die Voraussetzung 14.4.1 erfüllt und (endliche) Coprodukte vorhanden. Für jede (endliche) Familie $\{m_e\colon M_e \rightarrowtail A\}$ von Monomorphismen und jedes $f\colon A \to B$ sind $f(\bigcup m_e)$ und $\bigcup f(m_e)$ äquivalent.

Beweis. Es sei $f(m_e) = n_e\colon N_e \rightarrowtail B$ und damit $fm_e = n_e p_e$ mit epimorphem $p_e\colon M_e \twoheadrightarrow N_e$. Nach 8.3.3 ist $p = \coprod p_e\colon \coprod M_e \to \coprod N_e$ epimorph. $\{m_e\}$ und $\{n_e\}$ definieren Morphismen $m\colon \coprod M_e \to A$ und $n\colon \coprod N_e \to B$, wobei $fm = np$ ist. Werden m, n und fm im Epi- und Monomorphismus zerlegt,

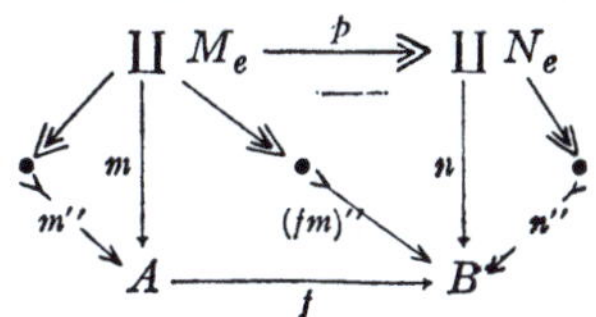

so sind n'' und $(fm)''$ äquivalent, weil p epimorph ist. Konstruktion von $f(m'')$ zeigt, daß $f(m'')$ und $(fm)''$ äquivalent sind. Damit folgt die Behauptung aus 14.2.6.

14.4.8 Bemerkung. Das Bild eines Durchschnittes von Monomorphismen ist untere Schranke für den Durchschnitt der Bilder. Wie schon *Ens* und *Ab* zeigen, braucht keine Isomorphie zu bestehen.

14.4.9 Bilder von Epimorphismen werden dual zu 14.3.1 mit Pushouts konstruiert, Urbilder dual zu 14.4.2 durch Morphismenzerlegung. In einer exakten Kategorie können Urbilder von Monomorphismen nach 12.3.4 (c) als Kerne der Urbilder ihrer Cokerne konstruiert werden, dual dazu Bilder von Epimorphismen als Cokerne der Bilder ihrer Kerne. Die benötigten Pullbacks und Pushouts sind also vorhanden, und es gilt 14.4.5 auch für exakte Kategorien. Außerdem gilt 14.2.4 für Vereinigungen und sein Duales für Durchschnitte.

14.4.10 In einer covollständigen abelschen Kategorie sei $\{n_e\colon N_e \rightarrowtail B\}$ eine Familie von Monomorphismen und $p\colon A \twoheadrightarrow B$ epimorph. Dann sind $p^{-1}(\bigcup(n_e))$ und $\bigcup p^{-1}(n_e)$ äquivalent. (Vgl. mit 14.3.3.)

Beweis. Offenbar ist $\bigcup p^{-1}(n_e) \geq \ker p$. Wegen 14.4.5 ist $\bigcup p^{-1}(n_e)$ äquivalent zu $p^{-1}\big(p(\bigcup p^{-1}(n_e))\big)$. Damit folgt die Behauptung aus 14.4.7 und 14.4.6.

14.5 Konstruktionen für Colimites

14.5.1 In einer (endlich) vollständigen Kategorie sei $\prod B_p$ ein (endliches) Produkt mit Projektionen pr_p. Für $u, v\colon A \to \prod B_p$ sei h der Differenzkern und h_p der Differenzkern von $pr_p u$, $pr_p v$. Dann ist h Durchschnitt der Familie $\{h_p\}$.

Beweis. Für $w\colon X \to A$ ist $uw = vw$ gleichwertig mit $pr_p uw = pr_p vw$ für alle p. Nach Definition Differenzkern ist für monomorphes w also $w \leq h$ gleichwertig mit $w \leq h_p$ für alle p.

14.5.2 Es sei $T\colon \Sigma \to \mathscr{C}$ ein Diagramm für die vollständige Kategorie $\mathscr{C}$. Die Konstruktion des Limes von T in 7.4.2 kann vermöge 14.5.1 folgendermaßen beschrieben werden: Zur Eckenmenge E von Σ bilde man $\prod_{e \in T} T(e)$ mit Projektionen pr_e. Für jeden Pfeil p von Σ sei $d_p\colon D_p \to \prod T(e)$ der Differenzkern von $pr_{z(p)}$ und $T(p)pr_{a(p)}$. Für $\bigcap d_p\colon \bigcap D_p \to \prod T(e)$ ist $(\bigcap D_p, \{pr_e(\bigcap d_p)\})$ Limes von T.

14.5.3 Es sei $\mathscr{C}$ eine covollständige abelsche Kategorie und $T\colon \Sigma \to \mathscr{C}$ ein Diagramm mit Colimes (L, λ). Für $\coprod T(e)$ mit Injektionen i_e besteht ein Epimorphismus $c\colon \coprod T(e) \twoheadrightarrow L$ mit $ci_e = \lambda_e$. Es ist $\bigcup im\big(i_{a(p)} - i_{z(p)}T(p)\big)$ Kern von c.

Beweis. Nach 8.2.6 und dem Dualen von 14.5.2 ist c Codurchschnitt von $\operatorname{coker}\big(i_{a(p)} - i_{z(p)}T(p)\big)$. Damit folgt die Behauptung aus 14.2.4.

14.5.4 Satz. *Die Kategorie $\mathscr{C}$ besitze Coprodukte. Sei D Teilmenge der Menge E. Für $\coprod A_e$ mit Injektionen i_e definiert i_d: $A_d \to \coprod A_e$ einen Morphismus i_D:*

$$\coprod_{d \in D} A_d \to \coprod_{e \in E} A_e.$$

(a) *Durchläuft D die endlichen Teilmengen von E, so ist $\coprod A_e$ vermöge $\{i_D\}$ gerichteter Colimes von $\{\coprod A_d\}$, wenn für $D \subset D'$ noch $i_{DD'}$:*
$$\coprod_{d \in D} A_d \to \coprod_{d' \in D'} A_d,$$ *entsprechend i_D definiert wird.*

(b) *Besitzt $\mathscr{C}$ ein Nullobjekt, so ist i_D eine Coretraktion und $1_{\coprod A_e} = \bigcup i_D = \bigcup i_e$.*

Beweis. (a) ergibt sich leicht aus der Definition für Colimites. (b) Besitzt $\coprod A_d$ die Injektionen j_d, so definiere man p_D: $\coprod A_e \to \coprod A_d$ durch j_e: $A_e \to \coprod A_d$ für $e \in D$ und 0: $A_e \to \coprod A_d$ sonst. p_D ist eine zu i_D gehörige Retraktion. (Das folgt auch aus dem Dualen von 7.3.4 und 7.7.7). Die letzte Behauptung folgt damit aus (a).

14.5.5 Satz. *Sind in einer covollständigen abelschen Kategorie endliche Limites mit filtrierenden Colimites vertauschbar, so sind sie auch mit pseudofiltrierenden Colimites vertauschbar.*

Beweis. Pseudofiltrierende Colimites sind nach 9.1.8 Coprodukte von filtrierenden. Jedes endliche Coprodukt ist Biprodukt und daher mit Limites vertauschbar. Damit folgt die Behauptung aus 14.5.4.

14.6 Grothendieck-Kategorien

14.6.1 Definition. Eine *Grothendieck-Kategorie* ist eine covollständige abelsche Kategorie, die folgender Bedingung genügt:
(AB 5) Ist m: $A \to B$ monomorph und $\{n_e$: $N_e \rightarrowtail B\}$ eine gerichtete Familie von Monomorphismen, so ist

$$(1) \qquad\qquad \bigcup (m \cap n_e) \cong m \cap \bigcup n_e.$$

Daß $\{n_e\}$ gerichtet ist, bedeutet, daß die durch die Objekte n_e in $\mathscr{M}/B$ (Monomorphismen mit Ziel B) bestimmte volle Unterkategorie eine gerichtete Menge ist. Die Isomorphie (1) besteht in $\mathscr{M}/B$.

Manche Autoren fordern bei Grothendieck-Kategorien zusätzlich, daß eine ausgezeichnete Generatormenge vorliegt.

14.6.2 In einer covollständigen abelschen Kategorie ist (AB 5) gleichwertig damit, daß gerichtete Vereinigungen von Monomorphismen mit dem Übergang zum Urbild bezüglich beliebiger Morphismen f: $A \to B$ bis auf Isomorphie vertauschbar sind:

$$(2) \qquad\qquad f^{-1}(\bigcup n_e) \cong \bigcup f^{-1}(n_e), \quad \{n_e\} \text{ gerichtet.}$$

Beweis. Zu $m\colon A \rightarrowtail B$ und $n\colon N \rightarrowtail B$ betrachten wir das Pullback

$$(3) \qquad \begin{array}{ccc} \bullet & \rightarrowtail & N \\ {\scriptstyle m^{-1}(n)}\downarrow & & \downarrow{\scriptstyle n} \\ A & \underset{m}{\rightarrowtail} & B \end{array}$$

Die Diagonale ist $m \cap n = m\bigl(m^{-1}(n)\bigr)$. Damit folgt (1) aus (2) und 14.4.7. Umgekehrt folgt (2) aus (1) für monomorphes f nach Definition für Monomorphismen. Der allgemeine Fall folgt damit aus 14.4.10 durch Zerlegung von f.

14.6.3 Es sei $\mathscr{C}$ eine covollständige abelsche Kategorie. Für $\mathscr{C}$ ist (AB 5) gleichwertig mit:

(AB 5′) In $\mathscr{C}$ ist jeder filtrierende Colimes von Monomorphismen mit festem Ziel ein Monomorphismus.

Beweis. Sei zunächst (AB 5) erfüllt, $\mathscr{X}$ eine kleine filtrierende Kategorie und $T\colon \mathscr{X} \to \mathscr{C}/B$ (vgl. 6.5.3) ein Funktor, wobei jedes

$$T(e) = n_e\colon N_e \rightarrowtail B \quad \text{für} \quad e \in |\mathscr{X}|$$

ein Monomorphismus mit Ziel B ist. Der Colimes von T wird „punktweise" konstruiert. Weil $\mathscr{X}$ filtrierend (also zusammenhängend) ist, ist $(B, \{1_B\})$ Colimes von $B_{\mathscr{X}}$. Sei $h\colon L \to B$ Colimesobjekt von T und $k\colon K \to L$ Kern von h. Für jedes $e \in |\mathscr{X}|$ besteht ein kommutatives Diagramm

$$(4) \qquad \begin{array}{ccc} U_e & \xrightarrow{k'_e} & N_e \ \searrow^{n_e} \\ {\scriptstyle \lambda'_e}\downarrow & \ \downarrow{\scriptstyle \lambda_e} & \hspace{1.5em} B \\ K & \underset{k}{\rightarrowtail} & L \ \nearrow_{h} \end{array}$$

Dabei ist $(L, \{\lambda_e\})$ Colimes von T an der Stelle $0 \in |\mathbf{2}|$, und es ist links in (4) zu k und λ_e ein Pullback gebildet. Es ist $n_e k'_e = h k \lambda'_e = 0$. Nach 12.3.4 (b) ist k'_e Kern von n_e und damit $U_e = 0$. Nun ist λ_e monomorph wegen $h\lambda_e = n_e$, und wegen 14.2.5 mit $\lambda_e = \eta_e$ und $f = 1_L$ ist $1_L = \bigcup \lambda_e$. Nach Definition Colimes induziert T einen Funktor $S\colon \mathscr{X} \to \mathscr{M}/L$ mit $S(e) = \lambda_e$, und wegen 14.1.6 ist $\{\lambda_e\}$ eine gerichtete Familie. Aus (1) folgt nun $k = k \cap 1_L = k \cap \bigcup \lambda_e \cong \bigcup (k \cap \lambda_e) = \bigcup \lambda_e k'_e = 0$. Also ist h monomorph.

Sei nun umgekehrt (AB 5′) erfüllt. In der Situation 14.6.1 bilden wir für jedes e gemäß 14.2.7 das kommutative Diagramm

$$(5) \qquad \begin{array}{ccc} A \cap N_e & \to & N_e \\ \downarrow & \mathrm{I} & \downarrow \ \searrow^{n_e} \\ A & \to & A \cup N_e \ \searrow \\ & \underset{m}{\longrightarrow} & \hspace{2em} B \end{array}$$

wobei alle Morphismen monomorph sind und I bicartesisch ist. Jeder Morphismus $n_e \to n_d$ in $\mathscr{M}/B$ setzt sich mit 1_B und 1_A fort zu einer

138

natürlichen Transformation der entsprechenden Diagramme (5). Weil $\{n_e\}$ gerichtet ist, erhalten wir mit gerichteten Colimites

$$(6)\qquad
\begin{array}{ccc}
\operatorname{Colim}(A \cap N_e) & \to & \operatorname{Colim} N_e \\
\downarrow & \mathrm{I} & \downarrow \\
A & \to & \operatorname{Colim}(A \cup N_e)
\end{array}
\quad
\begin{array}{c}
\operatorname{Colim} n_e \\
\searrow \\
B
\end{array}
$$

Nach Voraussetzung sind die Morphismen mit Ziel B monomorph und wegen 14.2.5 Vereinigungen der entsprechenden Morphismen der Diagramme (5). Es folgt, daß alle Morphismen in (6) monomorph sind. Außerdem ist I ein Pushout, weil Colimites mit Colimites vertauschbar sind. Wegen 13.4.3 (a) ist I bicartesisch. Weil $\operatorname{Colim}(A \cup N_e) \to B$ monomorph ist, ist die äußere Kontur von (6) ein Pullback. Also gilt (1).

14.6.4 Hilfssatz. *Es sei $\mathscr{X}$ eine kleine filtrierende und $\mathscr{C}$ eine Grothendieck-Kategorie. (L, λ) sei Colimes des Funktors $T: \mathscr{X} \to \mathscr{C}$. Für $d \in |\mathscr{X}|$ sei $k_d\colon K_d \to T(d)$ Kern von $\lambda_d\colon T(d) \to L$ und für jedes $u\colon d \to e$ in $\mathscr{X}$ sei $k_u\colon K_u \to T(d)$ Kern von $T(u)\colon T(d) \to T(e)$. Dann ist*

$$k_d \cong \bigcup k_u, \quad d \text{ Quelle von } u.$$

Beweis. Aus $\lambda_d = \lambda_e T(u)$ für $u\colon d \to e$ folgt $k_d \geq k_u$ und damit $k_d \geq \bigcup k_u$. Es muß $\bigcup k_u \geq k_d$ bewiesen werden. Sei dazu $\mathscr{Y}$ die volle Unterkategorie von $\mathscr{X}$, deren Objekte alle $e \in |\mathscr{X}|$ sind, zu denen es ein $u\colon d \to e$ gibt. $\mathscr{Y}$ enthält d und 1_d. Außerdem ist $\mathscr{Y}$ filtrierend und final in $\mathscr{X}$, wie leicht aus der Definition 9.2.4 und 9.3.9 folgt. Wegen 9.1.2 kann $\mathscr{X}$ durch $\mathscr{Y}$ ersetzt werden. Um neue Bezeichnungen zu vermeiden, nehmen wir an, daß $\mathscr{Y} = \mathscr{X}$ ist.

Nach 14.5.3 und Definition Kern besteht folgendes kommutative Diagramm:

$$(7)\qquad
\begin{array}{ccccc}
K_d & \xrightarrow{k_d} & T(d) & \xrightarrow{\lambda_d} & L \\
\downarrow & {}_k\mathrm{I} & \downarrow {i_a} & c & \|\,1_L \\
K & \to & \coprod T(e) & \twoheadrightarrow & L
\end{array}
$$

wobei $k = \bigcup\limits_p \operatorname{im}\big(i_{a(p)} - i_{z(p)}T(p)\big)$ Kern von c ist und p alle Morphismen p von $\mathscr{X}$ durchläuft. i_d ist monomorph (vgl. 14.5.4 (b)) und I ein Pullback nach 12.3.4 (c). Für jede endliche Teilmenge D der Morphismenmenge von $\mathscr{X}$ bilden wir

$$(8)\qquad v_D = \bigcup\limits_{p \in D} \operatorname{im}\big(i_{a(p)} - i_{z(p)}T(p)\big).$$

Aus den Inklusionen für Teilmengen ergibt sich, daß $\{v_D\}$ eine gerichtete Familie ist. Ferner ist auch $k = \bigcup v_D$. Damit folgt aus (7) und (2)

$$(9)\qquad k_d = i_d^{-1}(k) = \bigcup\limits_D i_d^{-1}(v_D).$$

Wir zeigen, daß es zu jedem D ein $u\colon d \to e$ gibt mit

$$(10) \qquad k_u \geq i_d^{-1}(v_D).$$

Hieraus und aus (9) folgt $\bigcup k_u \geq k_d$ und damit die Behauptung.

Es bestehe D aus den Morphismen $p_\nu\colon e_\nu \to e'_\nu$ mit $\nu = 1, 2, \ldots, n$. Für jedes ν wählen wir ein $u_\nu\colon d \to e_\nu$. Weil $\mathscr{X}$ filtrierend ist, gibt es $h \in |\mathscr{X}|$ mit Morphismen $v_\nu\colon e'_\nu \to h$. Die Objekte $d, e_1, \ldots, e_n, e'_1, \ldots, e'_n$ sind nicht notwendig paarweise verschieden, und für jedes liegen ein oder mehrere Morphismen der Gestalt $v_\nu p_\nu u_\nu$, $v_\nu p_\nu$, v_ν mit Ziel h vor. Wiederholte Anwendung von 9.2.4 (ii) zeigt jedoch, daß h so gewählt werden kann, daß Morphismen der Gestalt $v_\nu p_\nu u_\nu$, $v_\nu p_\nu$, v_ν stets zusammenfallen, wenn sie dieselbe Quelle haben. Sei dies der Fall und $u = v_\nu p_\nu u_\nu$. Wir definieren $f\colon \coprod T(e) \to T(h)$ folgendermaßen: Für $e = d$ bzw. e_ν, e'_ν sei $fi_e = T(u)$, bzw. $T(v_\nu p_\nu)$, $T(v_\nu)$, für alle anderen e sei $fi_e = 0$. Für p_ν ist nun $fi_{e_\nu} = T(v_\nu p_\nu) = fi_{e'_\nu} T(p_\nu)$. Damit folgt aus (8) und 14.4.7 $fv_D = 0$, also erst recht $fi_d i_d^{-1}(v_D) = 0$. Wegen $fi_d = T(u)$ gilt (10).

14.6.5 Satz. *In einer Grothendieck-Kategorie ist jeder filtrierende Colimes von Monomorphismen ein Monomorphismus.*

Beweis. Es sei $\mathscr{X}$ eine kleine filtrierende, $\mathscr{C}$ eine Grothendieck-Kategorie und $T\colon \mathscr{X} \to [2, \mathscr{C}]$ ein Funktor, wobei $T(e) = n_e\colon A_e \rightarrowtail B_e$ für alle $e \in |\mathscr{X}|$ monomorph ist. T besteht aus zwei Funktoren $R, S\colon \mathscr{X} \to \mathscr{C}$ und einer monomorphen natürlichen Transformation $n\colon R \to S$.

Sei (L, λ) Colimes von R, (M, μ) Colimes von S und $h\colon L \to M$ der von n induzierte Morphismus, also $(h, \{(\lambda_e, \mu_e)\})$ Colimes von T. Für $u\colon d \to e$ in $\mathscr{X}$ betrachten wir

$$(11) \qquad
\begin{array}{ccccc}
K_u & \overset{k_u}{\rightarrowtail} & A_d & \overset{R(u)}{\to} & A_e \\
\downarrow{\scriptstyle \mathrm{I}} & & \downarrow{\scriptstyle n_d} & & \downarrow{\scriptstyle n_e} \\
K'_u & \underset{k'_u}{\rightarrowtail} & B_d & \underset{S(u)}{\to} & B_e
\end{array}$$

mit Kernen k_u von $R(u)$ und k'_u von $S(u)$. Wegen 12.3.4 (c) ist I ein Pullback, also $k_u = n_d^{-1}(k'_u)$. Aus 14.6.4 und (2) folgt $\ker \lambda_d \cong n_d^{-1}(\ker \mu_d)$. Schreiben wir statt d wieder e, so erhalten wir, wenn wir noch λ_e und μ_e in Epi- und Monomorphismus zerlegen

$$(12) \qquad
\begin{array}{ccccccc}
K_e & \overset{\ker \lambda_e}{\rightarrowtail} & A_e & \twoheadrightarrow & A'_e & \overset{\operatorname{im} \lambda_e}{\rightarrowtail} & L \\
\downarrow{\scriptstyle \mathrm{I}} & & \downarrow{\scriptstyle n_e} & & \downarrow{\scriptstyle i_e} & & \downarrow{\scriptstyle h} \\
K'_e & \underset{\ker \mu_e}{\rightarrowtail} & B_e & \twoheadrightarrow & B'_e & \underset{\operatorname{im} \mu_e}{\rightarrowtail} & M
\end{array}$$

Hierbei ist I ein Pullback nach dem eben Gesagten. j_e ist der induzierte Morphismus für Cokerne. Nach 13.4.7 ist j_e monomorph. Für $p\colon e \to e'$ setzt sich $T(p)$ zu einer natürlichen Transformation der entsprechenden

Diagramme (12) fort. Damit folgt aus 14.6.3, daß h als filtrierender Colimes der Monomorphismen (im μ_e) j_e monomorph ist.

14.6.6 Theorem. *Für eine covollständige abelsche Kategorie sind gleichwertig:*

(a) *Es gilt* (AB 5).

(b) *Pseudofiltrierende Colimites sind mit endlichen Limites vertauschbar.*

(c) *Pseudofiltrierende Colimites von exakten Folgen sind exakt.*

Gleichwertig damit sind auch die Aussagen, die aus (b) *und* (c) *dadurch entstehen, daß pseudofiltrierend durch gerichtet ersetzt wird.*

Beweis. Weil Colimites mit Colimites vertauschbar sind, folgt aus (a) wegen 14.6.5, daß filtrierende Colimites von kurzen exakten Folgen exakt sind. Damit folgt durch Zerlegung gemäß 13.2.3 die entsprechende Aussage für beliebige exakte Folgen, also auch, daß filtrierende Colimites mit Kernen vertauschbar sind. Endliche Produkte sind Biprodukte und daher mit allen Colimites vertauschbar. Aus 14.5.5 folgt (b). Aus (b) folgt (c). Ersetzt man in (b) oder (c) pseudofiltrierend durch gerichtet und beachtet man, daß jeder Monomorphismus ein Kern ist, so erhält man die Aussage von 14.6.5 und den Spezialfall (AB 5′) für den gerichteten Fall und damit wieder (a) nach 14.6.3.

Warnung. Aus (b) folgt nicht (1) für pseudofiltrierende Familien (14.3.3!).

14.6.7 Bemerkung. In 14.6.6 (c) ist enthalten:

(AB 4) Coprodukte $\coprod m_e\colon \coprod A_e \to \coprod B_e$ von Monomorphismen sind monomorph.

14.6.8 Satz. *In der Grothendieck-Kategorie $\mathscr{C}$ existiere das Produkt $\prod A_e$ mit Projektionen pr_e. Dann ist $h\colon \coprod A_e \to \prod A_e$ mit $pr_d h i_e = \delta_{de}$ monomorph.*

Beweis. Sei $\{e_1, e_2, \ldots, e_n\}$ endliche Teilmenge der Indexmenge E. $h_\nu\colon A_{e_\nu} \to \prod A_e$ ist durch $pr_d h_\nu = \delta_{de_\nu}$ definiert und damit $h_{e_1 e_2 \cdots e_n}\colon \coprod A_{e_\nu} \to \prod A_e$ mit $h_\nu = h_{e_1 e_2 \cdots e_n} i_{e_\nu}$. Weil $\coprod A_{e_\nu}$ ein Biprodukt ist, ist $h_{e_1 e_2 \cdots e_n}$ monomorph und sogar Coretraktion mit zugehöriger Retraktion $pr_{e_1 e_2 \cdots e_n}$. Damit folgt die Behauptung aus 14.5.4 und 14.6.3.

14.6.9 *Ab* und damit $[\mathscr{C}, Ab]$ und $Add\,(\mathscr{C}, Ab)$ für jede kleine bzw. additive kleine Kategorie $\mathscr{C}$ sind vollständige Grothendieck-Kategorien (10.1.2, 10.1.9). Wegen „punktweiser" Konstruktion von Limites und Colimites gilt in diesen Kategorien auch die zu 14.6.7 duale, für *Ab* bekannte Aussage:

Produkte von Epimorphismen sind epimorph.

Sie ist wegen der Vollständigkeit und der Vertauschbarkeit von Limites mit Limites gleichwertig mit:

Produkte von exakten Folgen sind exakt.

Dagegen besteht jede vollständige Grothendieck-Kategorie nur aus Null-Objekten, wenn sie auch das Duale von (AB 5) erfüllt oder wenn schwächer die zu 14.6.8 duale Aussage gilt, daß stets $h\colon \coprod A_e \to \prod A_e$ epimorph ist (siehe MITCHELL [19]).

15. Injektive Hüllen

15.1 Moduln über additiven Kategorien

15.1.1 Definition. Es sei $\mathscr{C}$ eine additive Kategorie und R ein Ring. Wir fassen R als additive Kategorie mit nur einem Objekt $*$ auf. Ein additiver Funktor $F\colon R \to \mathscr{C}$ ist ein Objekt $F(*) = A$ von $\mathscr{C}$ mit einem Ring-Homomorphismus $\varrho\colon R \to [A, A]_{\mathscr{C}}$. Wir sagen dafür, daß A mit einer *R-Linksmodulstruktur* versehen ist oder daß ein *R-Linksmodulobjekt* über $\mathscr{C}$ vorliegt. Wir bezeichnen es mit $_{\varrho}A$ oder auch mit $_{R}A$, wenn kein Mißverständnis zu befürchten ist. Man beachte aber dabei, daß $A \in |\mathscr{C}|$ möglicherweise verschiedene Linksmodulstrukturen gestatten kann. Wir nennen A das *unterliegende $\mathscr{C}$-Objekt* von $_{R}A$.

Die Kategorie $Add\,(R, \mathscr{C})$ bezeichnen wir als die Kategorie $_{R}\mathscr{C}$ der R-Linksmodulobjekte über $\mathscr{C}$. Sind $_{\varrho}A$, $_{\sigma}B$ Objekte aus $_{R}\mathscr{C}$, so ist ein Morphismus $f\colon {}_{\varrho}A \to {}_{\sigma}B$ in $_{R}\mathscr{C}$ nach 2.6.1 ein $\mathscr{C}$-Morphismus $f\colon A \to B$, für den gilt

$$(1) \qquad\qquad f\varrho(r) = \sigma(r)f \quad \text{für alle} \quad r \in R.$$

Wir bezeichnen f als (Modul-)*Homomorphismus* und nennen f den *unterliegenden $\mathscr{C}$-Morphismus*.

15.1.2 Beispiele. Für $\mathscr{C} = Ab$ ist $_{R}Ab = {}_{R}Mod$: Für $A \in |_{R}Mod|$ bewirkt $r \in R$ einen Endomorphismus der additiven Gruppe von A. Die Wirkung auf $a \in A$ bezeichnet man einfach mit ra. Es gilt also $r(a_1 + a_2) = ra_1 + ra_2$. Daß ein Homomorphismus von R in den Endomorphismenring der additiven Gruppe von A vorliegt, drückt sich aus durch $1a = a$, $r_2(r_1 a) = (r_2 r_1)a$, $(r_1 + r_2)a = r_1 a + r_2 a$ für 1, r_1, $r_2 \in R$ und $a \in A$.

Für $\mathscr{C} = {}_{S}Mod$ erhält man entsprechend R-S-Linksbimoduln, also $_{R}({}_{S}Mod) = {}_{R,S}Mod$, wobei für $r \in R$, $s \in S$, $a \in A \in |_{R,S}Mod|$ gilt $r(sa) = s(ra)$.

Für $R = \mathbf{Z}$ ist $_{\mathbf{Z}}\mathscr{C}$ in evidenter, kanonischer Weise isomorph zu $\mathscr{C}$.

15.1.3 Es ist R^{o} der Gegenring zu R (2.4.2). Wir bezeichnen $Add\,(R^{o}, \mathscr{C})$ als Kategorie $\mathscr{C}_{R}$ der R-*Rechtsmoduln* über $\mathscr{C}$. Das steht im Einklang mit der kanonischen Isomorphie $_{R^{o}}Mod = Mod_{R}$, die sich aus $r^{o}a \mapsto ar$ wegen $r_2^{o}r_1^{o}a = (r_1 r_2)^{o}a$ ergibt. Ist R kommutativ, so fallen damit $_{R}\mathscr{C}$ und $\mathscr{C}_{R}$ zusammen.

Wir identifizieren $({}_{R}\mathscr{C})^{o}$ mit $\mathscr{C}_{R}^{o}$. Es kann nämlich für beliebige Kategorien $\mathscr{B}$, $\mathscr{C}$ stets $[\mathscr{B}^{o}, \mathscr{C}^{o}]$ als duale Kategorie von $[\mathscr{B}, \mathscr{C}]$ angesehen werden und im additiven Fall $Add\,(\mathscr{B}^{o}, \mathscr{C}^{o})$ als Duale von $Add\,(\mathscr{B}, \mathscr{C})$

(vgl. 4.5.6). Die Beziehung $(_R\mathscr{C})^0 = \mathscr{C}_R^0$ gestattet es, Resultate für Linksmodul-Kategorien durch Dualisierung auf Rechtsmodul-Kategorien zu übertragen.

15.1.4 Es besteht der *Vergiß-Funktor* V: $_R\mathscr{C} \to \mathscr{C}$. Er ordnet jedem Objekt bzw. Morphismus in $_R\mathscr{C}$ das unterliegende Objekt bzw. den unterliegenden Morphismus in $\mathscr{C}$ zu und stimmt mit dem partiellen Wertfunktor $W(?, *)$: $Add\,(R, \mathscr{C}) \to \mathscr{C}$ überein (3.7.1). Der Vergiß-Funktor ist treu, und er entdeckt Isomorphismen (vgl. 2.6.7).

Existenz von Limites und Colimites (bestimmter Typen oder allgemein) vererbt sich von $\mathscr{C}$ auf $_R\mathscr{C}$, und der Vergiß-Funktor respektiert und entdeckt sie. Das folgt aus der „punktweisen" Konstruktion in Funktorkategorien. Ebenso übertragen sich Vertauschbarkeitsaussagen von endlichen Limites mit filtrierenden bzw. pseudofiltrierenden Colimites (10.1.2). Ist insbesondere $\mathscr{C}$ exakt, abelsch, Grothendiecksch, so gilt dasselbe für $_R\mathscr{C}$, und der Vergiß-Funktor ist dabei insbesondere exakt, und er entdeckt auch exakte Folgen.

15.1.5 Es seien $\mathscr{C}, \mathscr{D}$ additive Kategorien und T: $\mathscr{C} \to \mathscr{D}$ ein additiver Funktor. T induziert einen „gelifteten" Funktor

$$(2) \qquad\qquad _RT: \;_R\mathscr{C} \to \,_R\mathscr{D} \quad \text{mit} \quad V_R{}_RT = TV.$$

Es besteht zunächst der Ring-Homomorphismus

$$T_{A,A}: \; [A, A]_\mathscr{C} \to [T(A), T(A)]_\mathscr{D},$$

und ϱ: $R \to [A, A]$ ergibt $T_{A,A}\,\varrho$: $R \to [T(A), T(A)]$, womit

$$(3) \qquad\qquad _RT\,(_\varrho A) = {}_{T_{A,A}\varrho}(T(A))$$

entsteht. Für $\bar{f}$: $_\varrho A \to {}_\sigma B$ erhält man nun $_RT\,(\bar{f})$ als Homomorphismus $_RT\,(_\varrho A) \to {}_RT\,(_\sigma B)$ mit unterliegendem $\mathscr{D}$-Morphismus $T(f)$. Es liegt hier ein einfacher Spezialfall von 16.1.4 vor.

15.1.6 Für $A, B \in |\mathscr{C}|$ operiert $[A, A]$ von links (1.5.2) auf $[B, A]$. Vermöge ϱ: $R \to [A, A]$ entsteht damit aus $[B, A] \in |Ab|$ der R-Linksmodul $[B, _\varrho A]$, was durch

$$(4) \qquad rf = \varrho\,(r)f \qquad \text{für } f: \; B \to A, \; r \in R \; \text{ und } \; \varrho: R \to [A, A]$$

beschrieben wird. Entsprechend ist $[_\varrho A, B]_\mathscr{C}$ ein R-Rechtsmodul mit

$$(4') \qquad fr = f\varrho\,(r) \qquad \text{für } f: \; A \to B, \; r \in R \; \text{ und } \; \varrho: R \to [A, A].$$

Aus den partiellen Hom-Funktoren für $\mathscr{C}$ entstehen damit Funktoren

$$(5) \qquad [\mathrm{Op}?, _\varrho A]_\mathscr{C}: \; \mathscr{C}^0 \to {}_R\mathrm{Mod}; \qquad [_\varrho A, ?]_\mathscr{C}: \; \mathscr{C} \to \mathrm{Mod}_R.$$

Insbesondere gilt das für den Fall, daß $R = [A, A]$ und $\varrho = 1_R$ ist.

Aus (5) entstehen Bifunktoren $\mathscr{C}^0 \times {}_R\mathscr{C} \to {}_R Mod$ und $({}_R\mathscr{C})^0 \times \mathscr{C} \to Mod_R$. Durch Anwendung des Vergiß-Funktors $V\colon {}_R Mod \to Ab$ bzw. $Mod_R \to Ab$ erhält man aus (4), (4') und (5)

$$(6) \qquad V[?, {}_\varrho A]_\mathscr{C} = [?, A]_\mathscr{C}; \qquad V[{}_\varrho A, ?]_\mathscr{C} = [A, ?]_\mathscr{C}.$$

Für ${}_\varrho A \in |{}_R\mathscr{C}|$ und ${}_\sigma B \in |{}_S\mathscr{C}|$ wird $[A, B]_\mathscr{C}$ zum R-Rechts-S-Links-Bimodul, wie aus (4) und (4') folgt. Für ${}_R A, {}_R B \in |{}_R\mathscr{C}|$ bezeichnet man die additive Gruppe der ${}_R\mathscr{C}$-Morphismen von ${}_R A$ und ${}_R B$ meist mit

$$(7) \qquad \mathrm{Hom}_R({}_R A, {}_R B),$$

um Verwechslungen mit dem zweiseitigen R-Modul $[{}_R A, {}_R B]_\mathscr{C}$ zu vermeiden.

Ist R kommutativ, so läßt sich (5) noch mit einer R-Modulstruktur versehen. Mit den Bezeichnungen von (1) setze man $rf = f\varrho(r) = \sigma(r)f$ für $r \in R$ und $f\colon {}_\varrho A \to {}_\sigma B$. Weil R kommutativ ist, ist rf wieder ein Homomorphismus ${}_\varrho A \to {}_\sigma B$.

15.1.7 Für additive Kategorien $\mathscr{C}$, $\mathscr{D}$ besteht nach der additiven Version von 3.6.3 die kanonische Isomorphie

$$Add(\mathscr{C}, {}_R\mathscr{D}) = Add(\mathscr{C}, Add(R, \mathscr{D})) \cong Add(R, Add(\mathscr{C}, \mathscr{D})) = {}_R Add(\mathscr{C}, \mathscr{D}).$$

Das besagt insbesondere, daß additive Funktoren $\mathscr{C} \to {}_R\mathscr{D}$ als R-Linksmodul-Objekte über $Add(\mathscr{C}, \mathscr{D})$ angesehen werden können.

Vermöge der Yoneda-Einbettung $H_*\colon \mathscr{C} \to Add(\mathscr{C}^0, Ab)$ besteht eine Bijektion zwischen den Modulstrukturen auf $A \in |\mathscr{C}|$ und auf $H_A \in |Add(\mathscr{C}^0, Ab)|$. Liften von H_* bzw. H^* ergibt daher volle Einbettungen

$$(8) \quad {}_R H_*\colon {}_R\mathscr{C} \to {}_R Add(\mathscr{C}^0, Ab) \cong Add(\mathscr{C}^0, {}_R Mod),$$

$$ \quad {}_{R^0} H^*\colon ({}_R\mathscr{C})^0 = \mathscr{C}^0_R \to Add(\mathscr{C}, Ab)_R \cong Add(\mathscr{C}, Mod_R).$$

An der Stelle $A \in |\mathscr{C}|$ erhält man damit (5) aus (8) und (6) aus (8) und (2).

Beachtet man, daß ein Isomorphismus $\eta\colon F \to G$ für additive Funktoren $\mathscr{C} \to Ab$ eine Bijektion für die Modulstrukturen von F und G bewirkt, so folgt aus (8) und dem zuvor Gesagten unmittelbar:

Satz. *Es sei $T\colon \mathscr{C} \to Mod_R$ ein additiver Funktor. Ist $VT\colon \mathscr{C} \to Ab$ (mit Vergiß-Funktor $V\colon Mod_R \to Ab$) darstellbar, so ist T isomorph zu einem Funktor $[{}_\varrho A, ?]_\mathscr{C}$ für geeignetes ${}_\varrho A \in |{}_R\mathscr{C}|$.*

Bemerkungen. Bei Kombination mit den additiven Versionen von 10.3.9 oder 10.6.5 beachte man, daß T wegen 15.1.4 genau dann Limites respektiert, wenn das für VT der Fall ist. Ist $\mathscr{C} = {}_R Mod$, so ist ${}_\varrho A$ ein Bimodul, auch wenn R kommutativ ist.

15.1.8 Es sei R^+ die additive Gruppe des Ringes R. Jede Multiplikation mit einem Ringelement von links ist ein Endomorphismus von R^+, und es entsteht so der R-Linksmodul ${}_RR$ in ${}_RMod$. (Man beachte, daß R im allgemeinen nicht der Endomorphismenring von R^+ ist, wie etwa die komplexen Zahlen zeigen.) Linksideale von R sind (nach Definition) Untermoduln von ${}_RR$. Man erhält entsprechend den R-Rechtsmodul R_R und den zweiseitigen Modul ${}_RR_R$ mit Rechtsidealen bzw. (zweiseitigen) Idealen als Untermoduln. ${}_RR$, R_R und ${}_RR_R$ sollen stets die angegebene Bedeutung haben.

Für $A \in {}_RMod$ ist ein Homomorphismus $f: {}_RR \to A$ durch $f(1)$ bereits völlig bestimmt, und durch $f \mapsto f(1)$ entsteht die kanonische Isomorphie

$$(9) \qquad\qquad \mathrm{Hom}_R({}_RR, ?) \xrightarrow{\cong} V,$$

$V: {}_RMod \to Ab$ der Vergiß-Funktor. Hieraus folgt übrigens, daß ${}_RR$ ein projektiver Generator von ${}_RMod$ ist (10.4.1, 10.5.1, 15.1.4). Nach dem Dualen von (5) entsteht aus (9) ein kanonischer Isomorphismus

$$(10) \qquad\qquad \mathrm{Hom}_R({}_RR_R, ?) \xrightarrow{\cong} 1_{{}_RMod}.$$

Für Mod_R gelten (9), (10) entsprechend. Aus (9), (10) folgt übrigens, daß R^o bzw. R der Endomorphismenring von ${}_RR$ bzw. R_R ist. Wegen (6) folgt ferner

$$(11) \qquad\qquad \mathrm{Hom}_R[R_R, [{}_RA, B]_\mathscr{C}] = [A, B]_\mathscr{C}$$

für ${}_RA \in |{}_R\mathscr{C}|$ und $B \in |\mathscr{C}|$, und es liegt damit eine Isomorphie von kontra-ko-varianten Funktoren vor, die wir später zu einer Isomorphie von Trifunktoren fortsetzen werden (Tensorprodukt, 17.7). Wir merken aber hier schon folgende Isomorphie kontra-ko-varianter Funktoren an

$$(12) \qquad \varphi: \mathrm{Hom}_R(M, \mathrm{Hom}_Z(R_R, G)) \xrightarrow{\cong} [V(M), G]_{Ab}$$

für $M \in |{}_RMod|$ und $G \in |Ab|$. Man kann (12) durch Rechnung beweisen. Für $f: M \to \mathrm{Hom}_Z(R_R, G)$ und $m \in M$ ist φ durch $\varphi(f)(m) = f(m)(1)$ gegeben, der inverse Isomorphismus ψ durch $(\psi(h)(m))(r) = h(rm)$ für $h: V(M) \to G$, $m \in M$ und $r \in R$.

15.1.9 Der nicht-additive Fall. Ist $\mathscr{C}$ eine beliebige Kategorie und R eine mit nur einem Objekt, so kann man entsprechend 15.1.1 die Funktorkategorie $[R, \mathscr{C}]$ als Kategorie der R-Objekte über $\mathscr{C}$ auffassen. Das Vorangehende läßt sich mühelos auf diesen Fall (mit Ens statt Ab) übertragen. Ist insbesondere R terminal in Cat, so besteht der triviale Isomorphismus $[R, \mathscr{C}] \cong \mathscr{C}$. Dabei kann für R insbesondere eine einelementige Menge mit ihrer identischen Abbildung genommen werden.

15.2 Wesentliche Erweiterungen

Dieser Abschnitt hat vorbereitenden Charakter für 15.3. Die Kategorie $\mathscr{C}$ sei im folgenden stets abelsch.

15.2.1 Definition. Eine *Erweiterung* des Objektes $A \in |\mathscr{C}|$ ist ein Monomorphismus $m \colon A \to B$. Sie heißt *echt*, wenn m nicht isomorph ist. Ist $0 \to A \xrightarrow{m} B \xrightarrow{p} C \to 0$ exakt, so wird diese kurze exakte Folge (gelegentlich auch nur B) als Erweiterung von A mit C bezeichnet (entsprechend auch in anderen, nicht notwendig abelschen Kategorien, z. B. Kategorie der Gruppen). Durch A und C sind B und damit m und p noch nicht bestimmt, auch nicht bis auf Isomorphie, wie für Ab wohlbekannt ist.

Eine Erweiterung $m \colon A \rightarrowtail B$ heißt *wesentlich*, wenn gilt: Ist $n \colon N \rightarrowtail B$ ein Morphismus mit $n \cap m = 0$, so ist $n = 0$. („Jedes nicht-triviale Unterobjekt von B trifft A"). Man beachte, daß $m \cap n = 0$ gleichwertig mit $m^{-1}(n) = 0$ ist und auch mit $n^{-1}(m) = 0$.

In Ab ist jeder von 0 verschiedene Endomorphismus von $\mathbf{Z}$ wesentlich. Die Folge der Gruppen $\mathbf{Z}_p, \mathbf{Z}_{p^2}, \ldots, \mathbf{Z}_{p^n}, \ldots$ liefert sukzessive wesentliche Erweiterungen.

15.2.2 Sind $m \colon A \rightarrowtail B$ und $n \colon B \rightarrowtail C$ Erweiterungen, so ist nm genau dann wesentlich, wenn m und n es sind.

Beweis. Sind m und n wesentlich, so ist nm wesentlich nach 7.8.4 und Definition. Ist m nicht wesentlich, so gibt es einen Monomorphismus $q \colon D \rightarrowtail B$ mit $q \neq 0$ und $m \cap q = 0$, und wegen $nm \cap nq = n(m \cap q)$ ist nm nicht wesentlich. Ist n nicht wesentlich, so ist es nm erst recht nicht.

15.2.3 Es sei $m \colon A \rightarrowtail B$ monomorph. Dann sind gleichwertig

(a) m ist wesentlich.

(b) Ist $g \colon D \to B$ ein beliebiger von 0 verschiedener Morphismus, so ist $g \circ g^{-1}(m) \neq 0$.

(c) Jeder Morphismus $f \colon B \to C$, für den fm monomorph ist, ist selbst monomorph.

Beweis. Aus (a) folgt (b), indem man g in Epi- und Monomorphismus zerlegt und Pullbacks bildet. Man beachte dabei 14.4.6. Aus (b) entsteht (a) durch Beschränkung auf monomorphe g. Zum Nachweis der Gleichwertigkeit von (a) und (c) sei $k \colon K \to B$ Kern von $f \colon B \to C$. Vergleich von

$$(1) \qquad \begin{array}{ccccc} & \xrightarrow{\ker fm} & A & \xrightarrow{fm} & C \\ & & \downarrow{\scriptstyle m} & & \| \\ K & \xrightarrow{\ k\ } & B & \xrightarrow{\ f\ } & C \end{array}$$

mit 12.3.4 zeigt: Es ist fm genau dann monomorph, wenn $k \cap m = 0$ ist. Ist m wesentlich, so folgt (c). Ist m nicht wesentlich, so gibt es einen

146

Monomorphismus $k \neq 0$ mit $k \cap m = 0$, und für $f = \operatorname{coker} k$ ist fm monomorph, nicht aber f.

15.2.4 Es sei $\mathscr{C}$ eine Grothendieck-Kategorie. Jeder filtrierende Colimes von wesentlichen Erweiterungen des Objektes A ist eine wesentliche Erweiterung von A.

Beweis. Es sei $\mathscr{X}$ eine kleine filtrierende Kategorie und $T: \mathscr{X} \to {}^A/_{\mathscr{C}}$ (Morphismen mit Quelle A, 6.5.3 dual) ein Funktor, so daß $T(e)$: $A \rightarrowtail B_e$ für jedes $e \in |\mathscr{X}|$ eine wesentliche Erweiterung ist. Der Colimes von T besteht nach 14.6.5 und 9.1.7 aus einem Monomorphismus $m: A \rightarrowtail B$ und Morphismen $\mu_e: B_e \to B$ mit $\mu_e T(e) = m$ für alle e. Wegen 15.2.3 (c) sind alle μ_e monomorph. Ist $n: N \rightarrowtail B$ monomorph und $m \cap n = 0$, so ist $\mu_e \cap n = 0$ für alle e, weil $T(e)$ wesentlich ist. Weil $\{\mu_e\}$ eine filtrierende Familie von Monomorphismen mit $\bigcup \mu_e = 1_B$ ist, folgt $n = 0$ aus (AB 5) in 14.6.1. Daher ist m wesentlich.

Bemerkung. Die wesentlichen Erweiterungen eines Objektes bilden im allgemeinen keine filtrierende Kategorie. Man betrachte etwa in Ab die wesentliche Erweiterung $\mathbf{Z}_2 \to \mathbf{Z}_4$. Die beiden Automorphismen von $\mathbf{Z}_4$ zeigen, daß 9.2.4 (ii) für die wesentlichen Erweiterungen von $\mathbf{Z}_2$ nicht erfüllt ist.

15.2.5 Es sei $m: A \rightarrowtail B$ ein Monomorphismus in einer lokal kleinen Grothendieck-Kategorie. Zu m gibt es einen Epimorphismus $p: B \twoheadrightarrow C$, so daß pm monomorph und wesentlich ist.

Beweis. Für die Äquivalenzklassen der Monomorphismen mit Ziel B gibt es eine Menge M von Repräsentanten. Sei $\mathfrak{D}$ die Teilmenge derjenigen, die mit m den Durchschnitt 0 haben. Für $\mathfrak{D} = \{0\}$ ist m wesentlich, und man setze $p = 1_B$. Sei nun $\mathfrak{D} \neq 0$. $\mathfrak{D}$ ist geordnet (als Menge in $\mathscr{M}/_B$). Sei $\{d_e\}$ eine streng geordnete Teilmenge. Nach (AB 5) ist $m \cap \bigcup d_e = \bigcup (m \cap d_e) = 0$. Also ist $\bigcup d_e$ zu einem Element von $\mathfrak{D}$ äquivalent, und nach dem Satz von Zorn gibt es in $\mathfrak{D}$ ein maximales Element, etwa $k: K \rightarrowtail B$. Sei $p = \operatorname{coker} k: B \twoheadrightarrow C$. Nach (1) und 12.3.4 ist pm monomorph. Ist $n: N \rightarrowtail C$ monomorph, so ist $(pm)^{-1}(n) = m^{-1}(p^{-1}(n))$. Dabei ist $p^{-1}(n) \geq k$. Wegen der Maximalität von k folgt aus $m^{-1}(p^{-1}(n)) = 0$, daß $p^{-1}(n)$ zu k äquivalent ist. Wegen 14.4.6 folgt $n = 0$. Daher ist pm wesentlich.

15.2.6 Das Objekt $Q \in |\mathscr{C}|$ ist genau dann injektiv, wenn jede Erweiterung von Q eine Coretraktion ist. Ist $\mathscr{C}$ eine lokal kleine Grothendieck-Kategorie, so ist Q genau dann injektiv, wenn Q keine echte wesentliche Erweiterung besitzt.

Beweis. Nach dem Dualen von 10.4.6 ist jede Erweiterung $m: Q \rightarrowtail B$ eines injektiven Objektes Q eine Coretraktion, und nach 12.6.3 besitzt B eine Darstellung als Biprodukt, so daß m eine Injektion ist. Ist m eine echte Erweiterung, so ist m nicht wesentlich.

Zur ersten Umkehrung seien ein Monomorphismus $n\colon N \rightarrowtail L$ und ein Morphismus $f\colon N \to Q$ gegeben. Wir bilden das Pushout.

$$(2) \qquad \begin{array}{ccc} N & \overset{n}{\rightarrowtail} & L \\ f\downarrow & \ \bar{n}\ & \downarrow \bar{f} \\ Q & \underset{\bar{n}}{\to} & P \end{array}$$

Nach 13.4.3 (c) dual ist $\bar{n}$ monomorph. Ist $\bar{n}$ Coretraktion, so gibt es $r\colon P \to Q$ mit $r\bar{n} = 1_Q$, womit $(r\bar{f})n = r\bar{n}f = f$ folgt. Nach Definition von injektiv (10.4.1°) folgt die erste Behauptung. Aus dem bereits Bewiesenen folgt die zweite vermöge (2) und 15.2.5: Besitzt Q keine echte wesentliche Erweiterung, so ist $\bar{n}$ eine Coretraktion.

15.2.7 Definition. Eine *injektive Hülle* für das Objekt A ist eine wesentliche Erweiterung $m\colon A \rightarrowtail Q$ mit injektivem Q.

15.2.8 In lokal kleinen Grothendieck-Kategorien sind injektive Hüllen, soweit vorhanden, maximale wesentliche Erweiterungen. Dabei gilt: Sind $m\colon A \rightarrowtail Q$ und $m'\colon A \rightarrowtail Q'$ injektive Hüllen, so gibt es einen Isomorphismus $h\colon Q \to Q'$ mit $hm = m'$.

Beweis. Die erste Behauptung folgt unmittelbar aus 15.2.6. Bei der zweiten existiert h mit $hm = m'$, weil Q' injektiv ist. h ist monomorph nach 15.2.3 (c) und wesentlich nach 15.2.2. Nach 15.2.6 ist h isomorph.

15.3 Existenz von Injektiven

Wir gehen zunächst auf einige Resultate für Moduln ein. Wir benutzen, daß $_R Mod$ eine lokal kleine Grothendieck-Kategorie ist (15.1.4, 10.6.3).

15.3.1 Satz. *Sei R ein Ring. Ein R-Linksmodul A ist genau dann injektiv, wenn gilt: Für jedes Linksideal L von R und jeden Modulhomomorphismus $f\colon L \to A$ gibt es $a \in A$ mit $f(r) = ra$ für alle $r \in L$.*

Beweis. Ist A injektiv, so setzt sich f zu einem Homomorphismus $f'\colon {}_R R \to A$ fort. $a = f'(1)$ hat die gewünschte Eigenschaft. Sei jetzt die Bedingung erfüllt und $m\colon A \rightarrowtail B$ eine echte Erweiterung. Es kann angenommen werden, daß m eine Inklusion ist. Sei b ein Element von B, das nicht in A liegt. Die Menge der Elemente r von R, für welche rb in A liegt, ist ein Linksideal. Nach Voraussetzung gibt es $a \in A$ mit $rb = ra$ für alle $r \in L$. Der von $b-a$ erzeugte Untermodul von B zeigt, daß m keine wesentliche Erweiterung ist. Nach 15.2.6 ist A injektiv.

15.3.2 Satz. *In Ab ist $T = \mathbf{Q}/\mathbf{Z}$ ein injektiver Cogenerator.*

Beweis. Eine additive Gruppe A heißt *teilbar*, wenn es zu $a \in A$ und $n \in \mathbf{Z}$, $n \neq 0$, stets $a' \in A$ mit $na' = a$ gibt. 15.3.1 zeigt für $R = \mathbf{Z}$, daß in Ab die teilbaren Gruppen genau die injektiven sind. Insbesondere ist T injektiv. Für $B \in |Ab|$ und $b \in B$ mit $b \neq 0$ gibt es für die von b erzeugte zyklische Untergruppe von B einen Homomorphismus $f'\colon$

$B' \to T$ mit $f'(b) \neq 0$. Weil T injektiv ist, setzt sich f' zu einem Homomorphismus $f: B \to T$ fort. Ist $g: A \to B$ ein von 0 verschiedener Homomorphismus, so gibt es $a \in A$ mit $g(a) \neq 0$ und daher $f: B \to T$ mit $fg \neq 0$, womit die Behauptung folgt.

Der letzte Schluß ist ein Spezialfall des folgenden Satzes.

15.3.3 Satz. *In der abelschen Kategorie $\mathscr{C}$ sei U ein injektives Objekt. U ist genau dann ein injektiver Cogenerator, wenn gilt $[A, U]_{\mathscr{C}} \neq 0$ für jedes A, das nicht Null-Objekt ist.*

Beweis. Die Bedingung ist notwendig nach Definition 10.5.1°, wie 1_A und $0: Y \to A$ zeigen. Ist sie erfüllt, so entdeckt $H_U: \mathscr{C} \to Ab$ Null-Objekte. Außerdem ist H_U exakt nach dem Dualen von 13.2.6. Nach 13.3.7 ist H_U treu und daher Cogenerator.

15.3.4 Satz. *Für die Funktoren $T: \mathscr{C} \to \mathscr{D}$ und $S: \mathscr{D} \to \mathscr{C}$ bestehe eine Isomorphie*

$$(1) \qquad\qquad \psi: \; [S(?), ??)]_{\mathscr{C}} \to [?, T(??)]_{\mathscr{D}}$$

von kontra-ko-varianten Funktoren. (Es liegt ein adjungiertes Funktorpaar vor, siehe später 16.4.1.)

(a) *Ist S treu und $A \in |\mathscr{C}|$ Cogenerator, so ist $T(A)$ Cogenerator in $\mathscr{D}$.*

(b) *Es seien $\mathscr{C}, \mathscr{D}$ exakte additive Kategorien und S, T additiv. Ist S exakt und $A \in |\mathscr{C}|$ injektiv, so ist $T(A)$ injektiv.*

Beweis. (a) Aus den Voraussetzungen folgt wegen (1) unmittelbar, daß $[?, T(A)]_{\mathscr{D}}$ ein treuer kontravarianter Funktor ist.

(b) Für Hom-Funktoren von $\mathscr{C}$ und $\mathscr{D}$ kann Ab als Ziel genommen werden. Wegen des Dualen von 13.2.6 und (1) ist $[?, T(A)]_{\mathscr{D}}$ exakt, und es ist $T(A)$ injektiv wieder nach dem Dualen von 13.2.6.

15.3.5 Satz. *${}_R Mod$ besitzt einen injektiven Cogenerator und Injektive.*

Beweis. Wegen des Dualen von 10.5.5 muß nur gezeigt werden, daß ein injektiver Cogenerator existiert. Weil der Vergiß-Funktor $V: {}_R Mod \to Ab$ treu und exakt ist (15.1.4), folgt das aber aus 15.3.2 wegen 15.1.8 (12) und 15.3.4: Es ist $\mathrm{Hom}_Z(R_R, Q/Z)$ injektiver Cogenerator von ${}_R Mod$.

15.3.6 Satz. *Es sei $\mathscr{C}$ eine abelsche Kategorie mit Injektiven und einem Generator G. Ist $\mathscr{C}$ außerdem vollständig oder covollständig, so besitzt $\mathscr{C}$ einen injektiven Cogenerator.*

Beweis. Nach 10.6.3 ist $\mathscr{C}$ lokal klein, nach 12.4.4 auch lokal coklein. Für die Äquivalenzklassen der Epimorphismen mit Quelle G sei $\{g_e: G \twoheadrightarrow G_e\}$ eine Menge von Repräsentanten. Sei $\mathscr{C}$ etwa vollständig. Wir betrachten $P = \prod G_e$ und eine Erweiterung $m: P \to Q$ mit injektivem Q. Nach 15.3.3 ist Q Cogenerator, wenn $[A, Q] \neq 0$ ist für alle A, die nicht Null-Objekte sind. Für $A \neq 0$ gibt es $g: G \to A$ mit $g \neq 0$, weil G Generator ist. g faktorisiert über ein G_e, etwa G_d, mit $g = g''g_d$, so daß $g'': G_d \to A$ monomorph ist. Wegen $g \neq 0$ ist

$G_d \neq 0$. Nun ist pr_d eine Retraktion (7.3.4). Sei etwa $pr_d i_d = 1_{G_d}$. Weil Q injektiv ist, gibt es $h\colon A \to Q$ mit $hg'' = mi_d$. Weil m und i_d monomorph sind und $G_d \neq 0$, ist $mi_d \neq 0$ und damit $h \neq 0$. Also ist $[A, Q] \neq 0$. Ist $\mathscr{C}$ covollständig, so setze man $P = \coprod G_e$ mit Injektionen $i_d\colon G_d \to P$.

Bemerkung. Aus 16.4.8 und seinem Dualen wird folgen, daß hier $\mathscr{C}$ vollständig und covollständig ist.

15.3.7 Theorem. *Ist $\mathscr{C}$ eine Grothendieck-Kategorie mit einem Generator G, so besitzt $\mathscr{C}$ einen injektiven Cogenerator und jedes Objekt eine injektive Hülle. $\mathscr{C}$ ist auch vollständig.*

Beweis. $R = [G, G]$ ist ein Ring, der auf $[G, A]$ von rechts operiert (15.1.6). Wir fassen daher $H^G = [G, ?]$ als Funktor $T\colon \mathscr{C} \to Mod_R$ auf. Mit $H^G\colon \mathscr{C} \to Ab$ ist auch T eine Einbettung (10.5.1), und es respektiert T Limites, weil der Vergiß-Funktor $Mod_R \to Ab$ Limites entdeckt (15.1.4). Wir beweisen zunächst zwei Lemmas.

Lemma 1. *T respektiert und entdeckt wesentliche Erweiterungen.*

Beweis. Sei $m\colon A \rightarrowtail B$ monomorph in $\mathscr{C}$. Dann ist $T(m)$ monomorph, weil T Limites respektiert. Sei nun zunächst m wesentlich, $M \neq 0$ ein Untermodul von $T(B)$ und $g \neq 0$ Element von M. Es ist g ein $\mathscr{C}$-Morphismus $G \to B$. Wir betrachten das Pullback

$$
\begin{array}{ccc}
C & \xrightarrow{\;h\;} & A \\
{\scriptstyle j}\downarrow & {\scriptstyle g} & \downarrow{\scriptstyle m} \\
G & \xrightarrow{\;g\;} & B
\end{array}
$$

Nach 15.2.3 (b) ist $gj = mh \neq 0$. Weil G Generator ist, gibt es $f\colon G \to C$ mit $gjf = mhf \neq 0$. Wegen $jf \in R$ und $g \in M$ ist $gjf \in M$. Ferner ist $hf \in T(A)$ und $T(m)(hf) = mhf = gjf$. Das Urbild von M bezüglich $T(m)$ besteht also nicht nur aus 0. Daher ist $T(m)$ wesentlich. Sei nun umgekehrt $T(m)$ wesentlich und $n\colon N \rightarrowtail B$ ein Monomorphismus mit $m \cap n = 0$. Weil T Limites respektiert, ist $T(n)$ monomorph und $T(m) \cap T(n) = 0$. Weil $T(m)$ wesentlich ist, ist $T(n) = 0$. Weil T treu ist, folgt $n = 0$ nach 13.3.5 (b). Daher ist m wesentlich.

Bemerkung. Wir haben bisher nur benutzt, daß $\mathscr{C}$ eine abelsche Kategorie mit Generator ist.

Lemma 2. *T ist eine volle Einbettung.*

Beweis. Es muß noch gezeigt werden, daß T voll ist. Sei $u\colon T(A) \to T(B)$ ein Morphismus in Mod_R. Gemäß 10.5.4 betrachten wir den Epimorphismus

$$
(2) \quad p\colon \coprod_{e \in T(A)} G_e \twoheadrightarrow A \quad \text{mit } G_e = G \text{ für alle } e \text{ und } pi_e = e.
$$

Nun ist $u(e)$ ein $\mathscr{C}$-Morphismus $G \to B$, und es besteht der Morphismus

$$(3) \qquad q \colon \coprod_{e \in T(A)} G_e \to B \quad \text{mit} \quad q i_e = u(e).$$

Sei $k \colon K \to \coprod G_e$ Kern von p. Wir zeigen $qk = 0$. Weil p Cokern von k ist, gibt es dann $f \colon A \to B$ mit $q = fp$. Wegen (2), (3) folgt $fe = u(e)$ und damit $T(f) = u$ nach Definition von T (vgl. 2.2.5).

Für jede endliche Teilmenge D von $T(A)$ besteht nach 14.5.4 die Inklusion $i_D \colon \coprod_{d \in D} G_d \to \coprod_{e \in T(A)} G_e$, und es ist damit $(\coprod G_e, \{i_D\})$ filtrierender Colimes. Daher ist p filtrierender Colimes der Morphismen $p i_D$. Sei $k_D \colon K_D \to \coprod G_d$ Kern von $p i_D$. Nach 14.6.6 (b) ist k Colimes der Kerne k_D, und es genügt zu zeigen, daß $q i_D k_D = 0$ ist. Weil G Generator ist, ist das gleichwertig damit, daß für $h \colon G \to K_D$ stets $q i_D k_D h = 0$ ist. Seien i'_d und pr'_d die Injektionen und Projektionen des Biproduktes $\coprod G_d$. Wir setzen $r_d = pr'_d k_D h \colon G \to G$. Wegen $i_D i'_d = i_d$ und $k_D h = \sum i'_d pr'_d k_D h = \sum i'_d r_d$ folgt aus (2)

$$0 = p i_D k_D h = \sum_{d \in D} p i_D i'_d r_d = \sum_{d \in D} d r_d.$$

Hieraus und aus (3) folgt

$$q i_D k_D h = \sum_{d \in D} q i_D i'_d pr'_d k_D h = \sum_{d \in D} q i_d r_d = \sum_{d \in D} u(d) r_d = u\left(\sum_{d \in D} d r_d \right) = 0,$$

das letzte, weil $r_d \in R$ und u ein Modul-Homomorphismus ist. Damit ist Lemma 2 bewiesen.

Beweis des Theorems.[1] Zu $A \in |\mathscr{C}|$ gibt es nach 15.3.5 in Mod_R einen Monomorphismus $\alpha \colon T(A) \rightarrowtail J$ mit injektivem J. Ist $m \colon A \rightarrowtail B$ eine wesentliche Erweiterung, so ist $T(m)$ wesentlich nach Lemma 1. Weil J injektiv ist, gibt es $\beta \colon T(B) \to J$ mit $\alpha = \beta T(m)$, und wegen 15.2.3 (c) ist β monomorph. Weil T eine Einbettung ist, sind B und m durch β eindeutig bestimmt. Sind $\beta \colon T(B) \rightarrowtail J$ und $\beta' \colon T(B') \rightarrowtail J$ äquivalente Monomorphismen, so gibt es genau einen Isomorphismus $f \colon B \to B'$ mit $\beta' T(f) = \beta$, weil T völlig treu ist, und es sind m und fm isomorphe wesentliche Erweiterungen in $\mathscr{C}$.

Sei jetzt A fest gewählt. Wir betrachten in Mod_R Monomorphismen der Form $\beta \colon T(B) \to J$ derart, daß es eine wesentliche Erweiterung $\mu \colon T(A) \to T(B)$ mit $\beta \mu = \alpha$ gibt. Aus der Klasse aller Monomorphismen mit Ziel J erhält man durch Einschränkung Äquivalenz und Vorordnung für die betrachteten. Durch Auswahl von Repräsentanten für die Äquivalenzklassen erhält man eine geordnete Menge $\mathscr{Y}$. Wegen Lemma 1 und 2 existiert ein Funktor W von $\mathscr{Y}$ in die Kategorie der wesentlichen Erweiterungen von $A \colon \beta \in |\mathscr{Y}|$ bestimmt eindeutig

---

[1] Dieser Beweis kann übergangen werden, da sich die Behauptung in 19.8.7 als Korollar ergibt.

$\mu: T(A) \to T(B)$ mit $\beta\mu = \alpha$ und damit eindeutig $W(\beta) = m$: $A \to B$ mit $T(m) = \mu$ (m existiert nach Lemma 2, ist monomorph nach 13.3.5 und wesentlich nach Lemma 1). Zu $\beta' \in |\mathscr{Y}|$, $\beta': T(B') \to J$ gibt es höchstens einen Morphismus $v: \beta \to \beta'$, d. h. $v: T(B) \to T(B')$ mit $\beta'v = \beta$. Dabei ist v eine wesentliche Erweiterung wegen 15.2.2 (weil $\alpha = \beta'\mu'$ für geeignetes μ' gilt und $\mu' = v\mu$ folgt). $W(v)$ ist wesentliche Erweiterung von B mit $T(W(v)) = v$. Damit liegt W vor, und jede wesentliche Erweiterung von A ist nach dem oben Gesagten zu einer der Form $W(\beta)$ isomorph.

Wir zeigen, daß jede streng geordnete Teilmenge $\mathscr{X}$ von $\mathscr{Y}$ eine obere Schranke (in $\mathscr{Y}$) besitzt. $W(\mathscr{X})$ ist eine streng geordnete Menge wesentlicher Erweiterungen von A. Wegen 15.2.4 erhält man als Colimes eine wesentliche Erweiterung $g: A \rightarrowtail C$ mit Monomorphismen $n_\beta: B_\beta \to C$, wobei $\beta \in |\mathscr{X}|$ und $n_\beta W(\beta) = g$ ist. Ordnet man jedem $\beta \in |\mathscr{X}|$ in Mod_R das Diagramm

$$T(A) \xrightarrow{\ TW(\beta)\ } T(B_\beta) \xrightarrow{\ \beta\ } J$$

zu, so erhält man eine streng geordnete Menge von Diagrammen, die in Mod_R einen Colimes

$$T(A) \xrightarrow{\ v\ } L \xrightarrow{\ \gamma\ } J$$

mit Morphismen $\lambda_\beta: T(B_\beta) \to L$ besitzt. Hierbei ist $v = \lambda_\beta TW(\beta)$, $\beta = \gamma\lambda_\beta$ für $\beta \in |\mathscr{X}|$, v und γ sind monomorph nach 14.6.5, und v ist wesentlich nach 15.2.4. Weil der Colimes in $\mathscr{C}$ durch T in eine natürliche Transformation übergeht, gibt es genau einen Morphismus $\varrho: L \to T(C)$ mit $\varrho\lambda_\beta = T(n_\beta)$ für alle $\beta \in |\mathscr{X}|$. Nun ist $\varrho v = \varrho\lambda_\beta TW(\beta) = T(n_\beta)TW(\beta) = T(g)$. Weil v wesentlich ist, ist ϱ monomorph (15.2.3); weil $T(g)$ wesentlich ist, ist $\varrho: L \to T(C)$ wesentlich (15.2.2). Es gibt daher (vgl. oben) einen Monomorphismus $\sigma: T(C) \to J$ mit $\sigma\varrho = \gamma$. Nun ist $\sigma T(g) = \alpha$. Also ist σ zu einem Element von $\mathscr{Y}$ äquivalent. Dieses ist obere Schranke für $\mathscr{X}$ in $\mathscr{Y}$ wegen $\beta = \gamma\lambda_\beta = \sigma\varrho\lambda_\beta$.

Nach dem Satz von Zorn gibt es in $\mathscr{Y}$ ein maximales Element, etwa $\delta: T(D) \rightarrowtail J$. Sei $s: D \rightarrowtail E$ eine wesentliche Erweiterung von D in $\mathscr{C}$. Weil $T(s)$ wesentlich ist, gibt es (vgl. oben) einen Monomorphismus $\tau: T(E) \rightarrowtail J$ mit $\delta = \tau T(s)$. Weil $sW(\delta): A \rightarrowtail E$ wesentlich ist (15.2.2), ist τ zu einem Element ε von $\mathscr{Y}$ äquivalent. Wegen der Maximalität von δ, ist $\varepsilon = \delta$. Also ist $T(s)$ und damit s isomorph. Nach 15.2.6 ist D injektiv, und nach 15.2.7 ist $W(\delta): A \rightarrowtail D$ eine injektive Hülle von A.

Die Existenz eines injektiven Cogenerators für $\mathscr{C}$ folgt nun aus 15.3.6. Die letzte Behauptung des Theorems ergibt sich durch Vorgriff auf das Duale von 16.4.8.

15.3.8 Bemerkungen. Aus dem vorangehenden Beweis ergibt sich durch Vereinfachung ($\mathscr{C}$, $1_{\mathscr{C}}$ statt Mod_R, T):

Ist $\mathscr{C}$ eine lokal kleine Grothendieck-Kategorie und besitzt das Objekt A eine Erweiterung $a\colon A \rightarrowtail J$ mit injektivem J, so besitzt A eine injektive Hülle. Eine lokal kleine Grothendieck-Kategorie braucht jedoch keine Injektiven zu besitzen (siehe Freyd [11]).

Die Benutzung injektiver Hüllen ist nicht immer zweckmäßig. Ist ein injektiver Cogenerator Q vorhanden, so existiert nach dem Dualen von 10.5.4 ein Monomorphismus $m_A\colon A \rightarrowtail \Pi Q_e$ mit $e \in [A, Q]$ und $Q_e = Q$. Dabei ist ΠQ_e injektiv nach dem Dualen von 10.4.4. $f\colon A \to B$ induziert vermöge $[f, Q]$ einen Morphismus

$$f_*\colon \prod_{e \in [A,Q]} Q_e \to \prod_{d \in [B,Q]} Q_d \quad \text{mit} \quad pr_d f_* = pr_{df}.$$

Damit entsteht ein Funktor $\mathscr{C} \to [2, \mathscr{C}]$, der jedem Objekt von $\mathscr{C}$ eine Erweiterung mit injektivem Ziel zuordnet.

15.3.9 Wir merken noch an, daß unter den Voraussetzungen von 15.3.6 ein additiver Funktor $\mathscr{C} \to Ab$ genau dann darstellbar ist, wenn er Limites respektiert. Wegen 10.6.3 folgt das aus 10.6.5. Insbesondere gilt das für $\mathscr{C} = {}_R Mod$.

15.4 Ein Einbettungssatz

15.4.1 **Satz.** *Es sei $\mathscr{C}$ eine kleine exakte, additive Kategorie. In $Add(\mathscr{C}, Ab)$ ist $G = \coprod_{A \in |\mathscr{C}|} H^A$ ein projektiver Generator, der als Funktor $G\colon \mathscr{C} \to Ab$ linksexakt ist.*

Beweis. Jedes H^A ist projektiv nach 10.4.3 und linksexakt nach 13.2.5. Alle H^A zusammen bilden eine Generatormenge nach 10.5.2. Wegen 10.5.3 und 10.4.4 ist G ein projektiver Generator. Weil $\coprod H^A$ „punktweise" konstruiert wird und Ab eine Grothendieck-Kategorie ist, ist G linksexakt nach 14.6.6.

15.4.2 **Satz.** *Es sei $\mathscr{C}$ eine exakte additive Kategorie. Ist ein additiver Funktor $T\colon \mathscr{C} \to Ab$ injektives Objekt von $Add(\mathscr{C}, Ab)$, so ist T rechtsexakt.*

Beweis. Ist $A \to B \to C \to 0$ eine exakte Folge in $\mathscr{C}$, so ist $0 \to H^C \to H^B \to H^A$ exakt in $Add(\mathscr{C}, Ab)$ nach 10.2.5, 10.2.7. Ist T injektiv, so ist $[H^A, T] \to [H^B, T] \to [H^C, T) \to 0$ exakt, wobei $[H^A, T]$ usw. Morphismengruppe für $Add(\mathscr{C}, Ab)$ ist. Nach dem Yoneda-Lemma (4.3.1) ist $T(A) \to T(B) \to T(C) \to 0$ exakt.

15.4.3 **Definition.** Ein Funktor heißt *Monofunktor*, wenn er Monomorphismen respektiert.

Ein rechtsexakter Monofunktor zwischen exakten Kategorien ist exakt.

15.4.4 **Lemma.** *Es sei $\mathscr{C}$ eine abelsche Kategorie und $M\colon \mathscr{C} \to Ab$ ein additiver Monofunktor. Ist $\mu\colon M \rightarrowtail N$ eine wesentliche Erweiterung in $Add(\mathscr{C}, Ab)$, so ist auch N ein Monofunktor.*

Beweis indirekt. Ist N kein Monofunktor, so gibt es einen Monomorphismus $f\colon A \rightarrowtail B$ in $\mathscr{C}$, so daß $N(f)$ nicht monomorph ist, d. h. in $N(A)$ gibt es $x \neq 0$ mit $N(f)(x) = 0$. Nach dem Yoneda-Lemma gibt es eine natürliche Transformation $\xi\colon H^A \to N$ mit $Y(\xi) = \xi_A(1_A) = x$. Mit noch zu definierenden Objekten und Morphismen betrachten wir folgendes Diagramm

$$(1)\qquad
\begin{array}{ccccccc}
H^P & \xrightarrow{\;H^u\;} & \coprod^D & \xrightarrow{\;\varrho\;} & F & \xrightarrow{\;\eta\;} & M\\[2pt]
& H^v \searrow & \coprod & {\scriptstyle H^g}\searrow & {\scriptstyle\bar\mu}\downarrow \quad \mathrm{I} & & \downarrow{\scriptstyle\mu}\\[2pt]
& & H^B & \xrightarrow{\;H^f\;} & H^A & \xrightarrow{\;\xi\;} & N
\end{array}$$

Hierbei ist I ein Pullback. Wegen $\xi \neq 0$ ist $\xi\bar\mu = \mu\eta \neq 0$ nach 15.2.3 (b). Es gibt also eine Stelle $D \in |\mathscr{C}|$ mit $y \in F(D)$, so daß $(\mu\eta)_D(y) \neq 0$ ist. y bestimmt $\varrho\colon H^D \to F$ mit $Y(\varrho) = y$ und damit $g\colon A \to D$ mit $H^g = \bar\mu\varrho$. Für f und g wird in $\mathscr{C}$ das Pushout gebildet. Vermöge der Yoneda-Einbettung $\mathscr{C}^\circ \to Add(\mathscr{C}, Ab)$ geht es in das Pullback II über (10.2.5, 10.2.7). Nach 13.4.3 (b) ist mit f auch $u\colon D \to P$ monomorph. Weil M ein Monofunktor ist, ist $M(u)$ monomorph, nach 4.2.4 also auch $[H^u, M]\colon [H^D, M] \to [H^P, M]$. Wegen $0 \neq \eta\varrho \in [H^D, M]$ ergibt sich $\mu\eta\varrho H^u \neq 0$. Das ist ein Widerspruch gegen die Kommutativität von (1), denn aus $N(f)(x) = 0$ und dem Yoneda-Lemma folgt $\xi H^f = [H^f, N](\xi) = 0$.

15.4.5 Theorem. *Jede kleine abelsche Kategorie $\mathscr{C}$ besitzt eine exakte Einbettung in Ab.*

Beweis. $Add(\mathscr{C}, Ab)$ ist eine Grothendieck-Kategorie (10.1.2, 14.6.6). Sie besitzt nach 15.4.1 einen Generator G, der ein Monofunktor ist. Die injektive Hülle $\mu\colon G \rightarrowtail Q$ von G ist nach 15.3.7 vorhanden. Nach 15.4.2 und 15.4.4 ist Q exakt. $G = \coprod H^A$ respektiert und entdeckt Null-Morphismen. Dasselbe gilt für Q, weil μ monomorph ist, und zwar „punktweise“ wegen 10.1.4. Damit ist Q ein exakter treuer Funktor. Daß man damit sogar eine Einbettung in Ab erhalten kann, folgt durch Vorgriff auf 16.2.7.

Literatur[1]

A. Sammelwerke

[1] Proceedings of the Conference on Categorical Algebra, La Jolla 1965. Berlin/Heidelberg/New York: Springer 1966.

[2] Reports of the Midwest Category Seminar I, II. Lecture Notes in Math. **47, 61**. Berlin/Heidelberg/New York: Springer 1967, 1968.

[3] Seminar on Triples and Categorical Homotopy Theory. Lecture Notes in Math. **80**. Berlin/Heidelberg/New York: Springer 1969.

---

[1] Wir beschränken uns auf die benutzte Literatur und eine Auswahl aus der weiterführenden Literatur.

[4] Category Theory, Homology Theory and their Applications I. Lecture Notes in Math. **86**. Berlin/Heidelberg/New York: Springer 1969.

B. *Bücher und Lecture Notes*

[5] ARTIN, M., et A. GROTHENDIECK: Cohomologie étale des schémas. Seminaire de Géometrie algébrique **4**, 1963/64. Amsterdam: North Holland, Paris: Masson 1969.

[6] BRINKMANN, H. B., u. D. PUPPE: Kategorien und Funktoren. Lecture Notes in Math. **18**. Berlin/Heidelberg/New York: Springer 1966.

[7] BUCUR, I., and A. DELEANU: Categories and Functors. London/New York/Sydney/Toronto: Wiley 1968.

[8] CARTAN, H., and S. EILENBERG: Homological Algebra. Princeton, N. J.: Princeton Univ. Press 1956.

[9] DOLD, A.: Halbexakte Homotopiefunktoren. Lecture Notes in Math. **12**. Berlin/Heidelberg/New York: Springer 1966.

[10] EHRESMAN, CH.: Catégories et structures. Paris: Dunod 1965.

[11] FREYD, P.: Abelian Categories. Evenston-London: Harper and Row 1964.

[12] GABRIEL, P., and M. ZISMAN: Calculus of Fractions and Homotopy Theory, Berlin/Heidelberg/New York: Springer 1967.

[13] GODEMENT, R.: Théorie des faisceaux. Paris: Hermann 1958.

[14] HARTSHORNE, R.: Residues and Duality. Lecture Notes in Math. **20**. Berlin/Heidelberg/New York: Springer 1966.

[15] HASSE, M., u. L. MICHLER: Theorie der Kategorien. Berlin: VEB Verlag der Wissenschaften 1966.

[16] HERRLICH, H.: Topologische Reflexionen und Coreflexionen. Lecture Notes in Math. **78**. Berlin/Heidelberg/New York: Springer 1968.

[17] LAMBEK, J.: Completion of Categories. Lecture Notes in Math. **24**. Berlin/Heidelberg/New York: Springer 1966.

[18] MacLANE, S.: Homology, 2. Aufl. Berlin/Heidelberg/New York: Springer 1967.

[19] MITCHELL, B.: Theory of Categories. New York/London: Academic Press 1965.

C. *Abhandlungen*

[20] BÉNABOU, J.: Catégories avec multiplication. C. R. Acad. Sci. Paris **256**, 1887—1890 (1963).

[21] BUCHSBAUM, D. A.: Exact categories and duality. Trans. Am. Math. Soc. **80**, 1—34 (1955).

[22] DUSKE, J.: Analogie zwischen k-Räumen und bornologischen Räumen. Diss. Kiel 1967.

[23] ECKMANN, B., and P. J. HILTON: Group-like structures in general categories I, II, III. Math. Ann. **145**, 227—255 (1961); **151**, 150—186 (1963); **150**, 165—187 (1963).

[24] —, —: Commuting limits with colimits. J. of Alg. **11**, 116—144 (1969).

[25] EILENBERG, S., and G. M. KELLEY: Closed categories. In [1].

[26] EILENBERG, S., and S. MacLANE: Group extensions and homology. Ann. Math. **43**, 757—831 (1942).

[27] —, —: General theory of natural equivalences. Trans. Am. Math. Soc. **58**, 231—294 (1945).

[28] EILENBERG, S., and J. MOORE: Adjoint functors and triples. Ill. J. Math. **9**, 381—398 (1965).

[29] FISHER, J. L.: The tensor product of functors, satellites, and derived functors. J. of Alg. **8**, 277—294 (1968).

[30] GABRIEL, P.: Des catégories abéliennes. Bull. Soc. Math. France **90**, 323—448 (1962).

[31] GABRIEL, P., et N. POPESCU: Caractérisation des catégories abéliennes avec générateurs et limites inductives exactes. C. R. Acad. Sc. Paris **258**, 4188—4190 (1964).

[32] GROTHENDIECK, A.: Sur quelques points d'algèbre homologique. Tôhoku Math. J. 2, **9**, 119—221 (1957).

[33] HILTON, P. J.: Correspondences and exact squares. In [1].

[34] ISBELL, J.: Subobjects, adequacy, completenes and categories of algebras. Rozprawy Mat. **36**, 1—32 (1964).

[35] KAN, D. M.: Adjoint functors. Trans. Am. Math. Soc. **87**, 294—329 (1958).

[36] LAWVERE, F. W.: The category of categories as a foundation for mathematics. In [1].

[37] —: Functorial semantics of algebraic theories. Proc. Nat. Ac. Sci. **50**, 869—872 (1963).

[38] —: Some algebraic problems in the context of functorial semantics of algebraic theories. In [2]. II.

[39] LINTON, F. E. J.: Autonomous categories and duality of functors. J. of Alg. **2**, 315—341 (1965).

[40] —: Some aspects of equational categories. In [1].

[41] —: An outline of functorial semantics. In [3].

[42] MACLANE, S.: Natural associativity and commutativity. Rice Univ. Studies **49**, 28—46 (1963).

[43] —: Categorical algebra. Bull. Am. Math. Soc. **71**, 40—106 (1965).

[44] PUPPE, D.: Über die Axiome für abelsche Kategorien. Archiv d. Math. **XVIII**, 217—222 (1967).

[45] ROOS, J.-E.: Locally distributive spectral categories and strongly regular rings. In [2], I.

[46] THODE, TH.: Bruchrechnung in Kategorien. Diplomarbeit Kiel 1969.

[47] ULMER, F.: Properties of dense and relative adjoint functors. J. of Alg. **8**, 77—95 (1968).

[48] —: Representable functors with values in arbitrary categories. J. of Alg. **8**, 96—129 (1968).

[49] VERDIER, J. L.: Exposés I, II, III in [5].

[50] VOLGER, H.: Kategorien von Algebren über algebraischen Theorien. Diplomarbeit Freiburg/Brsg. 1967.

[51] YONEDA, N.: On the homology theory of modules. J. Fac. Sci. Univ. Tokyo Sect. I, **7**, 193—227 (1954).

Sachverzeichnis

158

38 R. Henn/H. P. Künzi: Einführung in die Unternehmensforschung I
DM 10,80

39 R. Henn/H. P. Künzi: Einführung in die Unternehmensforschung II
DM 12,80

40 M. Neumann: Kapitalbildung. Wettbewerb und ökonomisches
Wachstum. DM 9,80

41 G. Martz: Die hormonale Therapie maligner Tumoren. DM 8,80

42 W. Fuhrmann/F. Vogel: Genetische Familienberatung. DM 8,80

43 H. Grauert/I. Lieb: Differential- und Integralrechnung III. DM 12,80

44 J. H. Wilkinson: Rundungsfehler. DM 14,80

45 G. H. Valentine: Die Chromosomenstörungen. DM 14,80

46 Robert D. Eastham: Klinische Hämatologie. DM 8,80

47 C. N. Barnard/V. Schrire: Die Chirurgie der häufigen angeborenen
Herzmißbildungen. DM 12,80

48 R. Gross: Medizinische Diagnostik — Grundlagen und Praxis.
DM 9,80

49 K. Jacobs: Selecta Mathematica I. DM 10,80

50 H. Rademacher/O. Toeplitz: Von Zahlen und Figuren. DM 8,80

51 E. B. Dynkin/A. A. Juschkewitsch: Sätze und Aufgaben über Mar-
koffsche Prozesse. DM 14,80

52 H. M. Rauen: Chemie für Mediziner — Übungsfragen. DM 7,80

53 H. M. Rauen: Biochemie — Übungsfragen. DM 9,80

54 G. Fuchs: Mathematik für Mediziner und Biologen. DM 12,80

55 H. N. Christensen: Elektrolytstoffwechsel. DM 12,80

56 M. J. Beckmann/H. P. Künzi: Mathematik für Ökonomen I. DM 12,80

57/58 H. Dertinger/H. Jung: Molekulare Strahlenbiologie. DM 16,80

59/60 C. Streffer: Strahlen-Biochemie. DM 14,80

61 Herzinfarkt. Hrsg. W. Hort DM 9,80

62 K. W. Rothschild: Wirtschaftsprognose. Methoden und Probleme
DM 12,80

64 R. Rehbock: Darstellende Geometrie. 3. Auflage. DM 12,80

65 H. Schubert: Kategorien I. DM 12,80

66 H. Schubert: Kategorien II. DM 10,80

Bitte Gesamtverzeichnis der Reihe anfordern!